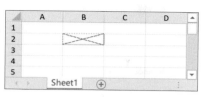

图 11-1　为单元格设置带有边框格式的样式

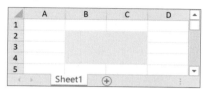

图 11-3　为单元格设置填充颜色

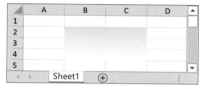

图 11-4　为合并单元格设置渐变填充格式

A	B
bold and *italic* text with color and font-family, large text with ~~strike~~ ^{superscript} and <u>underline</u> subscript.	

图 11-6　带有多种字体格式的富文本单元格

表 11-14　电子表格中的预设索引颜色对照

索引	颜色	颜色码	索引	颜色	颜色码	索引	颜色	颜色码	索引	颜色	颜色码
0 和 8	■	000000	5 和 13	■	FFFF00	18	■	000080	23	■	808080
1 和 9	□	FFFFFF	6 和 14	■	FF00FF	19	■	808000	24	■	9999FF
2 和 10	■	FF0000	7 和 15	■	00FFFF	20	■	800080	25	■	993366
3 和 11	■	00FF00	16	■	800000	21	■	008080	26	■	FFFFCC
4 和 12	■	0000FF	17	■	008000	22	■	C0C0C0	27	■	CCFFFF

索引	颜色	颜色码	索引	颜色	颜色码	索引	颜色	颜色码	索引	颜色	颜色码
28	■	660066	38	■	008080	48	■	3366FF	58	■	003300
29	■	FF8080	39	■	0000FF	49	■	33CCCC	59	■	333300
30	■	0066CC	40	■	00CCFF	50	■	99CC00	60	■	993300
31	■	CCCCFF	41	■	CCFFFF	51	■	FFCC00	61	■	993366
32	■	000080	42	■	CCFFCC	52	■	FF9900	62	■	333399
33	■	FF00FF	43	■	FFFF99	53	■	FF6600	63	■	333333
34	■	FFFF00	44	■	99CCFF	54	■	666699	64	■	000000
35	■	00FFFF	45	■	FF99CC	55	■	969696	65	□	FFFFFF
36	■	800080	46	■	CC99FF	56	■	003366			
37	■	800000	47	■	FFCC99	57	■	339966			

图 11-12　为工作表中的多行设置样式

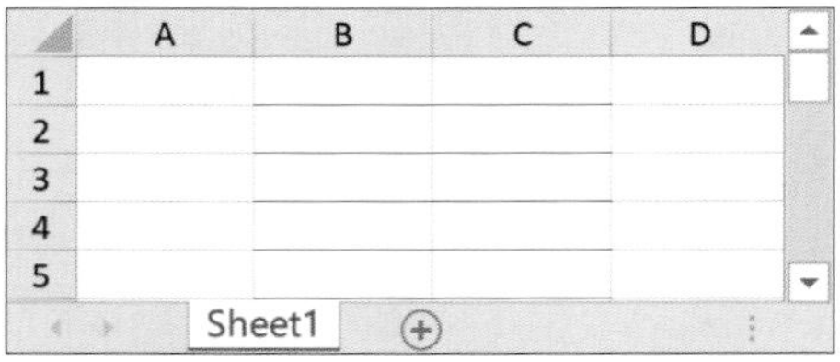

图 11-13　为工作表中的多列设置样式

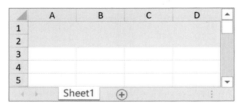

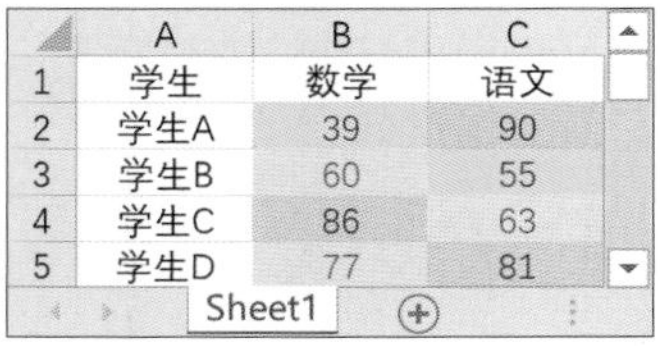

图 11-14　设置了 3 种条件格式的工作表

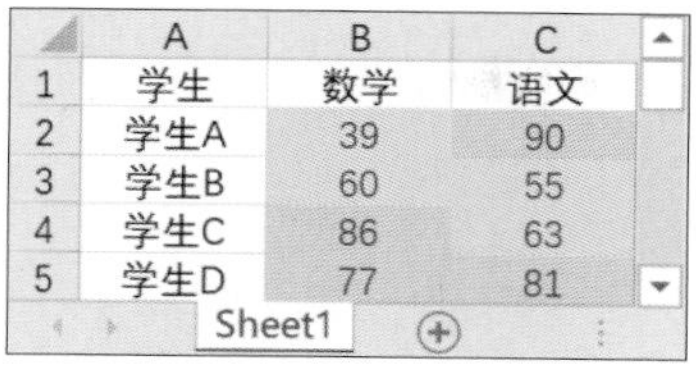

	A	B	C
1	学生	数学	语文
2	学生A	39	90
3	学生B	60	55
4	学生C	86	63
5	学生D	77	81

图 11-15　设置了两种条件格式的工作表

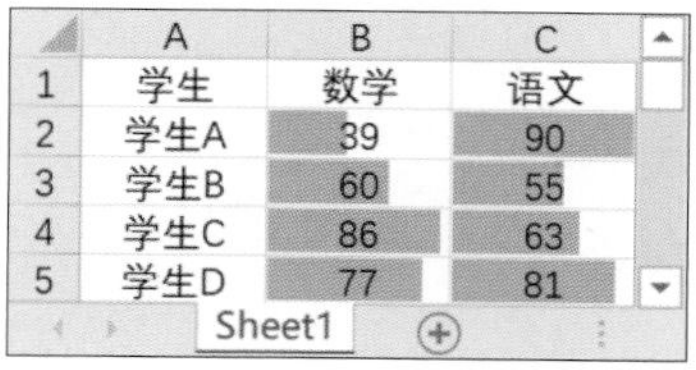

	A	B	C
1	学生	数学	语文
2	学生A	39	90
3	学生B	60	55
4	学生C	86	63
5	学生D	77	81

图 11-16　带有数据条的条件格式规则

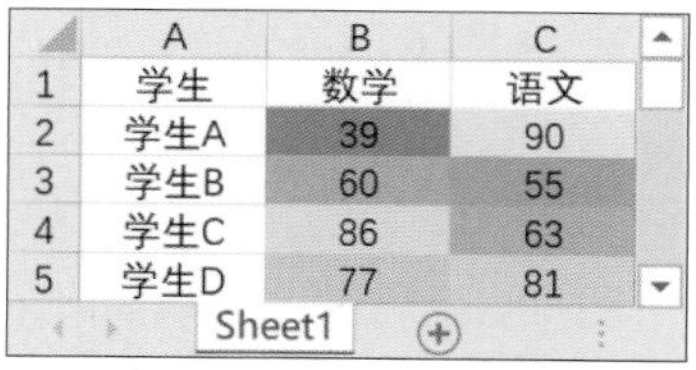

	A	B	C
1	学生	数学	语文
2	学生A	39	90
3	学生B	60	55
4	学生C	86	63
5	学生D	77	81

图 11-17　带有双色刻度格式的条件格式规则

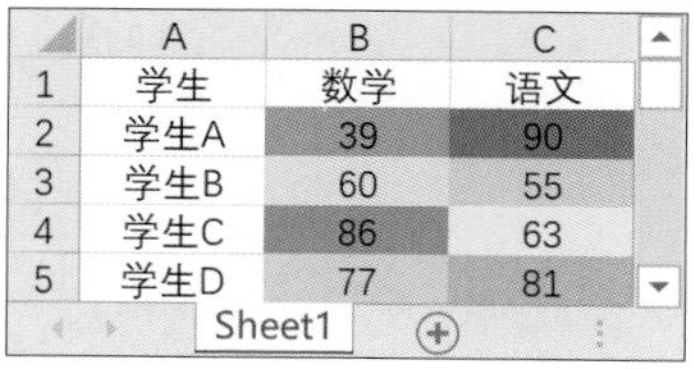

	A	B	C
1	学生	数学	语文
2	学生A	39	90
3	学生B	60	55
4	学生C	86	63
5	学生D	77	81

图 11-18　带有三色刻度格式的条件格式规则

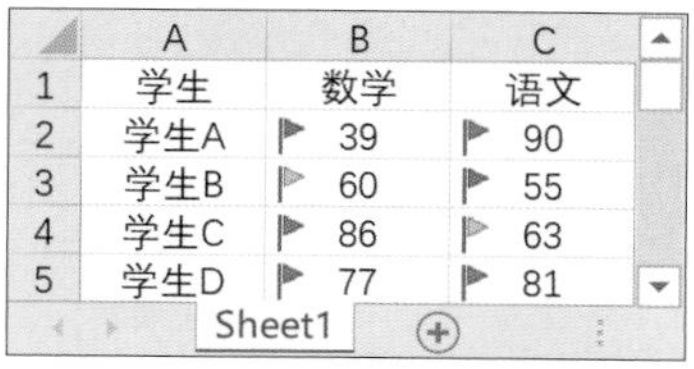

	A	B	C
1	学生	数学	语文
2	学生A	39	90
3	学生B	60	55
4	学生C	86	63
5	学生D	77	81

图 11-19　带有图标集的条件格式规则

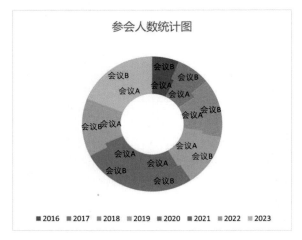

图 12-30　圆环图

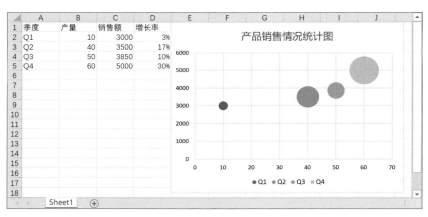

图 12-32　气泡图

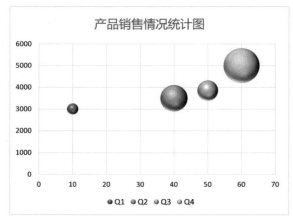

图 12-33　三维气泡图

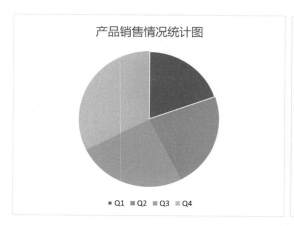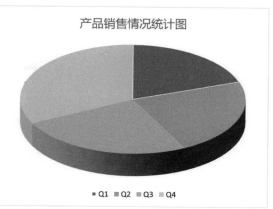

图 12-34　饼图或三维饼图

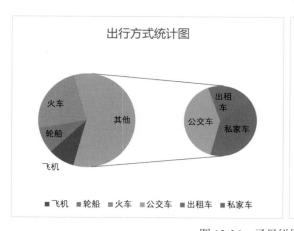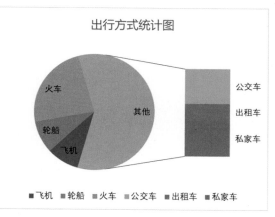

图 12-36　子母饼图或复合条饼图

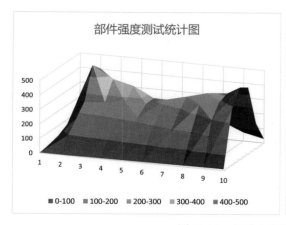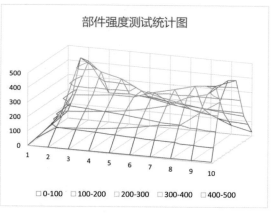

图 12-38　三维曲面图或三维线框曲面图

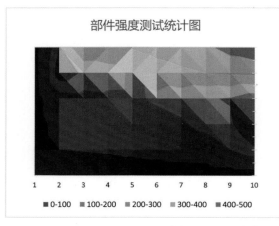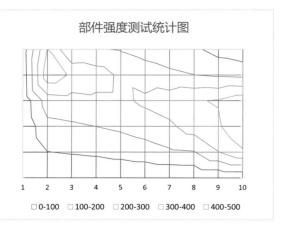

图 12-39　二维曲面图或二维曲面俯视框架图

表 14-3　表格预设样式名称及其预览效果

样式名称	预览效果	样式名称	预览效果	样式名称	预览效果
		TableStyleLight9		TableStyleLight18	
TableStyleLight1		TableStyleLight10		TableStyleLight19	
TableStyleLight2		TableStyleLight11		TableStyleLight20	
TableStyleLight3		TableStyleLight12		TableStyleLight21	
TableStyleLight4		TableStyleLight13		TableStyleMedium1	
TableStyleLight5		TableStyleLight14		TableStyleMedium2	
TableStyleLight6		TableStyleLight15		TableStyleMedium3	
TableStyleLight7		TableStyleLight16		TableStyleMedium4	
TableStyleLight8		TableStyleLight17		TableStyleMedium5	

样式名称	预览效果	样式名称	预览效果	样式名称	预览效果
TableStyleMedium6		TableStyleMedium18		TableStyleDark2	
TableStyleMedium7		TableStyleMedium19		TableStyleDark3	
TableStyleMedium8		TableStyleMedium20		TableStyleDark4	
TableStyleMedium9		TableStyleMedium21		TableStyleDark5	
TableStyleMedium10		TableStyleMedium22		TableStyleDark6	
TableStyleMedium11		TableStyleMedium23		TableStyleDark7	
TableStyleMedium12		TableStyleMedium24		TableStyleDark8	
TableStyleMedium13		TableStyleMedium25		TableStyleDark9	
TableStyleMedium14		TableStyleMedium26		TableStyleDark10	
TableStyleMedium15		TableStyleMedium27		TableStyleDark11	
TableStyleMedium16		TableStyleMedium28			
TableStyleMedium17		TableStyleDark1			

月份	(全部)				
累计销售额	列标签				
行标签 产品	东部	西部	南部	北部	总计
2022 香蕉	4960	2863	3784	3336	14943
苹果	2385	2347	2839	2415	9986
桔子	5338	4512	4359	5673	19882
2023 香蕉	3609	2803	4299	2613	13324
苹果	5503	3219	5750	4862	19334
桔子	3528	3487	5548	4348	16911
总计	25323	19231	26579	23247	94380

图 15-4 带有筛选字段和列字段的数据透视表

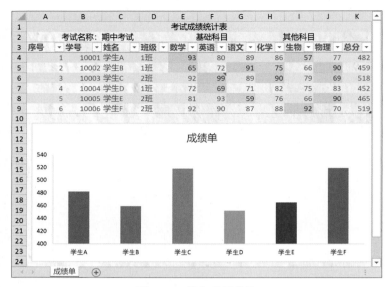

图 18-3　学生成绩统计

Excelize
权威指南

续日◎著

人民邮电出版社

北京

图书在版编目（CIP）数据

Excelize权威指南 / 续日著. -- 北京 ：人民邮电
出版社，2024.8
ISBN 978-7-115-63647-8

Ⅰ．①E… Ⅱ．①续… Ⅲ．①办公自动化－应用软件
－指南 Ⅳ．①TP317.1-62

中国国家版本馆CIP数据核字(2024)第057772号

内 容 提 要

本书基于 Excelize 基础库，从 Office 办公文档格式国际标准出发，以源代码为基础，结合大量直观的配图，循序渐进地讲解 Excelize 中的模块实现，详细解读技术标准内容和基础库的设计。主要内容包括 Excelize 开发环境准备、文档格式国际标准解读、文档数据结构建模、工作簿、工作表、单元格和行列的相关操作、复杂样式解析、图表、图片与形状的相关操作、数据验证与筛选、数据透视表、流式读写技术以及一个综合实践应用。阅读本书，具有一定 Go 语言基础，想入门 Excelize 的开发者能够进一步系统理解 Excelize 基础库的实现细节，不具备 Go 语言开发经验的开发者也能够快速掌握 Excelize 的设计原理。

◆ 著　　　　续 日

责任编辑　刘雅思

责任印制　王 郁　胡 南

◆ 人民邮电出版社出版发行　　北京市丰台区成寿寺路 11 号

邮编 100164　电子邮件 315@ptpress.com.cn

网址 https://www.ptpress.com.cn

涿州市京南印刷厂印刷

◆ 开本：800×1000　1/16　　　　彩插：4

印张：19.5　　　　　　　2024 年 8 月第 1 版

字数：476 千字　　　　　　2024 年 8 月河北第 1 次印刷

定价：89.80 元

读者服务热线：**(010)81055410**　印装质量热线：**(010)81055316**
反盗版热线：**(010)81055315**
广告经营许可证：京东市监广登字 20170147 号

前　言

欢迎阅读《Excelize 权威指南》! 本书会深入浅出地讨论 Excelize 开源基础库的设计与使用。自 1978 年电子表格被创造以来,电子表格应用已经有数十年的历史。时至今日,以 Excel 为代表的电子表格应用依然无法被其他形式的某个应用完全取代。电子表格作为一种结构化的数据,能够有效地组织信息;借助电子表格应用可以高效地对数据进行分析和处理,从而简化很多需要人工计算的工作;经过分析的数据可以通过图表的形式可视化呈现,从而帮助人工决策。随着信息产业的发展,电子表格文档在教育、医疗、金融等千行百业已被广泛应用。

身处"数字"时代,数据时刻伴我们左右。不论你是专业的软件工程师、数据分析师、互联网产品经理、项目经理,还是从事文秘、人力资源、市场销售等工作或者深度使用电子表格办公软件的人士,掌握数据处理与分析的能力,都将对工作带来极大的帮助。Excelize 开源基础库提供了简单易用的函数,能够帮助你通过程序设计的方式高效地实现办公自动化,对电子表格中的数据进行统计、分析和批量处理。

如今,每年世界上的办公文档数量至少以数百亿的规模在增长,在实际应用中有大量场景需要通过程序设计的方式自动化地处理电子表格文档,比如企业应用中,很多信息化系统需要提供导入和导出电子表格文档的功能。从传统的纸质报表到电子表格,从电子表格到数据的云端处理,再到以数据为基础的 SaaS,电子表格自动化处理在企业数字化建设和云计算市场中具有很高的商业价值。

Excelize 是用 Go 语言编写的用来处理电子表格文档的开源基础库,遵循 BSD 3-Clause 开源许可协议。它提供了高性能处理电子表格文档的功能,已经被广泛应用于大型互联网公司、初创公司等不同规模的企业。通过程序设计的方式处理电子表格文档,开源领域已经有一些选择,比如在 C、C++、C#、Java、JavaScript、PHP、Python、Ruby、Rust 等程序设计语言中都有此类开源产品,但是,不知道你是否已经发现,这类产品在功能、性能和兼容性上存在很大的差异。有经验的开发者也许遇到过,使用一些开源电子表格文档基础库处理较为复杂的文档时,生成的文档被 Excel 等电子表格应用打开后可能会出现"样式错乱""内容丢失",甚至是"文档损坏"的情况,而且这是此类基础库普遍存在的问题,其原因在于电子表格文档拥有复杂、庞大的文档格式标准体系,即便是商业电子表格应用也难以保证同一文档在不同厂商、不同版本的应用中打开的效果完全一致,这正是此类开源产品数量不多且难以做到较好兼容性的原因。

Excelize 基础库采用兼容性第一的设计原则,在设计上能够最大限度地保证文档兼容性,实现高保真编辑。得益于 Go 语言的跨平台优势,Excelize 可以在不依赖 Office 应用程序的前提下,在 Linux、Windows、macOS、嵌入式操作系统等操作系统中跨平台地进行电子表格文档的处理。Excelize 支持 XLSX、XLAM、XLSM、XLTM 等多种文档格式,并兼容带有样式、图片、图表、数据透视表等高级功能组件的文档,还提供流式读写能力,用于处理包含大规模数据的工作簿。

为此，笔者结合电子表格文档的技术标准和 Excelize 基础库的研发心得撰写本书，希望能够带领你开启一段轻松而有收获的学习之旅，希望通过这段旅程能够让你由浅入深地了解并学习 Excelize 开源基础库的使用方法和背后的原理，在使用它进行电子表格文档数据处理和分析时更加从容、得心应手。

如何阅读本书

通常情况下我们建议读者按照顺序阅读本书。本书首先介绍 Excelize 的安装，接着简单地介绍电子表格文档的相关概念，然后在后续章节中逐步深入讲解文档格式、Excelize 基础库的设计与实现原理，并对 Excelize 基础库提供的各项功能细节展开讨论。总的来说，除第 1 章外，后面每一章的内容建立在前一章所引入的概念上。对已经有开发经验的读者来说，本书也可作为开发工作中查阅参考的工具资料使用。

本书共 18 章，分为 5 篇，全面、系统、有针对性地介绍 Go 语言的 Excelize 开源基础库的原理、设计、实现和各项功能的使用方法。

第一篇（第 1 章、第 2 章）作为入门指南，主要讨论如何从零开始学习 Excelize，这一部分将从 Go 语言开发环境的搭建讲起，逐步介绍 Excelize 版本的选择、基础库的安装，并将介绍如何快速使用 Excelize 编写两个简单的程序。

第二篇（第 3 章～第 5 章）会从基础库设计的角度对 Excelize 基础库进行介绍。第 3 章会从全局视角来讨论笔者在 Excelize 基础库的设计过程中的思考。第 4 章会介绍 Excelize 基础库背后的技术原理，对办公文档格式标准进行解读。第 5 章会介绍 Excelize 基础库设计的核心要素和基础库架构设计，以及它是如何实现电子表格文档格式标准的。如果你对 Excelize 开源基础库的原理很感兴趣，那么本书的第二篇非常适合你。如果你是一个希望了解清楚每个功能的细节的学习者，那么你可以先跳过第二篇，从本书的第三篇开始按照顺序阅读，在结合实践完整地了解 Excelize 基础库的各项功能之后，再回到第二篇进行阅读。

第三篇（第 6 章～第 15 章）将会深入讲解 Excelize 的核心技术与提供的各项功能。第 6 章会介绍文档数据结构模型的建立过程，这将会帮助你了解基础库的实现原理，学会排查开发过程中遇到的问题，并学会扩展 Excelize 基础库的功能。第 7 章会讨论工作簿处理的相关函数。第 8 章会介绍如何使用 Excelize 管理工作表。第 9 章将会深入讲解单元格相关的处理方法。第 10 章主要介绍行列处理的相关功能，其中包括批量获取单元格的方法等。第 11 章会详细讨论如何使用 Excelize 基础库在工作簿中创建和设置各种样式，以及条件格式的相关操作。第 12 章会讨论利用图表对数据进行可视化分析的方法，其中会介绍如何使用 Excelize 基础库创建不同类型的图表与各种图表格式选项的使用。第 13 章会讲解图片与形状相关的处理函数。第 14 章会讨论如何对工作表中的数据进行验证与筛选。第 15 章会介绍如何使用 Excelize 基础库对数据进行透视分析。

第四篇（第 16 章、第 17 章）主要讨论为读写包含大规模数据的工作簿而设计的流式读写方法。第 16 章会讨论流式读写的基本原理、设计思路与关键实现要点。第 17 章会详细介绍 Excelize 基础库提供的各个流式读写函数。

第五篇（第 18 章）将开发两个完整的案例，通过这两个案例复习并综合运用 Excelize 基础库的各项功能。

　　当然，怎样阅读本书都是可以的，本书中对所有存在上下文关联的知识点都做了明确的标注，你可以在感到困惑时再返回之前跳过的部分。

源代码与勘误

　　想要熟练掌握任何一种技术都离不开动手实践，学习 Excelize 基础库亦是如此。建议读者在阅读本书的过程中，对照书中的示例代码，自己动手编写和运行代码，进行实验。读者可以从 GitHub 网站（用户名 xuri）下载本书中所有的示例代码，笔者将以最大努力确保本书内容准确无误。但金无足赤，书中难免存在一些疏漏，如果读者发现代码、描述等内容存在任何错误或不准确之处，或者有对本书的建议或意见，请及时反馈给笔者。本书勘误请在 GitHub 网站（用户名 xuri）上查看或提交。

资源与支持

本书由异步社区出品，社区（https://www.epubit.com/）为您提供相关资源和后续服务。

配套资源

本书提供如下资源：

- 本书源代码；
- 本书案例中使用的数据集。

要获得以上配套资源，您可以扫描下方二维码，根据指引领取。

您也可以在异步社区本书页面中点击 配套资源 ，跳转到下载界面，按提示进行操作即可。注意：为保证购书读者的权益，该操作会给出相关提示，要求输入提取码进行验证。

提交勘误

作者和编辑尽最大努力来确保书中内容的准确性，但难免会存在疏漏。欢迎您将发现的问题反馈给我们，帮助我们提升图书的质量。

当您发现错误时，请登录异步社区，按书名搜索，进入本书页面，点击"发表勘误"，输入勘误信息，点击"提交勘误"按钮即可（见下图）。本书的作者和编辑会对您提交的勘误进行审核，确认并接受后，您将获赠异步社区的 100 积分。积分可用于在异步社区兑换优惠券、样书或奖品。

图书勘误		发表勘误
页码： 1	页内位置（行数）： 1	勘误印次： 1
图书类型： ◉ 纸书 ○ 电子书		

添加勘误图片（最多可上传4张图片）

+

提交勘误

全部勘误　我的勘误

与我们联系

本书责任编辑的联系邮箱是 liuyasi@ptpress.com.cn。

如果您对本书有任何疑问或建议，请您发邮件给我们，并请在邮件标题中注明本书书名，以便我们更高效地做出反馈。

如果您有兴趣出版图书、录制教学视频，或者参与图书技术审校等工作，可以发邮件给我们。

如果您来自学校、培训机构或企业，想批量购买本书或异步社区出版的其他图书，也可以发邮件给我们。

如果您在网上发现有针对异步社区出品图书的各种形式的盗版行为，包括对图书全部或部分内容的非授权传播，请您将怀疑有侵权行为的链接通过邮件发给我们。您的这一举动是对作者权益的保护，也是我们持续为您提供有价值的内容的动力之源。

关于异步社区和异步图书

"异步社区"（www.epubit.com）是由人民邮电出版社创办的 IT 专业图书社区。异步社区于 2015 年 8 月上线运营，致力于优质学习内容的出版和分享，为读者提供优质学习内容，为作译者提供优质出版服务，实现作者与读者在线交流互动，实现传统出版与数字出版的融合发展。

"异步图书"是由异步社区编辑团队策划出版的精品 IT 专业图书的品牌，依托于人民邮电出版社计算机图书出版积累和专业编辑团队，相关图书在封面上印有异步图书的 LOGO。异步图书的出版领域包括软件开发、大数据、人工智能、测试、前端、网络技术等。

目　录

第一篇　入门指南

第二篇　基础库设计概览

第三篇　深入 Excelize

第四篇 高性能流式读写技术

第五篇 实践应用

第一篇

入门指南

千里之行，始于足下。现在让我们开始了解 Excelize 基础库的旅程。Excelize 是基于 Go 语言编写的电子表格文档基础库，我们会在本篇准备好 Go 开发环境，熟悉 Excel 软件的基本概念，这将会帮助读者更好地学习随后章节中的内容。本篇还将编写简单的程序，以此来帮助读者快速熟悉 Excelize 基础库。

第 1 章

Excelize 开发环境准备

学习 Excelize 的第一步自然是准备开发环境，如果你尚未接触过 Go 语言也没有关系，通过本章你将了解到在多种操作系统平台下如何搭建 Excelize 开发环境，以及如何选择开发工具。开发环境搭建涉及 Go 语言和依赖工具链的安装，在这个过程中需要保障网络连接的稳定。

1.1 在 Linux 或 macOS 操作系统中搭建 Go 语言开发环境

如果你正在使用的是 Linux 或者 macOS 操作系统，首先打开浏览器访问 Go 语言官方网站的下载页面，如图 1-1 所示。

在下载页面上的安装文件列表中可以看到，有一系列以 go[version].[os]-[arch].tar.gz 形式命名的压缩包文件，其中 version 代表 Go 语言版本，os 代表安装文件所适配的操作系统，arch 代表安装文件所支持的 CPU 架构，推荐下载当前最新的稳定版本（Stable Version），根据 CPU 架构选择对应的安装文件。例如，如果当前 Go 语言的最新版本是 1.22.3，可按如下原则进行选择：

- 如果你正在使用的是基于 x86 处理器架构（Intel 芯片）的 macOS 64 位操作系统，则下载 go1.22.3.darwin-amd64.tar.gz 安装文件；
- 如果你正在使用的是基于 ARM 处理器架构（M 系列芯片）的 macOS 64 位操作系统，则下载 go1.22.3.darwin-arm64.tar.gz 安装文件；

图 1-1 Go 语言安装文件下载页面

- 如果你正在使用的是基于 x86 处理器架构的 Linux 32 位操作系统，则下载 go1.22.3.linux-386.tar.gz 安装文件。
- 如果你正在使用的是基于 x86 处理器架构的 Linux 64 位操作系统，则下载 go1.22.3.linux-amd64.tar.gz 安装文件；

假设我们把安装文件下载到当前登录用户的家（home）目录下，那么请打开命令行界面，执行如下命令，将工作目录切换到家目录下：

```
$ cd
```

接着，在命令行界面中执行如下命令来解压缩刚刚下载的安装文件：

```
$ tar zxf go*.tar.gz
```

解压缩完毕后将得到一个名为 go 的目录，将该目录移动至/usr/local/etc 系统目录下，如果该目录不存在，则可以通过如下命令进行创建：

```
$ mkdir /usr/local/etc
```

可以在命令行界面中执行如下命令，把解压缩后得到的 go 目录移动至/usr/local/etc 系统目录下：

```
$ mv go /usr/local/etc
```

接着我们来设置系统环境变量，在~/.bash_profile 文件中添加如下语句，将 Go 语言相关目录添加到环境变量 PATH 中：

```
export GOROOT=/usr/local/etc/go
export PATH="$GOROOT/bin:$PATH"
```

如果你所使用的 Go 为 1.15 及之前的版本，或未使用 Go Module 模式进行软件包管理，则需要再添加如下语句到~/.bash_profile 文件中来设置 GOPATH 环境变量：

```
export GOPATH="$HOME/workspace"
```

上面的这行语句定义了 GOPATH 环境变量，它是用绝对路径表示的项目工作目录，但是这种模式不再被推荐使用，因为在该模式下，安装的依赖包均为最新版本，缺少版本管理机制。如果继续使用 GOPATH 模式进行软件包管理，后续 Excelize 项目的开发都将在此目录下进行，我们把它设置为当前登录用户的家目录下的 workspace 目录，在命令行界面中执行如下命令来创建该 workspace 目录：

```
$ mkdir ~/workspace
```

在完成环境变量的设置后，为了使当前命令行界面的环境变量立即生效，可以在命令行界面中执行如下命令：

```
$ source ~/.bash_profile
```

至此 Go 语言的开发环境就搭建好了！现在，在命令行界面中执行 go version 来检查已安装的 Go 语言的版本，得到类似如下输出，就说明安装成功了：

```
go version go1.22.3 darwin/amd64
```

另外，还可以在命令行界面中通过执行 go env 命令检查 Go 语言的环境信息，本书不再赘述。

1.2 在 Windows 操作系统中搭建 Go 语言开发环境

如果你正在使用的是 Windows 操作系统，由于后续需要使用的 go get、go install 等 Go 语言的相关命令都依赖 Git 版本控制软件的支持，因此需要先前往 Git 官方网站下载安装文件来安装 Git 客户端，如图 1-2 所示。点击页面上的"Download for Windows"按钮进行下载。如果你使用的是 64 位的 Windows 操作系统，则下载对应的 64 位 Git 安装文件：64-bit Git for Windows Setup。如果你使用的是 32 位的 Windows 操作系统，则需要下载对应的 32 位 Git 安装文件：32-bit Git for Windows Setup。下载完毕后使用默认的安装配置进行安装。

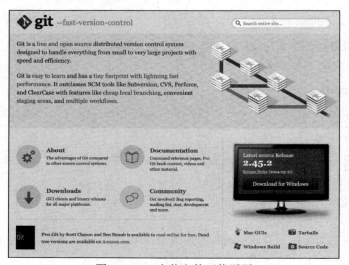

图 1-2 Git 安装文件下载页面

Git 安装完毕后访问 Go 语言官方网站的下载页面，下载当前最新的稳定版本的安装文件，假设当前 Go 语言的最新版本是 1.22.3，如果你正在使用的是 64 位的 Windows 操作系统，则下载 go1.22.3.windows-amd64.msi 安装文件；如果你正在使用的是 32 位的 Windows 操作系统，则下载 go1.22.3.windows-386.msi 安装文件。下载完成后运行安装程序，默认的安装目录位于 C:\Program Files\Go\。安装完毕后按如下步骤设置系统环境变量。

（1）打开"系统"→"关于"窗口。

（2）点击"高级系统设置"。

（3）在"高级"选项卡中点击"环境变量"。

（4）在"环境变量"设置对话框里，将 Go 语言可执行文件所在目录添加到操作系统环境变量 Path 中：编辑用户变量中的"Path"条目，新增"C:\Program Files\Go\bin"；

（5）如果你所使用的 Go 语言为 1.15 及之前的版本，或未使用 Go Module 模式进行软件包管理，则还需要添加一项名为"GOPATH"的环境变量，值为"%USERPROFILE%\workspace"，如图 1-3 所示。

第（5）步创建的 GOPATH 环境变量是用绝对路径表示的项目工作目录，后续 Excelize 项目的开发都将在此目录下进行，我们把它设置为当前登录用户目录下的 workspace 目录，并创建对应的文件夹。

图 1-3 添加 GOPATH 环境变量

本书中使用的大部分命令行语句都可以同时在命令提示符窗口和 PowerShell 中运行。若有特殊情形，会单独说明。

安装完毕后，你可以通过如下命令检查 Go 是否安装成功：

```
$ go version
```

一切顺利的话，你可以在命令输出中看到如下格式的安装的 Go 版本的信息：

```
go version go1.22.3 windows/amd64
```

也可以在命令行界面中执行如下命令来检查 Go 环境信息：

```
$ go env
```

至此，我们就完成了在 Windows 操作系统中的 Go 语言环境搭建。

上方是通过标准包的方式来搭建 Go 语言环境的，这种方式非常适合初学者。我们还可以通过源代码或第三方软件工具包进行搭建，例如在 macOS 操作系统中通过 homebrew 搭建、在 Ubuntu 操作系统中通过 apt 搭建等。

1.3 准备开发工具

一般的文本编辑工具就可以胜任 Excelize 的开发，如果你需要具有自动化提示、代码补全、代码高亮着色和自动格式化功能的开发工具，那么下面几款常用的开发工具可以供你选择：

- Visual Studio Code，这是一款免费开源的代码编辑器，在安装完该编辑器后，可以在其插件市场下载 Go 语言官方插件并安装，以获得更好的支持；
- GoLand 集成开发编辑器，安装后不需要过多配置即可获得较为完善的 Go 语言支持；
- Sublime Text 编辑器，建议安装语言服务协议（Language Server Protocol，LSP）以及 LSP-gopls 插件以获得更好的支持。

此外，Vim、Emacs、LiteIDE 和 Eclipse 等编辑器也可以用于 Go 语言 Excelize 项目的开发，这些编辑器大都提供了跨平台支持，你可以从中选择一款自己喜爱的编辑器。

1.4 基本概念

在使用 Excelize 基础库编写应用程序之前，有必要了解一下电子表格应用程序中的基本概念，这将有助于你更好地理解本书后续章节的内容。打开电子表格应用程序，这里以 Excel 为例，你也可以使用其他电子表格应用程序（不同电子表格应用程序的操作界面略有不同，但是其基本概念是相同的）。打开 Excel 电子表格应用程序后看到的界面如图 1-4 所示。

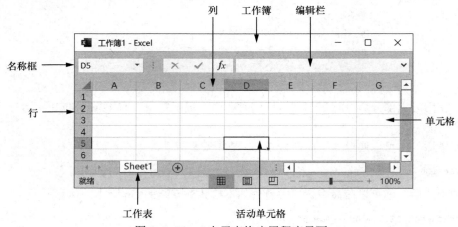

图 1-4　Excel 电子表格应用程序界面

　　Excel 文档的主要内容基本上都是由图上这些小方格组成的，每一个小方格被称为"单元格"，单元格可以用来输入数据或者设置公式。此外，Excel 文档还有一个很重要的特点，就是每个单元格都有如同地图上的坐标的特定参照位置，例如图 1-4 中被框选的单元格的参照位置是 D5，被框选的单元格也被称为"活动单元格"。每一个 Excel 文档被称为"工作簿"，图 1-4 所示的工作簿名称为"工作簿 1"。每一个工作簿可以包含多个工作表，打开工作簿时默认的工作表被称为"活动工作表"。使用 Excel 新建工作簿时会默认创建一个名为"Sheet1"的工作表，使用 Excelize 基础库创建工作簿时也是如此。

　　Excelize 支持处理多种文档格式，表 1-1 列出了其支持的文档格式类型。

表 1-1　Excelize 支持的文档格式类型

文档扩展名	描述
xlsx	最为常见的 Excel 文档格式，不能存储 VBA（Visual Basic for Applications）工程
xlam	开启了宏的加载项的文档格式，支持内部嵌入 VBA 工程
xlsm	开启了宏的工作簿，支持内部嵌入 VBA 工程
xltm	开启了宏的 Excel 模板文档，支持内部嵌入 VBA 工程
xltx	Excel 模板文档，不能存储 VBA 工程

1.5　小结

　　你已经踏上了自己的 Excelize 旅程！本章从零开始，准备好了编写 Excelize 项目所需的开发环境，接着选择了开发工具，最后还讲解了电子表格文件中的基本概念，这些概念将在后续的章节中被提及。现在，是时候来创建第一个 Excelize 项目了。假如你希望从更为基础的原理开始，优先学习 Excelize 内部的实现与技术标准，那么你可以在阅读第 3 章后再来阅读第 2 章。

编写并运行第一个 Excelize 程序

现在，你已经成功搭建了 Excelize 项目所需的开发环境。本章将编写并运行第一个程序，使用 Excelize 基础库创建电子表格文档并读取电子表格文档中的数据。

2.1 创建一个项目

首先，我们要创建一个文件夹来存储编写的 Excelize 项目。如果使用 GOPATH 模式进行软件包管理，那么需要在$GOPATH/src 目录下创建文件夹。通常来说，Excelize 项目的开发不会限制存储代码的位置，但是鉴于本书中有各种练习和项目，因此建议你创建一个专用文件夹，将本书中所有的项目放在里面，假设这个专用文件夹的路径为~/workspace/src/projects/。

对于 Linux 和 macOS 操作系统，以及 Windows 操作系统的 PowerShell 终端，执行如下命令：

```
$ mkdir -p ~/workspace/src/projects/
$ cd ~/workspace/src/projects
$ mkdir my_app
$ cd my_app
```

对于 Windows 操作系统的命令提示符窗口，执行如下命令：

```
> mkdir "%USERPROFILE%\workspace\src\projects"
> cd /d "%USERPROFILE%\workspace\src\projects"
> mkdir my_app
> cd my_app
```

如果使用 Go Module 模式进行软件包管理，在命令行界面中执行如下命令，初始化一个名为 my_app 的项目：

```
$ go mod init my_app
```

执行该命令后，你应该能看到命令行界面输出了 "go: creating new go.mod: module my_app" 字符串结果，此时在项目文件夹中会生成一个名为 go.mod 的文件，说明项目初始化完成。

2.2   选择 Excelize 版本

如何选择使用哪个版本的 Excelize 呢？在条件允许的情况下，使用 Excelize 最新的稳定版本将得到更好的功能、性能和安全支持。此外，对于使用早期 Excelize 版本的项目，建议考虑定期对项目中的 Excelize 基础库进行版本升级。表 2-1 列出了各版本 Excelize 基础库对 Go 语言最低版本的要求。注意，Go 1.21.0 中存在不兼容的更改（详见 "golang/go/issues/61881"），导致 Excelize 基础库无法在该版本上正常工作，笔者在 Go 1.21.1 中对此问题进行了修复，如果读者目前使用的是 Go 1.21.x，请使用 Go 1.21.1 及更高版本。

表 2-1   各版本 Excelize 基础库对 Go 语言最低版本的要求

Excelize 基础库版本	对 Go 语言最低版本的要求
v2.8.1	1.18
v2.7.0～v2.8.0	1.16
v2.4.0～v2.6.1	1.15
v2.0.2～v2.3.2	1.10
v1.0.0～v2.0.1	1.6

2.3   安装 Excelize

使用 Go 语言提供的软件包管理工具安装 Excelize 是推荐的安装方式。根据采用的软件包管理方式的不同，Excelize 的安装命令也有所区别，如果使用的 Go 语言为 1.15 或更高版本，安装完毕后将默认开启 Go Module 软件包管理模式，那么可以通过在命令行界面中执行如下命令来安装 Excelize 当前最新的稳定版本：

```
$ go get github.com/xuri/excelize/v2
```

如果使用 GOPATH 模式进行软件包管理，那么可以通过在命令行界面中执行如下命令来安装 Excelize 当前最新的稳定版本：

```
$ go get github.com/xuri/excelize
```

通过将 GO111MODULE 环境变量的值设置为 on，指定使用 Go Module 模式进行软件包管理，如果想从 GOPATH 模式切换至 Go Module 模式，可以在命令行界面中执行如下命令：

```
$ go env -w GO111MODULE=on
```

安装过程中需要保证网络连接的稳定，如果网络状态不佳或者安装速度缓慢，可以通过设置 GOPROXY，下载镜像进行加速。

2.4   更新 Excelize

使用 Go Module 模式进行软件包管理时，在命令行界面中执行如下命令，将 Excelize 更新至最新的稳定版本：

```
$ go get -u github.com/xuri/excelize/v2
```

在模块地址后加入@master 可以指定使用当前 Excelize 源代码仓库的 master 分支的最新代码：

```
$ go get -u github.com/xuri/excelize/v2@master
```

此外，Go 语言也支持在模块地址后指定版本号来安装 Excelize 的特定版本，例如在命令行界面中执行如下命令，安装 Excelize v2.8.1：

```
$ go get -u github.com/xuri/excelize/v2@v2.8.1
```

Excelize 基础库的历史发布版本，可以在其 GitHub 主页的发布页面查询，发布页面的网址是 https://github.com/xuri/excelize/releases；也可以在其文档网站查询，文档网站的网址是 https://xuri.me/excelize。

使用 GOPATH 模式进行软件包管理时，在命令行界面中执行如下命令，将 Excelize 更新至当前源代码仓库 master 分支的最新代码：

```
$ go get -u github.com/xuri/excelize
```

2.5 使用 Excelize 创建电子表格文档

安装 Excelize 后，我们需要创建一个名为 main.go 的源文件。Go 语言文件的命名总是以 go 扩展名结尾。如果你想在文件名中使用多个单词，那么可以使用下画线来隔开它们。例如，建议使用 excelize_app.go 作为文件名，而不是 excelizeapp.go。

现在，打开刚刚创建的 main.go 文件，并输入如下示例代码：

```go
package main

import (
    "fmt"

    "github.com/xuri/excelize/v2"
)

func main() {
    f := excelize.NewFile()
    err := f.SetCellValue("Sheet1", "B2", "Hello, world!")
    if err != nil {
        fmt.Println(err)
    }
    if err := f.SaveAs("Book1.xlsx"); err != nil {
        fmt.Println(err)
    }
    if err := f.Close(); err != nil {
        fmt.Println(err)
    }
}
```

如果使用 GOPATH 模式进行软件包管理，需要将上述代码中的 github.com/xuri/excelize/v2 替换为 github.com/xuri/excelize。本书后续章节将默认以 Go Module 模式进行软件包管理。保存文件并回到命令行界面，通过如下命令来尝试编译并运行 main.go 文件：

```
$ go run main.go
```

程序运行完毕后，打开程序运行文件夹 my_app，你应该能看到文件夹中出现了一个名为 Book1.xlsx 的工作簿。假如一切顺利，那么恭喜你！你完成了第一个 Excelize 程序的编写，并使用 Excelize 成功生成了一份电子表格文档！现在，让我们剖析一下这个程序。

首先，作为一个标准的 Go 程序，声明了包名称为 main，通过 import 关键字导入了 fmt 标准库和 Excelize 基础库。

其次，声明了 main()函数，它是 Go 程序的入口。因为我们此前已经安装并导入了 Excelize 基础库，程序中可以使用 excelize 访问 Excelize 基础库中的函数，例如使用 excelize.NewFile()让 Excelize 创建一个新的文件（工作簿），该函数返回一个对象，我们定义变量 f 来存储这个返回对象。

再次，对象 f 的数据类型为*excelize.File，该类型绑定了用于操作电子表格文档的一系列函数（方法），上述代码使用了 SetCellValue()这个函数。从名字就能看出它是用来为单元格赋值的函数，它有 3 个形参：工作表名称、单元格坐标和单元格的值。在这个例子中，我们把名称为 Sheet1 的工作表的 B2 单元格的值设置为"Hello, world!"，因为在使用 Excelize 创建工作簿时，默认将创建一个名为 Sheet1 的工作表，所以这里我们可以直接使用该工作表名称，而无须先创建名称为 Sheet1 的工作表。SetCellValue() 函数有一个 error 类型的返回值，代表在单元格赋值过程中可能出现的异常，定义名为 err 的变量接收该返回值，并对其进行检查。为了保障程序的可靠性，我们建议对程序中 Excelize 返回的所有 error 类型的值都进行及时的接收和检查，并做适当的处理。

接着，调用对象 f 的另存为函数 SaveAs()，将工作簿以 Book1.xlsx 为文件名保存在项目文件夹中。SaveAs()函数也有一个 error 类型的返回值，代表保存文档时可能出现的异常，定义名为 err 的变量接收这个返回值，并检查其是否为零值（nil），出现异常时使用 fmt 标准库的 Println()函数输出异常信息。

最后，调用对象 f 的类型方法 Close()函数，关闭工作簿。

运行这个完整的程序，若没有任何输出，代表所有函数都能够正确运行。打开电子表格应用程序看一下 Excelize 为我们生成的电子表格文档吧，如图 2-1 所示。

可以看到，正如预期的那样，在名为 Sheet1 的工作表中，B2 单元格的值已经被设置为"Hello, world!"。

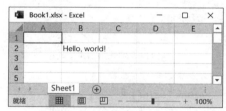

图 2-1　由 Excelize 生成的电子表格文档

刚刚我们通过执行 go run main.go 命令来生成电子表格文档，其中包含编译与运行两个步骤，下面我们将这两个步骤分开讨论。

在命令行界面中执行如下命令来编译源文件：

```
$ go build
```

编译结束后将在项目文件夹中生成一个可执行文件。在 Linux 以及 macOS 操作系统中，会生成与项目文件夹同名的可执行文件 my_app，现在，我们可以通过如下方式运行该可执行文件：

```
$ ./my_app
```

在 Windows 操作系统中将生成名为 my_app.exe 的可执行文件，在命令行界面中通过如下方式来运行它：

```
> .\my_app.exe
```

不同于动态语言，Go 是一种编译型语言，这意味着你可以把编译后的可执行文件交付于其他人，将其运行在没有搭建 Go 语言开发环境的环境中。Go 还支持跨平台交叉编译，假如你正在使用 macOS 操作系统进行开发，那么可以通过如下命令将程序编译为支持 x86 处理器架构的 Linux 64 位操作系统使用的可执行文件：

```
$ GOOS=linux GOARCH=amd64 go build
```

环境变量 GOOS 和 GOARCH 分别代表支持的目标操作系统和处理器架构。使用 Excelize 基础库不要求开发环境或运行时环境中预装任何一种电子表格应用，这意味着你可以在不依赖 Excel 或其他电子表格应用的情况下，跨平台地处理电子表格文档。

2.6 使用 Excelize 读取电子表格文档

使用 Excelize 创建电子表格文档后，我们使用 Excelize 基础库来读取刚刚生成的 Book1.xlsx 工作簿。对 2.5 节中的 main() 函数稍加修改，修改后的代码如下：

```
func main() {
    f, err := excelize.OpenFile("Book1.xlsx")
    if err != nil {
        fmt.Println(err)
        return
    }
    defer func() {
        if err := f.Close(); err != nil {
            fmt.Println(err)
        }
    }()
    value, err := f.GetCellValue("Sheet1", "B2")
    if err != nil {
        fmt.Println(err)
        return
    }
    fmt.Println(value)
}
```

这段代码包含不少新内容，我们来逐行分析。为了打开名为 Book1.xlsx 的工作簿，使用 Excelize 基础库的 OpenFile() 函数，它有两个返回值，定义并使用变量 f 接收该函数的第一个 excelize.File 指针类型的返回值，代表已打开的文件对象；同时定义 err 变量接收该函数的第二个 error 类型的返回值，代表打开文档时可能出现的异常。通常在接收到 error 类型的返回值后，需要判断其是否为零值（nil）。若出现异常，则将异常信息通过 fmt 标准库输出，并使用 return 关键字结束 main() 函数后续的代码运行，退出程序；若未出现异常，则继续运行后续代码。

使用 defer 关键字定义延迟处理匿名函数，在这个延迟处理匿名函数中调用对象 f 的类型方法 Close() 函数来关闭打开的工作簿。试想一下，使用 Excelize 打开工作簿后，程序的其余部分存在多处有可能出现异常的位置，我们若要在任何异常出现时立即关闭工作簿并终止后续代码的运行，则需要在每个判断异常的位置编写关闭工作簿的代码。使用延迟处理匿名函数可以减少重复编写这部分代码的工作，该函数将在 return 语句之前自动运行。

　　GetCellValue()函数通过指定的工作表名称 Sheet1 和单元格坐标 B2 来读取工作表中单元格的值。GetCellValue()函数有两个返回值，分别为单元格的值和可能出现的异常，需要注意的是，Excelize 将以字符串类型表示读取到的单元格的值，使用变量 value 和 err 接收这两个返回值，然后检查是否存在异常，若存在异常，则输出异常信息，并使用 return 语句终止程序。由于这段程序使用延迟处理匿名函数关闭工作簿，在此处出现异常导致程序终止前，工作簿将会关闭；若读取单元格时一切正常，在 main()函数的末尾会输出读取到的值。

　　保存文件并回到命令行界面，执行如下命令来编译和运行刚刚编写的文件：

```
$ go run main.go
```

　　假如一切顺利，你将在命令行界面中看到输出"Hello, world!"字符串结果。这正是我们在 2.5 节创建的电子表格文档的 Sheet1 工作表的 B2 单元格的值。现在，你已经可以使用 Excelize 来设置和读取单元格的数据了。作为练习，你还可以尝试一下改变坐标，修改不同单元格的值。

2.7　帮助资源与本地文档

　　Excelize 基础库提供了一系列对电子表格进行操作的函数，通过查阅本书中各章节的内容，你可以找到对应函数的使用方式，并且可以了解其内部工作原理。Excelize 基础库在 GitHub、GitLab 和 Gitee 等多个开放源代码托管平台均有对应的源代码仓库，你可以在这些平台中跟进 Excelize 的最新进展，通过创建议题（issues）的形式提交建议或反馈问题，甚至贡献代码。Excelize 基础库的技术交流群也是非常活跃的，加入方式可以在 Excelize 官方网站中查询。此外，你还可以通过 Go 语言提供的文档工具来启动本地可以浏览的文档服务，例如先在命令行界面中切换到项目目录下，然后执行如下命令：

```
$ godoc -http=:6060
```

　　打开浏览器并访问 http://127.0.0.1:6060，你将看到基于本地已安装的软件包源代码而生成的文档站点，在"Third party"（即第三方包）列表中找到 Excelize 基础库，即可离线查阅其文档。

2.8　小结

　　你已经在学习 Excelize 的旅程上迈出了坚实的一步。本章通过创建和读取电子表格文档这两个例子，介绍了 Excelize 基础库的部分基本功能，在此过程中使用了 Excelize 基础库的 6 个函数：NewFile()、SetCellValue()、SaveAs()、Close()、OpenFile()和 GetCellValue()。此外，Excelize 提供了 100 多个函数，这些函数可以帮助你灵活地处理电子表格文档中的各项内容，接下来的章节将详细讨论各个函数的作用和原理。

第二篇

基础库设计概览

第一篇讲解了 Excelize 的部分基础知识和基本功能。本篇跳出技术细节，在深入剖析 Excelize 基础库各项功能的实现和技术细节之前，先来讨论 Excelize 基础库在开发过程的背后有哪些设计与思考，一些看似简单的操作函数背后蕴含着哪些难点，以及这些问题是如何解决的。这将有助于你从全局的角度对 Excelize 基础库建立更全面、更清晰的认识，从而避免陷入细节而看不清全貌。

第 3 章

Excelize 设计哲学

本章将讨论 Excelize 基础库的架构设计与决策，系统分析、探讨基础库实现过程中需要考虑的问题，并结合软件工程学和 Go 语言的特点，解读设计 Excelize 时的种种考量和取舍。

3.1 Excelize 的诞生

2016 年，Excelize 正式在 GitHub 开源，实际上在开源之前，Excelize 的兼容性和稳定性已经在生产环境中得到了验证。

起初 Excelize 是为了解决生成包含高级功能的电子表格文档的问题而开发的，当时我正在试图寻找一个能够创建复杂的数据图表，具备良好兼容性，并且具备跨平台支持的开源基础库。然而，经过一番调研和分析，我发现开源社区中并没有能够同时满足这些需求的基础库，当使用一些基础库处理较为复杂的电子表格文档时，往往会遇到 Excel 打开最终生成的文件时提示 "文件已损坏" 的问题，或者打开 Excel 后发现部分内容、样式、排版细节丢失。当时能够基于工作簿中的数据生成原生图表的基础库为数不多，通常的解决方法是先使用其他工具基于数据绘制图表，然后将生成的图表以静态图片的形式插入电子表格文档中。但是通过这种方法生成的图表是一张图片，并不能跟随数据源的变化做出动态改变。此类问题还有很多，基于这样的背景，经过了数月时间，在综合调研多种语言的各类相关主流开源项目的源代码之后，我决定编写一款能够解决上述问题的基础库。

借助 Go 语言的跨平台优势，Excelize 可以在不依赖 Office 应用的前提下，在 Linux、macOS、Windows 甚至是嵌入式操作系统中进行电子表格文档的处理，并且能够通过 WebAssembly 的方式为浏览器、JavaScript 语言运行时环境提供处理电子表格文档的能力。开发 Excelize 基础库这项工作的本质是使用 Go 语言对电子表格文档格式标准进行实现。我们日常使用的 Excel 办公文档，其文件内部涉及一套极其庞大且复杂的国际技术标准体系，这套标准体系定义了电子表格办公文档底层的数据结构和协议规范。作为在全球范围内被广泛采用的技术标准，其中蕴含着大量前人的智慧，本书会详细介绍该标准内容。正因该标准内容复杂性高，Excelize 基础库还没有完全实现其全部内容，在实现基本的创建、打开、保存、另存为工作簿和单元格读写操作功能后，经过数个月的生产环境验证，Excelize 开源并发布了第一个版本。

3.2 Excelize 的设计理念

Excelize 在开源后得到了越来越多开发者的关注，也在不断添加对新功能的支持，持续优化性能并改善兼容性。总的来说，在设计理念上，Excelize 体现了如下 4 项原则，下面我们来逐一讨论。

3.2.1 易用性

在 Excelize 的设计过程中，通过最小可用和结合场景做设计决策的原则来保障基础库的易用性。

最小可用：基础库的开发和应用的开发有一些不同，从基础库设计的角度，需要明确哪些功能是基础库可以支持的，哪些功能是不支持的，这是一种对架构的约束。在软件设计中，如果没有这样的约束，会使项目愈加冗余，且缺乏边界感和层次感，这将带来更多问题。在基础库的设计上，无时无刻都会以"最小可用"的设计理念力求精简，最大限度地减少对外提供的函数与配置项的数量，仅提供基础功能，尽可能避免引入除电子表格文档以外不必要的概念或名词术语。在源代码的物理文件结构组织上，没有过早地对目录层级做多层嵌套的设计。项目早期阶段，在考虑了模块划分的合理性、可维护性等因素后，除测试所需的文档之外，数十项关键源代码均位于同一根目录下，并根据模块名称进行命名，对开发者来说，基础库中各模块以及各模块所对应的源代码一目了然。对于最小可用理念较为简单的判断标准是：假设要为基础库添加某项功能，如果开发者能够简单地通过组合使用已有的基础功能函数来实现该功能，那么这项功能不应该纳入基础库中，而应该交给开发者实现，这样做的好处是降低基础库的复杂度、保持基础库的轻量和简洁、降低开发者学习和使用基础库过程中的成本。这一理念可以用奥卡姆剃刀原则来概述：如无必要，勿增实体。例如，基础库是否应该提供一个根据给定 HTTP 地址打开网络上的电子表格文档的功能？答案是否定的。从网络上获取文档的工作应该交给开发者来实现，这个过程超出了基础库的核心功能范畴，开发者可以通过 HTTP、FTP、RPC 和 SMB 等各种网络协议或其他数据源获取文档的内容，而基础库需要做的是提供一个带有 io.Reader 类型形参的打开数据流函数。

结合场景做设计决策：在基础库的设计过程中，时常面临"鱼和熊掌不可兼得"的问题，当中处处体现着权衡与取舍（严谨性与灵活性的平衡、功能与性能的平衡、依赖与重用的平衡等）。当我们在思考某一个设计是否合理时，需要参考特定的场景来做出判断，谨慎地为基础库添加对外提供的函数（这些函数也被称为可导出函数，函数名称的首字母大写）。

电子表格文档犹如一个便携式数据库，文档中的数据规模可大可小，根据数据规模和常用操作进行分析，有以下两类典型处理场景。

- 对包含数千单元格的小规模数据电子表格文档进行复杂功能的设置，例如样式定义、筛选、数据透视和数据可视化等操作，此类文档通常对结构化的数据源进行分析或加工，最终使用电子表格应用打开查看。
- 对包含数万行、千万级以上单元格的大规模数据电子表格文档进行简单的读取和生成，此类文档常作为不同系统之间进行数据交换的媒介，以程序自动化读写为主要使用方式，较少被桌面应用打开查看。

这两类场景对功能和性能的需求优先级各有侧重，在基础库设计的过程中，既要满足对复杂文档的功能支持，又要兼顾在处理大规模数据电子表格文档时对 CPU 计算资源、内存和磁盘存储资源的使用。为此，Excelize 提供了流式读写系列函数，用于高效地读写大型文件。由此可见，在功能与性能之间做权衡，要结合具体应用场景做合理的设计。

在基础库的设计过程中，尽可能地保证代码可被复用，一段可被复用的代码被定义为新的函数。函数能够被多大程度地复用，与其功能划分的粒度、内聚程度有关，但是划分得过细将导致定义的函数过多，依赖复杂性过高，导致反优化。Go 语言的作者之一罗布·派克（Rob Pike）曾说过："少量的复制胜过引入依赖"（A little copying is better than a little dependency），不要重复自己（Don't Repeat Yourself，DRY）原则很好，但需要结合场景在依赖与重用之间做取舍。

3.2.2　兼容性

对于电子表格文档基础库和办公文档格式处理这类基础库，它们需要支持庞大而复杂的文档格式国际标准，不仅需要严格对照标准内容实现，还需兼顾不同办公软件所生成文档内部的特殊情况，从而保障文档在各个办公应用之间能够进行良好的互操作。因此，兼容性显得十分重要，其重要性甚至高于功能和性能，如果没有良好的兼容性，将无法保证文件被正确地打开和使用。为了保证良好的兼容性，我们需要做更多工作，例如对文档内存模型进行校验和纠错等，显然这些工作对性能将会造成一定的影响，但这是值得的。

3.2.3　可维护性

在 Excelize 的设计过程中，通过"一项具体功能尽可能采用单一方式实现"和"左移思想"来保障基础库的可维护性。

一项具体功能尽可能采用单一方式实现：这看似缺少灵活性，但会大幅降低使用基础库的学习成本以及修复缺陷的成本，同时提高可维护性。例如，当你使用基础库在工作表中创建一个浅蓝色的带有单下画线样式的超链接时，将涉及设置超链接、创建样式和设置单元格格式 3 个函数。你可能会疑惑，为什么不再添加一个设置带有默认样式超链接的函数呢？在这个场景下，我不建议添加这个函数，原因是单元格的超链接属性、样式定义和单元格格式是 3 个独立的部分，同一个样式可以被复用于多个单元格，添加这个函数看似灵活且便利，却埋下了潜在的问题，不久之后，开发者可能会在项目代码中、讨论组中或者网络上的某篇文章里看到同一项功能的多种实现方式，但这些方式将使初学者产生困惑：不同实现方式有哪些区别，我该选择哪种方式？这也会给基础库的维护带来阻碍，假设基础库出现样式创建的问题，需要进行修复，维护者可能会收到设置单元格超链接相关函数的反馈，而如果将这 3 项功能以 3 个不同的函数提供给用户组合使用，当其中任何一个函数失效或需要修复时，基础库的维护者可以用更小的粒度对问题进行分析和验证，使问题更容易被修复和测试，从而提高可维护性。

左移思想：这是软件工程中的一项基本设计思想，其表达的观点是：如果开发者能够将缺陷控制在软件开发交付过程的早期，将能够大幅度地降低未来发现和修复缺陷的成本。软件设计开发过程从提出概念到设计、开发，再到测试、提交代码，最终通过集成或其他方式被应用到产品中，为终端用户提供服务，缺陷修复成本与软件研发时间线的对应关系如图 3-1 所示。

由此可见，我们应该尽早发现问题，让缺陷修复发生在这条时间线的左侧。Excelize 基础库最终发布的是面向开发者的软件包，Excelize 基础库以依赖库的形式被开发者的程序或框架所引用，最终被集成到应用、服务或产品中，交付给用户使用。对于一些企业应用，更新应用的周期相对较长，缺陷修复的成本会更高。

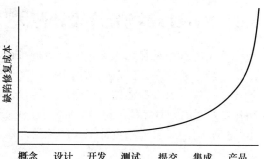

图 3-1　修复缺陷的成本与软件研发时间线

为了最大限度地减少 Excelize 基础库给开发者带来的缺陷诊断成本和修复成本，基础库的开发者和贡献者需要对左移思想建立共识，并通过有效的自动化流程和工具等应对手段减少研发过程中缺陷的产生。

首先，需要有完善的单元测试，并对单元测试的行覆盖度做度量。目前 Excelize 基础库的单元测试代码行覆盖度大于 98%，对于迭代过程中的缺陷修复和新增功能都应保证有与之对应的单元测试，做到测试覆盖度只增不减。在代码评审和提交时通过自动化工具对代码行覆盖度的变化进行检查，在进行代码评审时也要严格把关。

其次，为了保证在不同 Go 语言版本和不同操作系统下的兼容性，Excelize 基础库的开源代码仓库设置了多种环境下的单元测试，在提交代码时，将自动触发对所有 Excelize 已声明兼容的 Go 语言版本在 32 位和 64 位平台的 macOS、Linux、Windows 操作系统环境下的单元测试，如果这些测试有任何一项未通过，代码将不会被合并到主干分支，从而保证代码的兼容性。

再次，在提交代码时，自动化流水线在进行单元测试前，还将对源代码进行基于 go vet 和 gofmt 的静态分析，通过工具验证代码中是否存在语法问题，以及是否符合 Go 语言官方推荐的统一代码风格。除使用 Go 语言提供的内建静态分析工具之外，Excelize 基础库还通过 Go Report Card 服务对源代码做进一步的静态分析，该分析将对代码的圈复杂度（Cyclomatic Complexity）、变量的赋值、开源协议和变量的拼写做检查。圈复杂度是一种代码复杂度的衡量标准，除特殊情况外，我们建议函数的圈复杂度不超过 15。在 Excelize 的贡献指南（本书源代码仓库中的 CONTRIBUTING.md 文件）中，为所有希望参与基础库代码贡献的开发者提供了一份详细的代码提交流程规范，这份规范建议我们：在创建"Pull Request"之前的本地开发阶段，就使用这些静态分析工具检查代码，一些编辑器和集成开发环境（Integrated Development Environment，IDE）支持通过安装插件或配置的方式集成这些静态分析工具。通过静态分析工具帮助我们及早发现问题，在代码评审之前捕获缺陷。

3.2.4　安全性

安全性对基础库来说也十分重要，在提交代码时，自动化流水线还将对 Excelize 的代码进行基于 CodeQL 的代码安全性审计扫描，以及时发现潜在的安全问题。此外，通过设置周期性任务，有专门的机器人对 Excelize 基础库的依赖库版本进行漏洞监测与检查，并进行升级提示。

这些自动化检测流程和工具并不是完美的，依然不能杜绝缺陷的产生，但是能够最大限度地减少缺陷的产生，让发现缺陷的时机"左移"，从而保障基础库的质量，减少后期检测和修复缺陷的成本。严格的代码管理虽然在前期会花费更多的时间，投入更多的成本，但可以获得具有良好可读性的高质量代码，随着基础库代码寿命的延续，将在未来更长的时间里持续获得收益。

3.3　**Excelize 的程序设计范式**

常见的程序设计范式（Programming Paradigm）包括面向对象程序设计范式、面向过程程序设计范式、函数式程序设计范式和指令式程序设计范式等，这些程序设计范式有各自的优势和适用的场景，也有各自的不足之处，在基础库的设计过程中需要结合具体场景合理运用程序设计范式，在提高开发效率的同时让代码更简洁清晰。Excelize 基础库在设计过程中既有面向过程程序设计范式的应用，也有面向对象程序设计范式的应用，本节接下来将详细讨论为何使用以及在何处使用这些设计范式。

任何程序设计范式都不能自动完成正确的设计，对程序设计范式的把握取决于开发者。面向对象程序设计范式为大家所熟知，但这种设计范式在很多地方被过度地使用了，在程序设计过程中需要避免过度的封装。Excelize 基础库的设计过程借鉴了 Go 语言的设计思考，在面向对象的使用上做了充分的权衡。面向对象程序设计范式是一种层次结构设计范式，在程序开发早期进行层次结构的设计，程序编写完成后，早期的层次结构决策就难以改变了，开发者要在程序开发初期尽可能对程序可能面临的各种需求和用法进行预测，尽早增加抽象层次的定义。但是，随着系统的发展，系统各部分之间的交互方式需要做出相应改变，难以在一开始就固定下来，这也是面向对象程序设计范式容易造成早期过度封装的原因。为了避免过度封装，Excelize 基础库通过使用简单结构体类型方法来实现具体功能，在编写这些方法时确定好各函数行为的边界，聚焦于解决各个子问题，接着将它们组合使用来实现某项具体功能。这种方式的好处是将复杂的问题流程化，进而简单化。

Excelize 基础库提供了遵循面向过程程序设计范式的函数，用户通过图形界面使用电子表格应用时，几乎不需要考虑电子表格应用中各项功能间的对象关系，只需通过图形界面的交互自然地进行过程式的操作。Excelize 基础库将电子表格应用程序中基于图形界面进行的交互操作抽象为基于函数的过程式调用，使用 Excelize 创建或打开已有电子表格文档后，会得到一个文件对象，它是 Excelize 对电子表格文档的抽象，绝大部分对电子表格文档的操作函数都位于该文件对象上，在使用过程中主要以面向过程程序设计范式来调用基础库提供的各项函数。这样的设计可以避免多层级的链式调用，让开发者聚焦于功能本身，减少心智负担。对于上层框架或应用，可以根据基础库提供的原始函数进行进一步封装。举一个设置自定义名称的例子，在 Excel 电子表格中，名称是对单元格引用区域设置的别名，名称的作用范围可以是工作簿或工作表。假设你需要在工作簿中创建一个作用范围在工作簿中的名为 Amount 的自定义名称，站在基础库设计的角度，如果使用面向对象程序设计范式，你可能会很自然地将目标作用范围（工作簿）作为父类，然后调用成员函数改变对象的值，伪代码表示如下：

```
f := excelize.NewFile()
wb := f.GetWorkbook()
wb.SetDefinedName(&excelize.DefinedName{
    Name:     "Amount",
    RefersTo: "Sheet1!$A$2:$D$5",
})
```

类似地，如果我们要以某个工作表为作用范围来创建名称，则需要先获取对应的工作表。这种调用方式让使用者优先考虑的不是名称的命名和引用范围，而是所要创建名称的作用范围，这与使用电子表格时的交互操作有所不同。实际上，在电子表格文档内部，处于不同作用范围的名称，在工作簿内部被存储于一处，为了能够在编程模式下延续图形界面操作上的习惯思维方式，Excelize 提供了遵循面向过程程序设计范式的函数来设置名称，通过 Scope 参数指定作用范围：

```
f := excelize.NewFile()
f.SetDefinedName(&excelize.DefinedName{
    Name:     "Amount",
    RefersTo: "Sheet1!$A$2:$D$5",
    Scope:    "Sheet2",
})
```

这种方式在使用上更简单，也有利于开发者在编写代码时以符合电子表格应用使用习惯的方式调用基础库提供的函数。

在使用 Excelize 基础库的过程中，你也将看到面向对象程序设计范式的应用。例如，使用 Excelize 提供的 AddPicture() 函数在工作表中添加图片时，需要根据添加的图片文件格式，导入对应的基础库。假设我们要在名为 Sheet1 的工作表的 A2 单元格中插入一张文件名为 image.png 的 PNG 格式图片，代码如下：

```
package main

import (
    "fmt"
    - "image/png"

    "github.com/xuri/excelize/v2"
)

func main() {
    f := excelize.NewFile()
    defer func() {
        if err := f.Close(); err != nil {
            fmt.Println(err)
        }
    }()
    if err := f.AddPicture("Sheet1", "A2", "image.png", nil); err != nil {
        fmt.Println(err)
    }
    if err := f.SaveAs("Book1.xlsx"); err != nil {
        fmt.Println(err)
    }
}
```

第 4 行代码引入了用来解析 PNG 格式图片的 Go 语言标准库 image/png，但是 main() 函数并没有显式地使用该标准库的任何函数，这是因为当通过 import 关键字导入这个库时，会默认以饿汉式单例模式调用并运行该库中的 init() 函数，init() 函数内部会注册针对 PNG 格式图片的解析函数，接着当使用 AddPicture() 函数插入图片时，就可以获取图片的宽度、高度等格式信息，进一步设置图片的位置和缩放比例等属性。

接下来，我们讨论在 Excelize 基础库的设计过程中，对具有 Go 语言特色的程序设计范式的思考。函数式选项模式（Functional Options Pattern）是一种常用的 Go 语言程序设计范式，适合对带有较多结构体的字段进行灵活赋值或初始化结构体。在 Excelize 基础库的设计过程中，曾将该程序设计范式应用于工作表视图与格式属性的设置函数与读取函数中。以设置页面缩放比例和工作表网格线为例，假设基础库要为用户提供一个名为 SetSheetView 的函数来设置工作表页面属性，这些属性存储在电子表格文档内部一个名为 xlsxSheetView 类型的对象上，在基础库内部可以通过 getSheetView() 函数来获取这个对象。

在这种程序设计范式中，我们先来定义一个名为 ViewOption 的函数类型：

```
type ViewOption func(*xlsxSheetView)
```

该函数类型允许接收*xlsxSheetView 类型的参数，接着分别实现设置页面缩放比例和网格线开关选项的函数：

```
func ZoomScale(value float64) ViewOption {
    return func(v *xlsxSheetView) {
        v.ZoomScale = value
    }
}
func ShowGridLines(value bool) ViewOption {
    return func(v *xlsxSheetView) {
        v.ShowGridLines = value
    }
}
```

最后实现设置工作表视图属性的函数 SetSheetView()：

```
func (f *File) SetSheetView (sheet string, opts ...ViewOption) {
    view := f.getSheetView(sheet)
    for _, opt := range opts {
        opt(view)
    }
}
```

这样开发者就可以通过如下代码来设置页面缩放比例和工作表网格线了：

```
f := excelize.NewFile()
f.SetSheetView(
    "Sheet1",
    excelize.ZoomScale(150),
    excelize.ShowGridLines(false),
)
```

未来，Excelize 开发者可以通过编写更多的选项函数来支持其他属性的设置，从而实现扩展。但是在这种设计范式下，导出的选项函数数量会不断增加，而在电子表格文档中有数以百计的各类属性，这种平铺属性的方法不利于属性的归类。假设我们要在基础库的工作表属性设置功能中添加设置默认列宽度和行高度的支持，就要增加对应的选项函数 DefaultColWidth() 和 DefaultRowHeight()，随着各类选项函数越来越多，文档视图属性和工作表属性的选项函数将难以区分。考虑到这个问题，Excelize 基础库将与文档视图设置和工作表属性相关的各类设置分别映射到两个结构体 ViewOptions 和 SheetPropsOptions 中。

ViewOptions 的定义为

```
type ViewOptions struct {
    ShowGridLines *bool
    ZoomScale      *float64
}
```

SheetPropsOptions 的定义为

```
type SheetPropsOptions struct {
    DefaultColWidth  *float64
    DefaultRowHeight *float64
}
```

对设置工作表视图属性的 SetSheetView() 函数签名进行如下修改：

```
func (f *File) SetSheetView(sheet string, opts *ViewOptions) error
```

在其内部实现过程中，需要逐一判断 ViewOptions 类型的 opts 实参中各选项是否为零值，通过这样的设计，当用户在调用 SetSheetView() 函数来设置工作表视图属性时，可通过函数签名得知形参为 ViewOptions 数据类型，并可以方便地检索该数据类型中定义的各个属性选项，指定所需选项，实现按需设置工作表视图属性，未指定的选项，其值默认为零值，等价于函数式选项模式下的选项缺省设置。

Excelize 基础库在设计过程中运用了数据驱动编程的设计方法，通过控制程序复杂度以及将程序中变化的数据部分和处理逻辑进行分离，来提高代码的可读性、扩展性和可复用性。以创建图表的功能实现为例，通过 Excelize 基础库提供的 AddChart() 函数，可以基于数据源创建各类原生图表，包括面积图、条形图、柱形图、折线图、饼图和雷达图等，这些图表的参数是不统一的，部分属性和图表的类型有关，例如指定曲线平滑的参数仅适用于折线图。这意味着在基础库内部需要根据图表的类型来实现不同的创建函数，如果使用常规的判断逻辑，将会产生类似如下形式的，包含大量条件判断分支逻辑的代码：

```
switch chartType {
case Line:
    f.drawLineChart()
case Pie:
    f.drawPieChart()
case Radar:
    f.drawRadarChart()
default:
    f.drawBaseChart()
}
```

可以看到，随着图表类型的增加，条件判断分支将会越来越多，函数的圈复杂度也随之提高，圈复杂度的概念在 3.2 节有所提及，它是一种衡量代码复杂度的标准。在数据驱动编程的设计方法中，一种典型的模式是通过表驱动法来进行设计，使用这种设计方法来优化上面的代码，可以使各种图表类型的数据和处理逻辑分离。在这个图表创建的案例中，就是将各种图表的绘制函数分离，存储于一张抽象的"表"中。例如，我们可以使用数组、多维数组或哈希表存储图表的绘制函数，修改后的代码如下：

```
plotAreaFunc := map[string]func(*chartOptions) *cPlotArea{
    Area:   f.drawBaseChart,
```

```
    Bar:    f.drawBaseChart,
    Line:   f.drawLineChart,
    Pie:    f.drawPieChart,
    Radar:  f.drawRadarChart,
}
plotAreaFunc[opts.Type](opts)
```

通过这种直接访问式的表驱动设计范式，可以简化条件判断语句，从而降低代码的圈复杂度。Excelize 基础库单元测试的编写过程中也运用了表驱动设计范式。例如，在对单元格公式计算结果进行测试时，通过对定义公式内容与预期结果的列表进行遍历，批量进行公式计算测试：

```
formulaList := map[string]string{
    "=COVAR(A1:A9,B1:B9)":        "16.633125",
    "=COVAR(A2:A9,B2:B9)":        "16.633125",
}
for formula, expected := range formulaList {
    assert.NoError(t, f.SetCellFormula("Sheet1", "C1", formula))
    result, err := f.CalcCellValue("Sheet1", "C1")
    assert.NoError(t, err, formula)
    assert.Equal(t, expected, result, formula)
}
```

3.4   小结

本章首先介绍了 Excelize 基础库的设计和开发背景。Excelize 起初是为了解决复杂文档的兼容性问题而开发的，致力于保障准确且完整地生成文档内容，实现高保真编辑。随着 Excelize 的不断迭代，其功能愈加完善，性能也在不断优化和提升。

接着，本章从易用性、兼容性、可维护性与安全性 4 个维度来讨论基础库的设计理念。Excelize 基础库通过最小可用和结合场景做设计决策的原则来保障易用性；通过兼容性优先的设计理念，深度支持电子表格文档格式国际标准，保障对带有高级功能的复杂文档的高度兼容；通过软件工程中的左移思想，使用严格的静态分析、测试度量和安全扫描等自动化的研发流程作为应对手段，约束研发过程中缺陷的产生，获得高质量的代码，提高可维护性与安全性。

最后，本章结合软件工程理论和 Go 语言的特性，探讨了 Excelize 基础库在程序设计范式上的选择。Excelize 基础库汲取了多种程序设计范式的优点，运用多元程序设计范式，不论是内部函数还是对外提供的函数，在设计上都结合具体场景进行了权衡，尽可能让基础库的使用方式接近通过图形界面操作电子表格应用的习惯，让开发者在使用基础库进行程序设计的过程中聚焦于功能本身，减少心智负担。

现在，你应该已经对 Excelize 基础库的设计理念和设计范式有所了解，接下来讲解办公文档格式的相关技术标准。

第 4 章

办公文档格式标准

要设计并开发一个可靠、易用的电子表格文档基础库，就必须先了解电子表格文档格式的技术标准。办公文档格式标准定义了文档内部的存储格式，该标准是实现 Excelize 基础库的技术基础。本章将介绍 OpenXML、XML 和 XSD 等技术标准，解读电子表格文档格式标准中的主要内容。

通过本章，你可以了解 Excel 文档的存储格式，便于理解后续章节的内容。此外，我们常用的 Word、PowerPoint 文档也遵循同一套办公文档格式标准，如果你想参与 Excelize 的开发，或者开发用于处理 Word 文档、PowerPoint 文档的基础库，本章的内容也可作为参考，为你的开发工作提供帮助。

4.1　文档格式标准发展概述

文档作为信息和知识的载体，已经被应用在各种场景中，如科学论文、电子政务、商业信函、财务报表、合同契约、档案稿件和产品手册等。统一的文档格式标准有助于信息的规范化处理，如编辑、存储、检索、转换等。办公文档应用被应用于各行各业，每天都有大量的办公文档被创建。20 世纪 90 年代，数字化的文档格式尚未形成统一的技术标准，人们逐渐发现，如果这些办公文档以某个公司定制的私有格式存储，每个收到文档的人，都要用特定供应商提供的软件才可以打开文档，这将为文档的长期存储、分发和传播带来巨大风险。因此，形成一套开放的技术标准体系越来越重要，很多国家和地区都制定了支持开放的文档格式标准的政策文件。

开放的文档格式标准有助于信息的互联互通，让用户可以自由选择办公软件供应商，同时能够促进供应商之间在市场上的平等竞争，并有利于增强文档系统的安全性。随着时间的推移，陆续有多项以 XML 为核心描述语言的开放文档格式［如 OOXML（Office Open XML）、ODF（Open Document Format）、UOF（Uniform Office Format）等］标准发布。常见的以 xlsx、xltm、xltx 为文件扩展名的电子表格文档，以及以 docx、pptx 为文件扩展名的办公文档都遵循 ISO/IEC 29500 文档格式标准，该标准也被简称为 OOXML 标准、OpenXML 标准或 ECMA-376 文档格式标准，本书将简称其为 OpenXML 标准。

OpenXML 标准的标准化工作由 ECMA[①]国际下属的 TC45 技术委员会[②]执行和维护。ECMA 国际是一个致力于信息和通信系统标准化的国际性行业组织。多个机构和公司参与了 OpenXML 标准的制定工作，包括来自苹果公司（Apple Inc.）、巴克莱资本（Barclays Capital）、英国石油公司（BP p.l.c）、大英图书馆（The British Library）、依视路公司（Essilo Inc.）、英特尔公司（Intel Corporation）、微软公司（Microsoft Corporation）、NextPage、诺维尔公司（Novell Inc.）、挪威国家石油公司（Statoil）、东芝公司（Toshiba Corporation）、美国国会图书馆（Library of Congress）的代表。OpenXML 标准在 2007 年被国际标准化组织（International Organization for Standardization，ISO）通过，成为一项办公文档领域的国际标准。许多常用的办公应用都遵循该技术标准，包括桌面商业办公套件 Microsoft Office、Apple iWork、IBM Lotus Symphony、Kingsoft WPS Office 和永中 Office 等，开源办公套件 Apache OpenOffice 和 LibreOffice 等，以及新兴的在线办公应用 Microsoft Office Web Apps、Google Workspace、ONLYOFFICE、石墨文档、钉钉文档和腾讯文档等。

在制定 OpenXML 标准时，办公文档常以二进制格式进行存储，当时约有 4 亿用户在使用这种格式的文档，文档数量约有 400 亿份，并且每年以数十亿的数量增加。这种二进制的文档格式是在当时计算机计算资源和存储资源有限的背景下设计的。而以 XML 为基础的文档格式新标准结合了硬件设备的发展、网络传输环境的变化和文档内容的可扩展性等因素进行重新设计。当时人们基本上仅通过桌面办公软件来使用办公文档，考虑到未来除了通过桌面办公软件读写办公文档，还将有使用其他文档编辑程序来处理这些办公文档的场景，例如根据业务数据自动生成文档、从文档中提取业务数据并将这些数据输入业务应用程序中、只对文档的一小部分执行受限任务但保留文档可编辑性、为具有特殊需要的用户群（如盲人）提供辅助功能、在各种硬件（包括移动设备）上处理办公文档等，OpenXML 标准的设计形成了开放标准，这也让类似 Excelize 这种文档处理基础库的实现成为可能。

文档的长期保存是最为重要的问题之一。文档以数字化表示形式对信息编码，而数字化表示形式与编码信息的程序密切相关。保障数十年后依然可以读取文档而不会有明显的信息丢失是很困难的，OpenXML 标准的制定过程中充分考虑这一问题，最终选择以开放的 XML 格式作为基础。

4.2 OpenXML 标准特点

OpenXML 标准具有以下特点。

- **互操作性**。这一特点体现在它区别于专有格式、功能和运行时环境，不限制文档中图片、音视频等媒体类型的格式，可以通过不同语言，在不同的操作系统下实现。
- **国际化**。OpenXML 标准支持中文、阿拉伯语、希伯来语、印地语、日语、朝鲜语、俄语和土耳其语等多种语言所需的国际化功能。对于文字方向，OpenXML 标准支持从左向右、从右向左和双向（BiDi）。Excelize 基础库可以使用 SetSheetView()函数来设置工作表页面的文字方向。对于编号、小数点、段落、列表编号、序号的表示方法，在不同语言中可能有所不同。对于日期表示，OpenXML 标准定义了多种历法格式。在电子表格公式规范中，OpenXML 标准提供了对国际化相关的转换函数的定义。

---

① 欧洲计算机制造商协会（European Computer Manufacturers Association）。
② Technical Committee 45。

- 开发者采用的障碍较小。尽管 OpenXML 标准白皮书将其作为标准的一项特点，但我认为这套技术标准对开发者采用的障碍是相对二进制或专有格式而言的。OpenXML 标准中有大量的特性描述，对普通的开发者来说依然有较高的实现门槛。虽然应用程序在处理文档时不需要支持 OpenXML 标准定义的全部特性，但是开发者对标准内容的理解程度也将直接影响所开发基础库的可用性。我编写 Excelize 基础库的原因之一就是希望通过 Excelize 基础库为开发者减少实现标准的复杂工作。

- 精简性。作为一种存储格式，OpenXML 标准支持创建高性能的应用，在格式设计上尽可能精简，能够提高程序处理和分析的速度。这种精简性体现在多个方面：很多标签和命名空间（Namespace）使用缩写表示，例如电子表格文档中的单元格以标签 "c" 而不是 "cell" 来表示；避免重复，例如对于大对象的存储，在电子表格文档中，值为相同字符的单元格被存储于字符串表中，按索引进行引用；自动填充或者跨若干单元格填充的公式，使用 "主-从"模式进行表示，以单一单元格为 "主" 单元格，填充范围内的其他单元格通过分组索引来引用 "主" 单元格；对于电子表格文档内的一些样式、形状名称、几何形状等，部分以预设编号或名称的形式在标准中进行定义，而非在文件中定义。

- 模块性。OpenXML 标准通过 3 个方面体现这项特性：文档的全部数据并非以一个整体存储于单一文件中，而是由多个 XML 文件存储；各个部分之间可能存在依赖关系，这些依赖关系也由各部分分别存储；这些 XML 文件以及其他文件以 ZIP 格式进行存档，这样的设计支持应用程序随机访问文档中的每个部分。该特性使得应用程序可以通过仅读取或修改文档中部分数据的方式完成某项功能。对于电子表格文档，每个工作表的数据存储于一个独立的XML 文件之中，我们可以从相关的 XML 文件中按需读取指定工作表中的数据，由于单元格坐标具有跨工作表引用等特性，我们在处理单元格时仍需考虑这种关联关系。早期二进制格式的文档一旦出现部分数据片段的损坏，将导致整个文档无法被正常读取，数据修复的成本很高，修复成功的可能性也很小。而基于文本格式的文档，由于文档数据存储于多个 XML文件中，当部分数据片段损坏时，其他部分的数据不受影响，能够最大限度地保留文档中的信息。总的来说，这种模块化设计为文档数据读写带来了很大的灵活性。

- 高保真迁移。OpenXML 标准支持二进制专有格式中的所有功能，时至今日，依然有不少的用户在使用 Microsoft Office 97-2003 二进制专有格式的文档，对于电子表格文档，这些文档通常以 xls 作为扩展名。OpenXML 标准中包含大量早期功能，例如使用矢量标记语言（VectorMarkup Language，VML）来实现向后兼容。这些考虑有利于用户将带有早期功能的文档或二进制专有格式文档向开放标准格式文档进行转换，并尽可能保障了信息的完整性。

- 与业务数据集成。如果信息被一直埋藏在文档中而不能流动起来，就失去了其价值。为了业务系统能方便地检索、复用和管理文档，OpenXML 标准支持以 XSD 为基础的自定义模式。自定义模式用来描述文档可包含数据结构和类型，通过在文档内部自定义 XML 部分嵌入自定义模式，实现文档数据与表示形式的分离。例如，某企业在多个信息系统中都需要一组元数据：员工姓名、邮箱地址和部门名称。这 3 项信息在不同的信息系统中的存储结构和字段可能有所不同，那么可以将这 3 项信息抽象为一种以 XSD 描述的自定义模式，模式中定义了这 3 项信息可能出现在文档中的位置，在企业内部的 OpenXML 文档中嵌入这种自定义模式，其他信息系统通过 OpenXML 标准可以提取到这 3 项信息，从而实现系统之间的数据映射和数据集成。

- 创新空间。这是一种可扩展的机制，目的是允许文档在不同的应用程序之间进行互操作。OpenXML 标准为开发者提供了两个相关选项：扩展列表和备用内容块。例如，我们可以开发一个应用程序，该程序具有其他办公应用所不具备的某项功能，将这个程序特有的功能所产生的数据存储于扩展列表中，当带有该扩展列表的文档被其他支持 OpenXML 标准的办公应用修改并保存后，虽然特有的功能在其他办公应用中不可用，但其数据依然被保留，仍可被我们所开发的程序继续读写。再如，假设某个高版本的办公应用新增了一项图表类型的支持，通过高版本创建的图表将无法被该应用的低版本识别，在使用高版本应用程序创建图表时，将降级信息以 XML 格式存储在文档备用内容块中，降级信息可以是提示用户升级应用版本的消息，也可以是低版本中支持的同类图表，这样当文档在低版本应用程序中打开时，用户将看到备用内容块中的内容。

4.3　文档格式标准解读

或许你已经发现，OpenXML 标准涉及 XML、XSD、ZIP 等技术。除此之外，电子表格文档中还包含许多其他技术规范，下面列举了在实现 Excelize 过程中涉及的部分主要技术规范：

- ISO/IEC 29500（Office Open XML File Formats）；
- ISO/IEC 21320（Document Container File）；
- ISO/IEC 10646（Universal Coded Character Set，UCS）；
- XML（Extensible Markup Language）；
- XSD（XML Schema Definition）；
- [MS-CFB]: Compound File Binary File Format；
- [MS-OFFCRYPTO]: Office Document Cryptography Structure；
- [MS-LCID]: Windows Language Code Identifier (LCID) Reference；
- DCMI（Dublin Core Metadata Initiative）Metadata Terms；
- IETF RFC 2616 - Hypertext Transfer Protocol -- HTTP/1.1。

关于 ISO/IEC 29500 技术标准，4.1 节和 4.2 节已进行了简要介绍，从中可以看出，该标准设计体现了全面性、普适性和严谨性，能够在较长的周期被采用。文档是信息和知识的载体，其内容形式多样、内容丰富，这也意味着该标准的内容十分复杂，其中定义了 Word、Excel、PowerPoint 在内的"Office 三套件"的文档格式标准。我们可以在搜索引擎中搜索关键词"ISO Publicly Available Standards"或"ECMA-376"，在 ISO 网站的"Publicly Available Standards"页面或者 ECMA International 网站的"ECMA-376"页面下载该技术标准规格书。该标准包含以下 4 个部分。

- 第一部分：基础知识与标记语言参考（Fundamentals and Markup Language Reference）；
- 第二部分：开放数据包约定（Open Packaging Conventions，OPC）；
- 第三部分：标记兼容性和扩展性（Markup Compatibility and Extensibility）；
- 第四部分：过渡迁移特性（Transitional Migration Features）。

其中，第一部分的内容较多，超过 5000 页，整套标准规格书累计超过 6000 页。图 4-1 直观地将 OpenXML 标准与其他国际标准的制定情况进行了对比（图中的 OOXML 即代表 OpenXML 标准）。

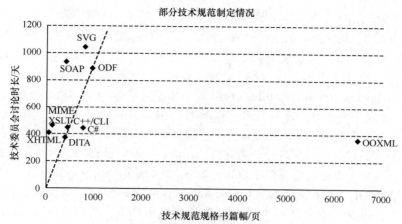

图 4-1　OpenXML 标准与其他技术规范制定情况的对比

从图 4-1 可见 OpenXML 标准内容的规模之大和复杂，现在我们仅需要对它建立大体上的认识，并了解其主要构成即可。4.4 节将介绍 OpenXML 文档的内部结构，6.3 节将详细讨论使用 Go 语言实现该标准的具体过程。

ISO/IEC 21320 是 ZIP 文件格式的技术标准，该标准由 PKWARE 公司开发，首次发布于 1989 年。时至今日，ZIP 格式依然是十分常用的压缩文件格式。OpenXML 标准使用该格式作为文件容器。如果我们将电子表格应用文件的 xlsx 扩展名改为 zip，然后将其解压缩，就可以看到其内部有若干子文件夹和 XML 文件。Go 语言的 archive/zip 标准库已经实现了该技术标准，在实现 Excelize 基础库时，使用 Go 语言的 archive/zip 标准库来处理 ZIP 压缩文件。

ISO/IEC 10646 国际标准也被简称为 UCS[①]，是一种统一编码方式，OpenXML 标准使用 XML 作为办公文档格式的标记语言，而 XML 使用 Unicode 作为统一字符编码标准，该标准由 Unicode 联盟维护。作为信息技术领域的业界标准，UCS 的目的是使计算机系统能够以简单的方式支持多种语言混合使用场景。Go 语言的 unicode 标准库实现了该技术标准，Excelize 基础库通过 unicode 标准库对 Unicode 编码数据进行处理。

XML 是万维网联盟（World Wide Web Consortium，W3C）推荐的一种可扩展标记语言标准。XML 于 1998 年发布 1.0 版本，2006 年更新发布 1.1 版本。XML 从早期的标准通用标记语言（Standard Generalized Markup Language，SGML）（ISO 8879: 1986）发展而来，为信息的结构化、存储和传输而设计。XML 标准中定义了 XML 文件的语法、逻辑结构、物理结构、一致性和形式化文法等内容，该标准本身不限制标签的内容，OpenXML 标准采用 XML 作为一项基础技术，在标准中定义了 XML 标签的有限范围，并兼容 XML 1.0 技术标准。有别于互联网应用网络接口数据传输中常用的 JSON 格式，XML 在大型软件、工业软件和操作系统中的应用更加广泛。相较于 JSON 格式，XML 的表现形式更为丰富和灵活，标准内容和实现上也更加复杂。Go 语言的 encoding/xml 标准库已经实现了部分 XML 技术标准，Excelize 使用该标准库进行 XML 文件的处理，并针对复杂 XML 进行了专门的优化支持。

XSD 是 W3C 推荐的技术标准，发布于 2001 年。XSD 是一种 XML 模式的定义方法，用于描述

---

① *Universal Coded Character Set*，译为《通用多八位编码字符集》。

和验证 XML 的结构。XSD 标准中定义了构成 XML 模式的组件,包括元素声明、属性声明、简单与复合数据类型、模型群、属性群、属性使用和元素粒子等。OpenXML 标准提供了以 XSD 和另外一种 XML 模式规范 RELAX NG(ISO/IEC 19757-2)表示的办公文档文件内部 XML 的模式定义。Excelize 采用 XSD 标准作为定义基础库中数据结构、设计内存模型的主要参考材料。

[MS-CFB]: Compound File Binary File Format 是一项厂商标准,由微软公司设计,它是一种二进制的文件格式,通常简称为 CFB 文件格式,有时也称为对象链接与嵌入(Object Linking and Embedding,OLE)格式。[MS-CFB]标准定义了一种结构化的文件系统来实现高效存储多种对象,将目录和文件以存储对象和流对象进行分类并分层存储。早期二进制格式的办公文档就是基于该标准进行存储的,如今对于带有密码保护的 Office 文档,依旧使用该文件格式进行外层存储。

[MS-OFFCRYPTO]: Office Document Cryptography Structure 是一项厂商标准,由微软公司设计,其定义并描述了 Office 文档加密的结构,描述了加密文档在 CFB 文件格式中的结构化存储形式。当我们创建带有密码保护的 Office 文档时,原始文档内容以 OpenXML 标准格式进行存储,然后通过[MS-OFFCRYPTO]标准将文档数据存储于 CFB 格式的文件中。Excelize 基础库支持读取和生成这种带有密码保护的电子表格文档,在实现过程中以此技术标准作为参考。

[MS-LCID]: Windows Language Code Identifier (LCID) Reference 是微软公司设计的用于 Windows 操作系统的多语言环境相关的参考手册。其中定义了两项多语言环境相关的技术,一项是语言代码标识符(Language Code Identifier,LCID),也称为文档标识符,这是一项目前已经弃用的标识方法;另一项是区域设置代码替代系统。该标准描述了不同版本的 Windows 操作系统中对不同地区、国家、语言的标识方法,以及对应的语言名称缩写和标签,这些语言标识符也被用于电子表格文档中。例如,Excel 支持为单元格设置自定义数字格式,该功能允许将一个根据专用语法书写的数字格式表达式作用于一个单元格的值上(通常作用于数值型单元格的值上),从而让单元格以不同的形式显示。假设有一个单元格的值为 "1234.1",我们可以为其设置一个数字格式 "[\$¥-804]#.#;[\$¥-804]-#.#",在应用该数字格式后,单元格将显示为 "¥1234.1",通过这种方式可以使数值以货币形式显示,而无须手动编写货币符号。在这个例子中,表达式存储了货币符号和语言代码 804,如果我们想要实现该功能,就需要读取并解析数字格式中的这些语言标识,[MS-LCID]手册可以为这项工作提供参考。

DCMI Metadata Terms 是为了规范信息检索和数据编排而设计的文件属性技术标准,也称为都柏林核心集,该技术标准于 1995 年建立。电子表格文档的属性信息遵循该技术标准,Excelize 基础库参照这项标准进行文档属性的读取和设置。

IETF RFC 2616 - Hypertext Transfer Protocol -- HTTP/1.1 是在互联网上广泛应用的一项网络协议,由 W3C 和因特网工程任务组(Internet Engineering Task Force,IETF)于 1999 年联合制定。在 OpenXML 格式的办公文档内部,多媒体文件类型的语法和定义遵循该协议中的 3.7 节 "Media Types" 的表示方式。

现在,你已经了解了 Excelize 基础库实现过程中涉及的部分主要标准,可以将标准的名称作为关键词,在搜索引擎中搜索并下载它们,绝大部分标准均可免费下载。

4.4　文档结构分析

在对文档格式背后涉及的部分主要标准进行简要介绍之后,本节进一步分析 OpenXML 标准。

由于 OpenXML 文档是以 ZIP 为基础格式的压缩文件，所以如果创建一个 XLSX 格式的电子表格文档，并将其文件扩展名从 xlsx 修改为 zip，通过解压缩工具将其解压缩，将会得到一个文件夹，文件夹中有若干子文件夹和 XML 文件。为了便于理解，以一个简单的电子表格文档为例，从开发者的视角来观察其内部结构，如图 4-2 所示。

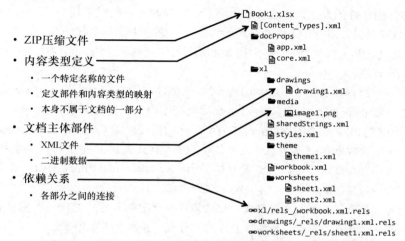

图 4-2　符合 OpenXML 标准的电子表格文档的典型内部结构

可以看到，在电子表格文档内部，除了有文件夹、XML 文件和二进制数据，还有以 rels 为扩展名的文件，这些文件的内容也是以 XML 格式来存储的，用来描述文档内部各部件之间的关联关系。当使用电子表格应用保存文档时，各项功能对应的数据将会被存储于这些 XML 文件中。在使用 Go 语言实现电子表格文档基础库时，需要对这些文件的内容进行读写。基础库的开发者要对各个文件内部的存储内容和文件之间的关联关系有所了解，我们先从整体架构的角度来分析文件内部结构的设计，OpenXML 标准的技术架构如图 4-3 所示。

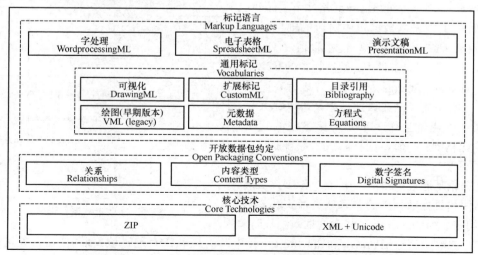

图 4-3　OpenXML 标准的技术架构

OpenXML 标准由 3 个部分构成，其技术架构由下至上分别是：核心技术、开放数据包约定和标记语言。接下来依次来讲解这 3 个部分的具体构成。

核心技术由 ZIP、XML 和 Unicode 这 3 项标准作为基础技术构成。

开放数据包约定（Open Packaging Conventions，OPC）提供了在 ZIP 文件中存储 XML 文件、二进制数据等各种文档部件的方法，并定义了用于表示内容和关系的逻辑模型。OpenXML 文件是一个符合 OPC 规范的数据包，ZIP 文件作为存档的容器，数据包中的每个部件都有一个不区分大小写的部件名，部件名就是 ZIP 文件的路径，参考图 4-2 所示的文档内部结构，其中/xl/worksheets/sheet1.xml 就是一个工作表的部件名。

每个部件都有一个内容类型（Content Types），在部件名为/[Content_Types].xml 的文件中，用户可以定义数据包中每个部件的内容类型，对于媒体类型的语法和定义遵循 IETF RFC 2616 规范。例如，对于文档中存储的 JPG 格式图片，在内容类型部件中需要使用 ContentType="image/jpeg"来表示。数据包和部件可以包含数据包中其他部件或外部资源的"显式关系"，每个显式关系都有一个关系 ID 和关系类型，关系类型通过统一资源标识符（Uniform Resource Identifier，URI）命名，应用程序通过关系 ID 引用关系内容，通过关系类型决定处理关系的方式。

部件之间的显式关系存储在关系部件中，这类部件在 ZIP 数据包中是唯一特别命名的部件，其命名规则是在部件同级目录中，存储一个名为_rels 的文件夹，并由"部件文件名+扩展名"构成关系部件的文件名，以 rels 作为扩展名；根目录关系部件存储在/_rels/.rels 文件中，例如对部件/xl/workbook.xml 而言，其关系部件是/xl/_rels/workbook.xml.rels，对/xl/worksheets/sheet1.xml 而言，其关系部件是/xl/worksheets/_rels/sheet1.xml.rels。

数据包中的各个部件通过隐式关系（Implicit Relationship）与显式关系（Explicit Relationship）两种方式形成关联。对于隐式关系，源部件和目标部件通过隐含关系进行关联，通过源部件中的 ID 在目标部件中定位关联的元素。例如，当我们在名为 Sheet1 的工作表的 B2 单元格输入"Hello, world!"时，工作表在数据包中对应的部件名为/xl/worksheets/sheet1.xml，单元格的值"Hello, world!"并未存储在该部件中，数据包中的共享字符串部件/xl/sharedStrings.xml 与工作表存在隐式关系，单元格的值存储在该部件中，可以在共享字符串部件中通过工作表单元格标签中的索引来定位单元格 B2 的值，这种隐式关系如图 4-4 所示。

显式关系是通过关系部件中的关系 ID，明确地将源部件和目标部件中的关系项进行关联。例如，当我们在名为 Sheet1 的工作表中插入图片时，将在工作簿的绘图部件/xl/drawings/drawing1.xml 中声明关系 ID，通过该关系 ID 我们就可以在绘图关系部件/xl/drawings/_rels/drawing1.xml.rels 中定位到图片，这种显式关系如图 4-5 所示。

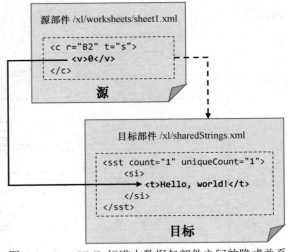

图 4-4　OpenXML 标准中数据包部件之间的隐式关系

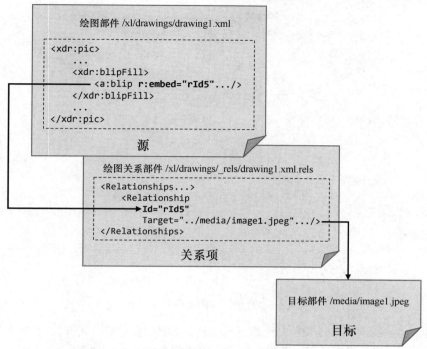

图 4-5   OpenXML 标准中数据包部件之间的显式关系

为了验证文档的来源和完整性，并防止文档被篡改，我们可以为文档添加数字签名（Digital Signatures）。OPC 中的数字签名部分描述了在通过数字证书为文档添加数字签名后，签名信息在文档内部的存储方式。通常情况下，文档的数字签名信息被存储于文档内部名为/_xmlsignatures、/_xmlsignatures/origin.sigs 和/_xmlsignatures/sig1.xml 的部件中，其中 origin.sigs 存储了文档的签名数据，sig1.xml 存储了数字证书和签名算法等元数据。对于带有数字签名的文档，如果改变文档其他部件中 XML 文档的内容，在数据包保存后，通过 Office 应用打开该文档，当应用验证签名信息与文档数据不匹配或使用非信任机构颁发的数字证书对文档进行签名时，将得到签名无效的提示。

在图 4-3 所示架构上方的标记语言部分，OpenXML 标准描述了 3 项标记语言，分别是用于字处理（Word）文档的 WordprocessingML、用于电子表格（Excel）文档的 SpreadsheetML 和用于演示文稿（PowerPoint）文档的 PresentationML。除此之外，架构图中间的通用标记部分还定义了跨应用标记语言，包括可视化 DrawingML、扩展标记、目录引用、绘图（早期版本）、元数据和方程式等。通过通用标记语言描述的图片、图表、图形和自定义扩展属性等可以同时被字处理文档、电子表格文档和演示文稿文档所复用。Excelize 基础库的实现涉及架构中除 WordprocessingML 和 PresentationML 之外的部分。

对一个包含数字、文本、图表、表格和数据透视表的典型工作簿来说，每个工作簿中可能包含多张工作表，工作表中可带有图表、表格和数据透视表等元素，数据透视表元素与透视缓存和透视记录存在关联关系。此外，工作簿还与主题、样式、公式计算链、共享字符串表和 XML 映射等部分功能存在关联，其元素分布如图 4-6 所示。

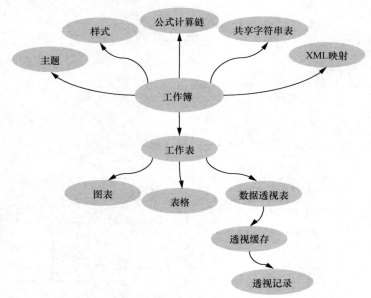

图 4-6 典型工作簿中的元素分布

工作簿中的这些功能都以 XML 文件的形式存储于 ZIP 数据包的不同部件中，每个部件都有独立唯一的名称和 XML 根节点标签名，部件之间存在关联关系。表 4-1 列出了 SpreadsheetML 中电子表格文档内部的部件。

表 4-1 SpreadsheetML 中电子表格文档内部的部件

组成部件	所属部件	根节点标签名
公式计算链（Calculation Chain）	工作簿	calcChain
图表工作表（Chartsheet）	工作簿	chartSheet
评论（Comments）	对话工作表和工作表	comments
数据连接（Connections）	工作簿	connections
自定义属性（Custom Property）	工作簿	不适用
自定义 XML 映射（Custom XML Mappings）	工作簿	MapInfo
对话工作表（Dialogsheet）	工作簿	dialogsheet
图形（Drawings）	图表工作表和工作表	wsDr
外部工作簿引用（External Workbook Reference）	工作簿	externalLink
元数据（Metadata）	工作簿	metadata
数据透视表（Pivot Table）	工作表	pivotTableDefinition
数据透视表缓存定义（Pivot Table Cache Definition）	数据透视表、工作簿	pivotCacheDefinition
数据透视表缓存记录（Pivot Table Cache Records）	数据透视缓存	pivotCacheRecords
查询表（QueryTable）	工作表	queryTable
共享字符串表（Shared String Table）	工作簿	sst

续表

组成部件	所属部件	根节点标签名
共享工作簿修订页眉（Shared Workbook Revision Headers）	工作簿	headers
共享工作簿修订记录（Shared Workbook Revision Log）	共享工作簿修订页眉	revisions
共享工作簿用户数据（Shared Workbook User Data）	工作簿	users
单一单元格表格定义（Single Cell Table Definitions）	对话工作表和工作表	singleXmlCells
样式（Styles）	工作簿	stylesheet
表格定义（Table Definition）	对话工作表和工作表	table
易失性依赖（Volatile Dependencies）	工作簿	volTypes
工作簿（Workbook）	SpreadsheetML 数据包	workbook
工作表（Worksheet）	工作簿	worksheet

对于带有密码保护的加密工作簿，文档数据仍然基于 OpenXML 标准格式存储，加密时将 ZIP 数据包存储于 CFB 格式的二进制文件中。

4.5 小结

文档作为信息的载体和交换的媒介，其格式标准经过了漫长的发展历程，以 XML 文本格式为基础的 OpenXML 开放文档格式国际标准已成为各大办公文档应用广泛使用的格式标准，它定义了字处理文档、电子表格文档和演示文稿文档的文件格式。OpenXML 标准对文档信息结构和文档物理存储方式都有相关的定义，解决了对文档结构的描述是否合理、是否易于互操作、文档数据持久存储是否节省空间、是否利于检索、文档读写是否高效等一系列问题。

了解 OpenXML 标准是设计和开发基于 Go 语言的 Excelize 电子表格文档基础库的重要前提和基础，OpenXML 并非一套独立的技术标准，其中融合了多项其他技术标准，本章讲述了其中涉及的多项国际标准、厂商标准和协议规范，并介绍了电子表格文档的内部存储结构和关联关系。接下来，第 5 章将讨论基于 OpenXML 标准来实现 Excelize 基础库的过程中需要考虑的核心要素。

第 5 章

Excelize 基础库设计核心要素

设计并实现一个易用的电子表格基础库并不简单，基础库的开发者需要理解复杂的文档格式标准，实现电子表格应用中的主要功能，并编写大量的测试代码等。但这些工作仅能保障基础库的基本功能可用，要做到易用，还需要考虑很多。例如，如何合理抽象电子表格应用中的各项功能，如何为用户屏蔽复杂的文档格式标准，如何让用户能够使用基础库编写出可读性强的代码，如何进行异常处理以保证用户获得更好的使用体验……此外，对于 OpenXML 这样复杂而庞大的技术标准，在实现过程中如何保证兼容性，使得文档中基础库尚未支持的部分不受影响？上述问题都是我们在设计基础库的过程中需要考虑的。

阅读本章时，需要你对电子表格应用的常用功能有所了解，对电子表格文档格式相关技术标准有一定的认识（可参阅第 4 章）。接下来本章将讨论 Excelize 基础库设计过程中的核心要素。

5.1 设计思路

以 Excel 为代表的电子表格应用基础办公软件有着 30 多年的历史，至今仍在不断发展和优化，不论是在功能、性能还是在兼容性上都有很高的技术壁垒，电子表格文档作为电子表格应用功能的持久化存储媒介，可想而知，其中承载的内容是非常多的。对于一款开源电子表格基础库的设计和实现，不论使用何种语言，要想不依赖设备上预装的 Office 应用，而是从技术标准层面从零开始开发，很难在短期（数月到数年的时间周期）内实现其全部内容，这就要求我们在基础库的设计之初建立好一套可扩展的技术架构，并合理规划功能模块。由于电子表格应用中绝大部分功能都可以通过单元格坐标引用的方式产生交叉关联，这就要求我们在设计过程中更多地考虑这项因素带来的影响。

OpenXML 是一套极为复杂、庞大的技术标准体系。虽然我们难以在短期内完全实现 OpenXML 标准中的全部内容，但可以利用其"模块性"特点，使基础库能够先实现部分内容。尽管 OpenXML 数据包中的各个部件存在错综复杂的关联关系，但是如果我们悉心梳理，找出我们所需支持的功能在标准中涉及的脉络，就可以有很大把握实现常用功能，并以此为基础不断拓展功能，提高对技术

标准内容的覆盖度和支持度，这是一项需要花费较长时间进行持续投入的工作。换句话说，Excelize
基础库是按照"按需处理"的思路来设计的，除了对外提供的各项函数所涉及的那些必要的 XML 部
件需要被解析和生成，读写过程中需要尽可能避免对电子表格文档数据包内部尚未支持的 XML 文件
和标签做处理，结合局部加载（Partial Load）和局部解析（Partial Parsing）等技术实现对包含复杂组
件的电子表格文档的兼容。

5.2　基础库架构设计

　　基础库架构按照功能模块进行划分，可以分为基础能力、样式处理能力、模型处理能力、图片/
图表处理能力、工作簿/工作表处理能力、单元格处理能力和数据处理能力 7 个部分。

- 基础能力包括文件格式识别、媒体格式支持、元数据解析校验、OPC 封装与解构、依赖关系
  处理和扩展标记处理等，其中将会涉及带有命名空间的大规模复杂 XML 文件的读写，6.2
  节将详细讨论使用 Go 语言标准库进行复杂 XML 文件解析过程中遇到的典型问题和解决方
  法。基础能力是处理任意符合 OpenXML 标准的办公文档所通用的能力，因此不限于 Excel
  文档，对操作 Word 或 PowerPoint 文档的基础库来说，同样需要实现这部分能力。
- 样式处理能力包括边框格式设置、冻结窗格、字体格式设置、行高/列宽设置、数字格式设置
  和色值计算等能力。对该部分能力的实现，绝大部分是对文档数据包中/xl/styles.xml 部件的
  操作，小部分是对工作表部件中视图属性的操作。
- 模型处理能力包括模型组件化、模型校验、计算引擎、升级扩展和模型纠错验证等能力。如
  果要实现一个能够灵活地操作文档中各项功能组件的基础库，就必须对文档数据结构进行数
  据建模，将 OpenXML 标准中定义的文档模型映射为运行时的数据结构。
- 图片/图表处理能力是对 OpenXML 标准中 DrawingML 的部分实现，其中包括二维/三维图表
  创建，对簇状柱形图、堆积柱形图、面积图、锥形图、棱锥图、饼图、气泡图、散点图、折
  线图等超过 50 类图表进行属性设置的能力。在 OpenXML 标准中，DrawingML 是一套跨应
  用的、复杂的绘图标记语言，其中包括 1690 项 XML 标签和属性。在实现过程中，还需要考
  虑电子表格文档特有的 SpreadsheetDrawingXML 相关内容。
- 工作簿/工作表处理能力包括对工作簿/工作表可见性设置、行/列处理、工作簿属性、工作表
  属性、页眉和页脚、视图属性、搜索单元格、数据保护、页面布局和流式读写等功能的支持。
- 单元格处理能力包括对数据类型支持、共享字符串表、选区合并、富文本、超链接、批注处
  理、公式处理、单元格赋值、单元格样式和计算缓存等功能的支持。单元格作为电子表格中
  的一项基础组成部分，与众多功能通过单元格坐标引用形成交叉关联，这就要求在基础库实
  现过程中要充分考虑单元格变化给工作簿内其他部件带来的影响。
- 数据处理能力包括对数据验证、时间处理、数据加密/解密、单位转换、表格/自动过滤器、
  数据透视表、条件格式，以及向工作簿中嵌入 VBA 脚本工程等功能的支持。Excelize 虽然没
  有提供 VBA 脚本的运行时环境，但是允许开发者通过 Excelize 提供的函数在电子表格文档
  中嵌入准备好的 VBA 脚本，并将文档保存为带有宏的工作簿，当使用电子表格应用打开生
  成的工作簿时，用户可以选择运行文档中的 VBA 脚本，这使得基础库对很多高阶功能的实

现成为可能，开发者可以通过这种方式扩展 Excelize 的功能。

在电子表格应用中，对工作簿/工作表、单元格和图片/图表的操作，是用户较为常用的 3 类操作，因此在 Excelize 基础库模块规划过程中，将这 3 类操作划分为独立的部分，Excelize 基础库的模块架构设计如图 5-1 所示。

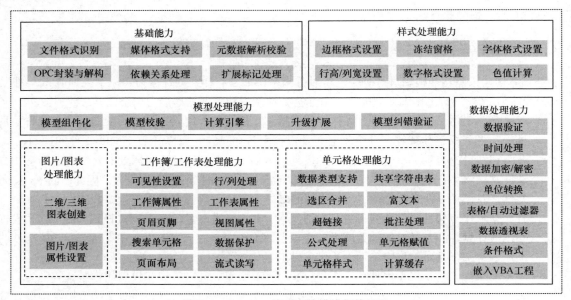

图 5-1　Excelize 基础库的模块架构设计

从图 5-1 可以看出，在功能性方面，Excelize 基础库覆盖了电子表格应用中常用的基本功能，结合 OpenXML 标准对功能点进行了抽象设计和模块归类。

5.3　内存模型设计

对文档数据结构进行建模、设计与文档数据结构对应的内存模型是基础库设计的核心要素之一。

在讨论内存模型设计之前，我们先来了解一种基于"模板替换"实现对文档内容的修改的方法。模板替换是指根据 OpenXML 标准，在文档部件的特定位置插入占位符，将带有占位符的文档作为模板文档，当用户调用基础库的文档操作函数时，基础库内部根据替换规则，将文档内部 XML 部件中的占位符替换为用户动态输入的值，从而实现对文档内容的修改。例如，假设我们定义占位符 ${sheet_visible} 作为模板变量代表工作表的可见性，通过模板变量和用户程序接口之间的约定，用户调用设置工作表可见性的函数时，参数中带有该模板变量，将其值指定为 false 来隐藏某工作表，基础库内部将 XML 部件中的占位符替换为 false，最终生成的文档中将不包含该占位符，并实现隐藏工作表的目的。

通过模板替换可以较为快速地实现对文档部件中既定位置的 XML 标签或属性的修改，但该方法在灵活性和易用性上存在一些局限：模板中的每个占位符通过约定与用户程序建立关联，将文档数据包部件中的底层标签或属性直接暴露给用户，缺少功能层面的聚合抽象，当需要修改的标签和属性越来越多时，用户需要学习和理解的占位符也随之增加；程序运行时占位符无法灵活修改，由于替换后占位符消失，在刚才的例子中，如果设置工作表隐藏后希望将该操作撤销，也就是取消工作表隐藏，通过模板替换的方法无法实现这种操作。基于上述原因，Excelize 基础库在内存模型设计过程中没有采用模板替换的方法，而是根据 OpenXML 标准，在运行时建立文档内部数据结构所对应的内存模型，将用户的各项操作映射为对内存模型数据的修改，进而实现对电子表格文档的灵活处理。

电子表格文档是一组由 XML 文件构成的 ZIP 格式压缩文件，在 Excelize 基础库中对文档数据结构建模，本质上是使用 Go 语言对这些 XML 标签、属性和关联关系的结构体进行定义。例如，创建一个空白工作簿，观察其内部工作表部件/xl/worksheets/sheet1.xml，其 XML 文件内容如下：

```
<?xml version="1.0" encoding="UTF-8" standalone="yes"?>
<worksheet
    xmlns="http://schemas.openxmlformats.org/spreadsheetml/2006/main"
    xmlns:r="http://schemas.openxmlformats.org/officeDocument/2006/relationships">
    <dimension ref="A1"/>
    <sheetViews>
        <sheetView tabSelected="1" workbookViewId="0"/>
    </sheetViews>
    <sheetFormatPr defaultRowHeight="15"/>
    <sheetData><sheetData/>
    <pageMargins left="0.7" right="0.7" top="0.75" bottom="0.75" header="0.3" footer="0.3"/>
</worksheet>
```

可以看到 XML 文件中包含对工作表坐标区域、视图属性、工作表数据和默认页边距等信息的描述，对文档数据结构进行建模，就是定义与之对应的数据结构，即编写 Go 语言结构体。但是这种通过创建电子表格文档并观察其中 XML 标签和属性分布的方式来定义结构体进行建模的方式是不全面的，由于电子表格文档中涉及数以千计的元素和属性，且元素之间存在错综复杂的嵌套关系，所以我们无法创建一份包含电子表格文档中涉及的所有功能的文档。XML 数据呈层次型的树状结构，文档内部的多个 XML 文件通过隐式关系链接与显式关系链接形成复杂的网状模型，要完成对文档数据结构的建模，会面临以下问题。

- 可出现在文档中的元素的 XML 元数据（标签元素和属性）有哪些？
- 各 XML 元素之间的层次关系是什么？
- 各 XML 元素的排布顺序和出现次数是否存在限制？
- 各 XML 元素是否具有子元素？
- 各 XML 元素的数据类型是什么？它们的取值范围是什么？默认值是什么？

我们需要通过一种能够描述文档数据结构的模式语言进行建模。在 OpenXML 标准的第一部分（Part 1 - Fundamentals and Markup Language Reference）中，通过 XSD 和 RELAX NG 两种标准描述了对文档中 XML 标签和属性的定义。Excelize 基础库采用其中 XSD 的模式定义来实现对文档数据结构的建模。

关于 XSD 标准，4.3 节已经做了简要的介绍。XSD 是用 XML 来定义和验证 XML 模式的技术标准，所以其描述文件内容也是 XML 格式的，文件扩展名为 xsd。我们可以使用该标准中定义的有限数量的特定 XML 标签和属性来描述任何一个 XML 文件的模式。为了能够更好地理解和应用 XSD 标准，有必要先来了解该标准的主要内容。XSD 中各组件的数据模型如图 5-2 所示。

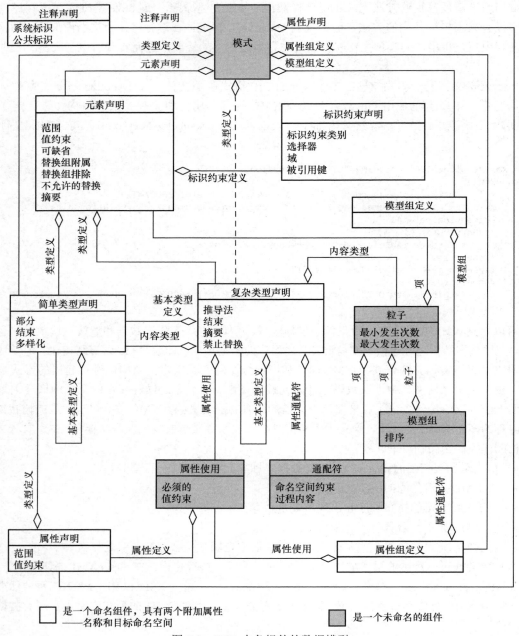

图 5-2 XSD 中各组件的数据模型

本书将 XML 标签和属性统称为 XML 元素，在 XSD 标准中按照 XML 元素的功能进行分组，可以分为 7 组：顶级元素、粒子元素、XSD 文件中的命名空间元素、标识约束元素、属性元素，以及可用于复杂类型定义和简单类型定义的元素。

顶级元素是指可以直接出现在根元素<xsd:schema>下一层级的元素，表 5-1 列出了 XSD 中的顶级元素。

表 5-1　XSD 中的顶级元素

顶级元素	作用
<xsd:annotation>	用于定义一个批注
<xsd:attribute>	用于定义一个属性
<xsd:attributeGroup>	用于定义一个属性组，将多个属性组合成一组，以便将其用于复杂类型中
<xsd:complexType>	用于定义一个包含元素和属性的复杂类型
<xsd:element>	用于定义一个元素
<xsd:group>	将多个元素组合成一组，以便将其用于复杂类型中
<xsd:import>	用于定义模式组件引用的命名空间
<xsd:include>	用于在当前命名空间下引入指定的模式文件，例如，<xs:include schemaLocation="external.xsd"/>代表 external.xsd 模式文件中的定义也属于当前命名空间
<xsd:notation>	用于在 XML 文件中定义非 XML 数据的格式
<xsd:redefine>	用于在当前模式定义中重新定义从外部 XSD 文件中获取的简单类型和复杂类型、组和属性组
<xsd:simpleType>	用于定义一个简单类型

粒子（Particles）元素可以具有 minOccurs 和 maxOccurs 属性，用于定义 XML 中元素的最少或最多出现次数，并作为复杂类型定义或模型组的一部分，表 5-2 列出了 XSD 中的粒子元素。

表 5-2　XSD 中的粒子元素

粒子元素	作用
<xsd:all>	允许元素组中的元素以任意顺序出现或不出现
<xsd:any>	允许<xsd:sequence>或<xsd:choice>元素中出现来自指定命名空间的任何元素
<xsd:choice>	用于定义仅限所选组中的一个元素出现在被包含元素内
<xsd:element>	用于定义一个元素
<xsd:group>	将多个元素组合成一组，以便将其用于复杂类型中
<xsd:sequence>	用于定义元素中的子元素必须以所选组中定义的顺序出现

在 XSD 文件中可以引入其他 XSD 文件，并使用所引入的 XSD 文件中的命名空间，XSD 文件中的命名空间元素有<xsd:import>、<xsd:include>和<xsd:refine>，各项元素的作用与表 5-1 中描述的相同。

标识约束（Identity Constraint）元素用于约束 XML 元素，表 5-3 列出了 XSD 中的标识约束元素。

表 5-3　XSD 中的标识约束元素

标识约束元素	作用
<xsd:field>	用于指定 XPath（XML 路径查询语言）表达式，该元素可用于约束 unique、key 和 keyref 元素的值
<xsd:key>	约束元素或属性必须是指定范围内的 key，key 的范围是 XSD 中包含的元素，key 必须是唯一的、不为零并且是必选的
<xsd:keyref>	用于约束元素或属性的值，使其与指定的 key 或 unique 元素的值相对应
<xsd:selector>	用于指定 XPath 表达式，选择一组可包含 unique、key 和 keyref 的标识元素来约束元素
<xsd:unique>	用于约束元素、属性或它们的组合在指定范围内必须是唯一的

属性（Attribute）元素用于约束 XML 标签属性，表 5-4 列出了 XSD 中的属性元素。

表 5-4　XSD 中的属性元素

属性元素	作用
<xsd:anyAttribute>	允许复杂类型或属性组中出现指定命名空间的任何属性
<xsd:attribute>	用于定义一个属性
<xsd:attributeGroup>	用于定义一个属性组，将多个属性组合成一组，以便将其用于复杂类型中

复杂类型定义（Complex Type Definition）用于定义包含多种简单类型的数据类型，在 OpenXML 标准中，大量运用这种类型定义电子表格文档中的数据类型，表 5-5 列出了 XSD 中可用于复杂类型定义的元素。

表 5-5　XSD 中可用于复杂类型定义的元素

可用于复杂类型 定义的元素	作用
<xsd:all>	允许元素组中的元素以任意顺序出现或不出现
<xsd:annotation>	用于定义一个批注
<xsd:any>	允许<xsd:sequence>或<xsd:choice>元素中出现来自指定命名空间的任何元素
<xsd:anyAttribute>	允许复杂类型或属性组中出现指定命名空间的任何属性
<xsd:appinfo>	用于指定批注中哪些信息可被应用程序所使用
<xsd:attribute>	用于定义一个属性
<xsd:attributeGroup>	用于定义一个属性组，将多个属性组合成一组，以便将其用于复杂类型中
<xsd:choice>	用于定义仅限所选组中的一个元素出现在被包含元素内
<xsd:complexContent>	用于对复杂类型进行扩展或限制
<xsd:documentation>	用于指定批注中哪些信息需要被用户读取和使用
<xsd:element>	用于定义一个元素

续表

可用于复杂类型 定义的元素	作用
<xsd:extension>	用于对简单元素（simpleContent）和复杂元素（complexContent）进行扩展，为其添加属性、属性组或任意属性
<xsd:group>	将多个元素组合成一组，以便将其用于复杂类型中
<xsd:restriction>	用于对简单元素和复杂元素进行约束
<xsd:sequence>	用于定义元素中的子元素必须以所选组中定义的顺序出现
<xsd:simpleContent>	用于定义一个简单类型[①]

简单类型定义（Simple Type Definitions）用于定义不可分割的简单的数据类型，简单类型不能带有属性，表 5-6 列出了 XSD 中可用于简单类型定义的元素。

表 5-6 XSD 中可用于简单类型定义的元素

可用于简单类型 定义的元素	作用
<xsd:annotation>	用于定义一个批注
<xsd:appinfo>	用于指定批注中哪些信息可被应用程序使用
<xsd:documentation>	用于指定批注中哪些信息需要被用户读取和使用
<xsd:element>	用于定义一个元素
<xsd:list>	用于定义一个简单类型（simpleType）的集合
<xsd:restriction>	用于对简单类型进行约束
<xsd:union>	用于定义多个简单类型的集合

讲解 XSD 标准中的 XML 元素后，接下来进一步介绍标准中的内建数据类型。XSD 标准的第二部分（XML Schema Part 2: Datatypes Second Edition）对内建数据类型的继承关系进行了阐述，内建数据类型是派生其他数据类型的基础。内建数据类型分为以下 3 类：

- 内建基本类型（built-in primitive types）；
- 内建派生类型（built-in derived types）；
- 复杂类型（complex types）。

数据类型的派生关系分为以下 3 类：

- 通过限制派生（derived by restriction）；
- 通过列表派生（derived by list）；
- 通过扩展或限制派生（derived by extension or restriction）。

图 5-3 展示了 XSD 标准中的内建数据类型和它们之间的派生关系。

---

① 根据 XSD 标准，复杂类型定义的元素中包含<xsd:simpleContent>，当使用该元素时，表示定义一个 XML 复杂类型，其中包含一个简单类型。

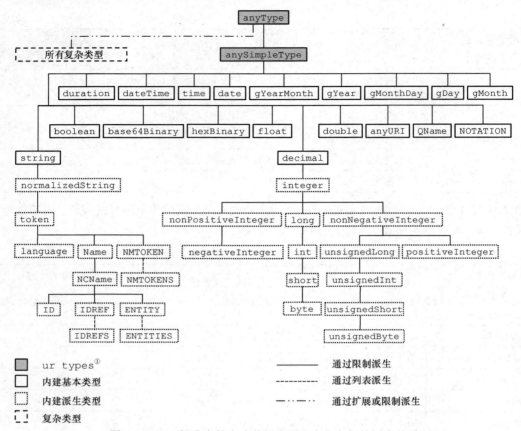

图 5-3　XSD 标准中的内建数据类型和它们之间的派生关系

下面详细讲解这些内建数据类型。表 5-7 对 XSD 中的内建基本类型做了介绍。

表 5-7　XSD 中的内建基本类型

内建基本类型	分类	说明
duration	日期和时间	用于声明符合 ISO 8601 国际标准的时间间隔，格式为 PnYnMnDTnHnMnS
dateTime	日期和时间	用于声明日期和时间，格式为 YYYY-MM-DDThh:mm:ss.sss
time	日期和时间	用于声明时间，格式为 hh:mm:ss.sss
date	日期和时间	用于声明日期，格式为 YYYY-MM-DD
gYearMonth	日期和时间	用于声明年份和月份，格式为 YYYY-MM
gYear	日期和时间	用于声明年份，格式为 YYYY
gMonthDay	日期和时间	用于声明月份和日期，格式为--MM-DD
gDay	日期和时间	用于声明日期，格式为---DD
gMonth	日期和时间	用于声明月份，格式为--MM

---

① ur types 代表所有的 ur-Type，ur-Type 是一种特殊的复杂类型，可作为 XSD 中任何数据类型的根类型。

续表

内建基本类型	分类	说明
string	字符串	用于声明字符串
boolean	布尔型	用于声明布尔型值，值为 true 或 false
base64Binary	二进制数据	用于声明以 Base64 编码表示的二进制数据
hexBinary	二进制数据	用于声明以十六进制编码表示的二进制数据
float	数值	用于声明 32 位单精度浮点数
decimal	数值	用于声明非科学记数法表示的精确小数
double	数值	用于声明 64 位双精度浮点数
anyURI	统一资源标识符	用于声明符合 RFC 2396 规范的 URI
QName	XML 限定名	用于声明带有可选命名空间前缀和标签名的 XML 限定名（XML Qualified Name）
NOTATION	其他	表 5-1 曾介绍了用于在 XML 文件中定义非 XML 数据格式的<xsd:notation>元素，由此类元素所构成的属性类型即为 NOTATION 类型

接着讲解通过这些内建基本类型派生的内建派生类型。表 5-8 列出了 XSD 中的内建派生类型。

表 5-8　XSD 中的内建派生类型

内建派生类型	分类	说明
normalizedString	字符串	规格化字符串类型，使用空格替换字符串中的回车符、换行符和制表符
token	字符串	在 normalizedString 的基础上删除字符串首尾连续的空格，并将字符串中的连续空格替换为一个空格
language	字符串	用于声明符合 RFC 3066 规范的语言名称代码
Name	字符串	用于声明代表 XML 标签名的名称字符串类型，首个字符不能为数字
NCName	字符串	用于声明无冒号名称记号字符串类型，字符串中不能包含冒号
ID	字符串	用于声明 XML 中的唯一属性标识，仅可被用于属性
IDREF	字符串	用于声明对 ID 唯一属性标识的引用，仅可被用于属性
IDREFS	字符串	用于声明一组由空格分隔的、有限的、长度不为零的 IDREF 序列，仅可被用于属性
ENTITY	字符串	用于声明实体数据类型，是对可重用内容的声明，仅可被用于属性
ENTITIES	字符串	用于声明一组由空格分隔的、有限的、长度不为零的 ENTITY 序列，仅可被用于属性
NMTOKEN	字符串	用于声明名称记号字符串类型，首个字符可以为数字
NMTOKENS	字符串	用于声明一组由空格分隔的、有限的、长度不为零的 NMTOKEN 序列
integer	数值	用于声明整数
nonPositiveInteger	数值	用于声明非正整数
negativeInteger	数值	用于声明负整数

续表

内建派生类型	分类	说明
long	数值	用于声明 64 位有符号整数
int	数值	用于声明 32 位有符号整数
short	数值	用于声明 16 位有符号整数
byte	数值	用于声明 8 位有符号整数
nonNegativeInteger	数值	用于声明非负整数
unsignedLong	数值	用于声明 64 位无符号整数
unsignedInt	数值	用于声明 32 位无符号整数
unsignedShort	数值	用于声明 16 位无符号整数
unsignedByte	数值	用于声明 8 位无符号整数
positiveInteger	数值	用于声明正整数

可以看到 XSD 标准中定义了丰富的内建数据类型，这些数据类型与 Go 语言中的数据类型并不是一一对应的。例如，XSD 标准中的 duration、gYear、hexBinary 等类型在 Go 语言中没有直接与之对应的类型，为此需要我们建立两者之间的映射关系，以保证使用定义的 Go 语言结构体对输入 XML 文档进行正确解析，而不出现数据精度的损失。表 5-9 列出了 Go 语言数据类型与 XSD 数据类型的映射关系。

表 5-9　Go 语言数据类型与 XSD 数据类型的映射关系

Go 语言数据类型	XSD 数据类型
string	anyType、duration、dateTime、time、date、gYearMonth、gYear、gMonthDay、gDay、gMonth、base64Binary、hexBinary、anyURI、string、normalizedString、token、language、Name、NMTOKEN、NCName、ID、IDREF、ENTITY
[]string	ENTITIES、IDREFS、NMTOKENS、NOTATION
xml.Name	QName
bool	boolean
byte	byte、unsignedByte
float64	decimal、double
float32	float
int64	integer、long
int32	int
int16	short
int	negativeInteger、nonPositiveInteger
uint	positiveInteger、nonNegativeInteger
uint64	unsignedLong
uint32	unsignedInt
uint16	unsignedShort

如果无法将 XSD 标准中定义的某种数据类型直接映射为 Go 语言数据类型，则要使用 Go 语言

中的字符串类型（string）代替，以保留其原始内容。如果需要进一步读取该类型定义下的某元素的值，则要根据该类型对数据的限定规则进一步解析。我们已经了解了 XSD 标准中各项元素和数据类型的基础知识，并建立了对应的 Go 语言数据类型映射表，现在就可以通过 XSD 文件编写 Go 语言结构体代码，对 XML 文档进行建模了，假设一份 XSD 文件中定义了如下 XML 模式：

```
<?xml version="1.0"?>
<xs:schema xmlns:xs="http://www.w3.org/2001/XMLSchema">
    <xs:element name="user">
        <xs:complexType>
            <xs:sequence>
                <xs:element name="name" type="xs:normalizedString"/>
                <xs:element name="age" type="xs:unsignedShort"/>
            </xs:sequence>
        </xs:complexType>
    </xs:element>
</xs:schema>
```

这段 XSD 文件包含对目标 XML 模式的定义。

- 根元素<xs:schema>声明了属性 xmlns:xs，该属性的值为 http://www.w3.org/2001/XMLSchema，代表模式中用到的元素和数据类型来自命名空间 http://www.w3.org/2001/XMLSchema，同时还定义了来自该命名空间的元素和数据类型都应该使用前缀 xs。
- 通过<xs:element>声明一个名为 user 的 XML 元素。
- 通过<xs:complexType>声明 XML 元素<user>的类型是复杂类型。
- 通过<xs:sequence>和<xs:element>声明 XML 元素<user>具有两个子元素，其中使用<xs:element>声明了<user>元素的两个子元素，分别为<name>和<age>。
- 通过<xs:element>的 type 属性声明<name>元素值的数据类型必须是规格化字符串类型的，<age>元素值的数据类型必须是 16 位无符号整型的。
- 通过<xs:sequence>约束<user>元素的两个子元素出现的次序：<name>子元素在前、<age>子元素在后。

根据上述定义，我们可以对一个 XML 文档进行验证，判断其是否符合模式定义。例如对于下面这个 XML 文件：

```
<user>
    <name>Tom</name>
    <age>twelve</age>
</user>
```

在这个 XML 文件中，<age>元素的值是字符串类型的，这不符合模式定义中"<age>元素值的数据类型必须是 16 位无符号整型的"的定义，因此该文件无法通过 XSD 的验证。而下面这个 XML 文件则是符合该模式定义的，可以通过验证。

```
<user>
    <name>Tom</name>
    <age>12</age>
</user>
```

通过 XSD 模式定义可以得知 XML 的合法结构，进而推导出 Go 语言结构体的定义。对于上述例子中的 XSD 模式定义，根据数据类型映射关系，对<name>和<age>元素的数据类型进行转换，将 XSD 模式中的 normalizedString 类型映射为 Go 语言中的 string 基本数据类型，将 XSD 模式中的 unsignedShort 类型映射为 Go 语言中的 uint16 基本数据类型，最终可编写出 Go 语言结构体代码：

```
type User struct {
    XMLName xml.Name `xml:"user"`
    Name    string   `xml:"name"`
    Age     uint16   `xml:"age"`
}
```

有了结构体的定义，就可以借助 Go 语言的 encoding/xml 标准库对一个结构体类型的变量进行序列化和反序列化操作了。在符合 OpenXML 标准的文档数据包中，XML 文件可以被看作一种"外存格式"，当使用 Excelize 基础库创建或打开一个电子表格文档时，将外存格式通过反序列化转换为内存模型，内存模型通过编写 Go 语言结构体进行定义，运行时对文档数据的各项操作将会作用于内存模型中，用户对基础库进行的各项函数调用，可以被视作对内存模型的修改，保存文档时将内存模型序列化为外存格式。Excelize 基础库的内存模型依据 OpenXML 标准中的 XSD 模式进行定义，内存模型是构成 Excelize 基础库的核心要素之一，内存模型直接关系到基础库对文档功能的支持程度和兼容度。第 6 章将会详细介绍内存模型的构建过程。

5.4 异常处理设计

程序在实际的运行过程中，异常可能出于多种原因而产生。从引发异常和错误的原因角度分类，异常可以分为用户输入导致的异常和用户操作导致的异常；按照异常的严重程度可将其分为包容性异常（非阻塞性异常）、非包容性异常（阻塞性异常）。针对不同的异常需要有不同的处理机制，更重要的是应该尽可能避免异常的产生。异常处理是 Excelize 基础库设计过程中的核心要素之一，异常处理机制将会影响到程序的可用性、可靠性、性能和可维护性。

对于用户输入导致的异常，可根据具体情况采用包容性和非包容性两种应对策略。如果用户所打开的电子表格文档中含有不符合 OpenXML 标准的内容，而这些内容不影响用户继续对文档进行处理，那么基础库应把这种情况视作包容性异常，通过内部纠错的方式进行容错处理。例如，用户使用基础库打开了某个工作簿中的一张空白工作表，该工作表对应的 XML 部件内容如下：

```
<?xml version="1.0" encoding="UTF-8"?>
<worksheet xmlns="http://schemas.openxmlformats.org/spreadsheetml/2006/main"/>
```

根据 OpenXML 文档格式标准，每个工作表的 XML 部件内容中必须存在<sheetData/>元素，显然该文档不符合标准，针对这种情形，在不影响对工作表各项其他操作的前提下，基础库可将这种异常视为包容性异常，并在内部对其进行容错处理，将其修正为

```
<?xml version="1.0" encoding="UTF-8"?>
<worksheet xmlns="http://schemas.openxmlformats.org/spreadsheetml/2006/main">
    <sheetData/>
</worksheet>
```

在容错处理过程中，用户不会收到任何错误返回值，依然可以正常对工作表进行读取和修改操作。但是，如果工作表 XML 部件的内容中有严重的异常，例如有 XML 语法错误，导致无法正确读

取或修复，那么基础库将把这种异常视作非包容性异常，会将异常以错误返回值的形式反馈给用户。

对于用户操作导致的异常，在设计基础库的过程中首先应该考虑如何最大限度地避免这种情况的发生，例如通过增加强约束、减少隐式约定等手段规避异常的产生。有别于用户输入异常，产生用户操作异常的原因往往是用户的一连串操作中每个单一的操作都是合法的，但其中某些操作的组合导致了不符合预期的结果或异常。软件工程中有一个海勒姆定律（或称为"隐性依赖定律"）：当一个 API 有足够多的用户时，你在约定中承诺的已经不重要了，系统中所有可以被观察到的行为都会被一些用户所依赖。对基础库的设计者来说，应该尽可能减少与用户约定某些函数该如何调用的规则，这种约定缺乏强有力的约束。为此，Excelize 对用户操作上下文的行为进行了状态管理，并在预期可能产生用户操作异常之前，将异常返回给用户。

例如，Excelize 提供了一种用于高性能生成包含大规模数据工作表的流式读写函数，顾名思义，流式读写的特点是不可回溯，流式读写函数要求用户向工作表中写入数据时，按照行编号递增的方式将每一行的单元格数据按行写入工作表。用户每次调用基础库提供的流式按行赋值函数时，都将向工作表中写入一行数据，这种"按行递增"存在上下文状态的约束，即用户本次调用时指定的行编号必须比上一次调用时指定的行编号大。仅凭说明文档或者函数中的注释进行提示是不够的，如果缺少对这种规则的强约束，依然容易造成用户的错误操作，导致生成的文档无法被 Excel 等电子表格应用正常打开。因此，基础库需要在用户每次写入数据前，对行编号是否递增做检查，若不符合递增规则，将不会把这一行数据写入工作表，同时把异常信息返回给用户。

良好的异常检查和异常处理机制可以大幅提升程序的可用性，缺乏异常检查将会给程序的可用性、可靠性埋下隐患，并且会增加未来出现问题时的排查成本。Excelize 基础库中所有的非包容性异常，都会以函数返回值的形式同步返回给用户。Excelize 基础库内部对可能产生异常的位置、边界条件进行了检查，异常一旦产生，将被函数调用栈中的函数立刻逐层处理和返回，结合静态检测工具、单元测试中对异常场景的测试和竞态条件（Race Condition）测试等手段，最大限度地保证基础库的可用性。

为了保障基础库的易用性和可维护性，除了完善异常检查和异常处理机制，还需要为用户提供简洁明了、易于理解的异常提示信息。假设用户调用基础库提供的函数来改变工作表中某一行的高度时，传入了一个超出最大行高度限制的无效值，基础库可以给用户返回异常"无效的行高度"，更好的做法是在返回异常的信息中把行高度的合法区间明确提示给用户：行高度必须小于 409。

在设计基础库的异常处理机制时还需要考虑异常一致性，在基础库内部对于同一原因导致的异常，在全局进行定义，在返回异常的语句处对该定义进行引用，以保证异常信息的一致性，并且对异常信息定义进行适当的开放。如果基础库没有将固定的异常信息导出并开放给用户，用户在接收到 error 类型的返回值之后，需要通过字符串比对的方式来确定出现了何种异常，再进行下一步处理，一旦基础库的异常信息有所变化，将影响用户程序的结果，所以 Excelize 基础库以导出变量或常量的形式，将各种固定异常信息开放给用户，方便用户对函数返回的异常信息做判断。

对异常的检查会给程序带来性能上的开销，付出时间或空间上的代价，在设计异常检查机制的过程中需要在可用性和性能上做平衡。为了减少不必要的异常检查所带来的开销，基础库内部对部分文档部件异常的首次检查状态进行标记，进行异常检查时先在内部读取该检查状态，如果判断出已经做过检查，将不再运行检查逻辑。例如，用户使用基础库打开某个工作簿，工作簿中的某张工作表对应的 XML 部件内容如下：

```
<sheetData>
    <row r="0">
        <c r="A1">
            <v>1</v>
        </c>
    </row>
</sheetData>
```

该工作表的 A1 单元格的值为 1，其他单元格均为空值。根据 OpenXML 标准，工作表 XML 部件中的每个<row>元素代表一行，行元素的属性 r 代表行编号，其值通常从 1 开始。上述 XML 部件内容中<row>元素的 r 属性的值为 0，对于这种情况，基础库内部会对工作表部件中的该元素和属性进行检查，并将其属性值调整为 1，调整后的结果如下：

```
<sheetData>
    <row r="1">
        <c r="A1">
            <v>1</v>
        </c>
    </row>
</sheetData>
```

基础库内部此类对工作表 XML 部件的异常检查、调整或纠错工作，会让基础库在运行时付出额外的时间/空间代价，但是由于 XML 部件在被基础库加载解析后将被映射为内存模型，程序运行时对文档的修改作用于内存模型上，因此经过异常检查并被修复过的数据模型不会受 XML 部件的影响。为了减少异常检查和修复操作对性能的影响，对每个 XML 部件首次完成检查和调整后，将在内存中维护其完成状态，File.checked 哈希表中存储了每个被检查过的文档部件名称和对应的检查调整状态，模型校验时结合该状态判断是否需要进行检查和修复，通过这种方式可以减少异常处理带来的性能开销。

异常处理是基础库设计的核心要素之一，是保证基础库可用性、可靠性的关键。基础库视情况对不同的异常进行容错或返回处理，为用户提供简洁友好的异常提示信息。在使用 Excelize 基础库时，为了保证应用程序或服务的健壮性，以及对文档读写的兼容性，接收并检查程序中的每个潜在的异常返回值是十分必要的。

5.5　安全性设计

Excelize 基础库利用了 Go 语言的跨平台优势，可以在多种操作系统中处理电子表格文档，因此其应用场景十分广泛。但是应用程序在实际的生产环境中运行，不论是在何种操作系统下，不论是在云计算场景还是在边缘计算场景中，都有受到恶意攻击的可能，所以安全性也是基础库的核心设计要素之一，基础库需要对用户输入和操作中的安全与隐私威胁进行风险控制，最大限度地保障文档处理过程的安全。

对于用户输入产生的安全威胁，我们需要考虑打开文档时潜在的拒绝服务攻击（Denial of Service attack，DoS 攻击），这是一种以影响用户主机可用性，使其无法提供服务为目的的攻击方式。由于符合 OpenXML 标准的电子表格文档是一种采用 ZIP 格式的压缩数据包，攻击者可能利用 ZIP 文件格式中的漏洞构造特定的文档，试图让用户的程序或服务消耗所有可用的系统资源。构造的文档本质上是利用 ZIP 标准中的 Deflate 压缩算法构造出的一个常规文件大小的压缩包，但一旦将该文件解压缩将消耗巨大的 CPU 计算资源、内存和磁盘空间，构造出的这类文件也被称作压缩包炸弹（ZIP Bomb）。常见的示例是一个名为 42.zip 的文件，该文件大小仅有 42KB，解压缩后将占用约 4.5PB 的磁盘空间，压缩倍数高达 51 亿倍，如果基础库不采取适当的安全性设计，打开这样的文档时将大量消耗用户主机资源。

面对此类潜在的用户输入安全威胁，Excelize 基础库在打开文档时增加了打开选项，用户可以在其中指定文档解压缩时的空间占用上限和每个 XML 部件的解压缩上限，打开文档过程中的空间占用一旦超出此阈值，基础库将停止对 ZIP 压缩数据包的解压缩过程，并返回错误提示。如果用户未指定解压缩上限，将使用默认的最大 16 GB 的限制。

对于用户操作涉及的隐私风险，基础库需要考虑在用户操作过程中对文档数据内容加以保护，避免文档中的用户数据内容在处理过程中随异常信息泄露。用户程序在进行异常处理时，很有可能将异常返回信息通过标准输出进行输出，通过日志进行记录或传输至其他位置，如果异常信息中包含预期之外的文档内容数据，缺乏有效的信息脱敏、加密等保护手段，将带来文档隐私数据泄露的风险。因此，对于用户输入的某个工作簿，如果 Excelize 基础库在读取内部 XML 部件或用户操作的过程中出现异常，在返回的异常中仅包含描述该异常的关键信息，而不会将预期外的文档内容数据随异常返回值返回。

虽然 Excelize 基础库支持向文档中添加 VBA 工程，但不能运行 VBA 脚本，因此不涉及恶意脚本代码运行的安全风险。此外，用户可以通过电子邮件等形式对基础库潜在的安全风险和漏洞进行反馈，将会在第一时间得到优先响应和回复。为了最大限度地保护用户应用的安全，在安全风险未被解决或发布对应的修复版本之前，Excelize 基础库开发者不会披露其中的细节，也不会公开讨论复现方式。

5.6 小结

设计并实现电子表格文档基础库的过程中需要考虑多种因素。面对庞大而复杂的 OpenXML 办公文档格式标准体系，在理解标准及其关联标准内容的前提下，需要建立可扩展的文档数据结构模型框架，并不断扩展模型元素，以"按需处理"的思路设计文档读写的基本功能，实现对复杂文档内容的兼容。

本章详细讨论了 Excelize 基础库的技术架构、功能模块划分、基于 XSD 标准建立文档内存模型的背景知识与基本方法，以及基础库对异常处理和安全性的设计，这些要素共同构成了 Excelize 基础库的整体设计。

第三篇

深入 Excelize

第二篇从全局的视角介绍了 Excelize 基础库的设计思路，其中涉及文档格式标准的相关内容和基础库设计的核心要素。本篇将深入 Excelize 的代码实现，详细讨论使用 Go 语言实现 OpenXML 标准过程中遇到的挑战和解决方法，基于 XSD 进行文档数据结构建模，以及 Excelize 中主要功能模块的具体实现过程。

通过阅读本篇的内容，你将会对 Excelize 电子表格文档基础库有更深入的认识，理解基础库提供的各项功能及其内部实现原理，从而能够灵活运用基础库提供的各项文档操作功能来实现业务需求。如果你希望为 Excelize 基础库开发新增功能，本篇的内容也可以为这项工作提供技术参考。

第 6 章

文档数据结构建模

在使用 Go 语言实现 Excelize 电子表格文档基础库的过程中,文档数据结构建模是实现各项文档操作的基础环节之一,OpenXML 标准对 Office 办公文档的数据结构进行了较为全面的描述,本章将详细讨论如何利用该标准中的 XSD 模式定义进行文档数据结构建模,过程中将涉及 Go 语言 XML 标准库实现分析、Go 语言复杂 XML 文件解析,以及大规模数据结构代码生成过程中遇到的问题和应对策略等。

6.1 Go 语言 XML 标准库实现分析

我们已经知道,一个符合 OpenXML 标准的电子表格文档是由若干 XML 文件和文件夹组成的 ZIP 压缩数据包。实现 Excelize 电子表格文档基础库需要解析大量 XML 文件,其中很多 XML 文件相对复杂,在使用 Go 语言的 encoding/xml 标准库进行解析的过程中难免遇到解析失败或生成错误等问题。为了更好地应对这类复杂 XML 文件的解析,我们有必要先来了解 Go 语言的 encoding/xml 标准库是如何实现 XML 标准的。

假设我们需要解析这样一份用于描述用户信息的简单 XML 文件: XML 文件中包含一个名为 person 的根元素,代表一个用户,<Person>元素的两个子元素依次是<Name>和<Email>,分别代表用户名称和电子邮箱地址,<Email>元素具有名为 type 的属性,type 属性用来表示电子邮箱的类型,可以是工作邮箱或私人邮箱等,type 属性还包含一个名为 addr 的子元素。创建一段名为 main.go 的源代码,在源代码中声明包名称,导入 Go 语言的 fmt 标准库和 encoding/xml 标准库,这两个标准库分别用于格式化输出和解析 XML 文本,然后声明一个名为 content 的常量,将待解析的 XML 内容定义在 content 常量中:

```
package main

import (
    "fmt"

    "encoding/xml"
```

```
)

const content = `<?xml version="1.0" encoding="utf-8"?>
<Person>
    <Name>Tom</Name>
    <Email type="work">
        <addr>tom@example.com</addr>
    </Email>
</Person>`
```

如果使用 Go 语言来解析这份 XML 文件，通常需要先定义一个与 XML 文件内容相对应的 Go 语言结构体作为数据模型，在源代码中添加 Person 结构体的定义：

```
type Person struct {
    Name  string
    Email struct {
        Type string `xml:"type,attr"`
        Addr string `xml:"addr"`
    }
}
```

在 Person 结构体中，XML 各项元素所对应的字段需要用首字母大写的方式定义，如果结构体字段名与 XML 中元素的标签名或属性名不一致，需要通过设置结构体字段标签的方式来建立映射关系。上述代码中的用户电子邮箱地址元素名为 addr，在结构中需要为 Addr 字段添加字段标签 `xml:"addr"`，从而建立映射关系。对于 XML 元素的属性，还需要在结构体字段标签中添加 attr 进行声明，例子中使用名为 type 的属性代表用户电子邮箱类型，在定义结构体时，通过`xml:"type,attr"` 来声明 Type 字段为 XML 元素的属性。定义好结构体之后，我们就可以通过 XML 标准库对该 XML 文件进行反序列化（解析）了：

```
func main() {
    var p Person
    if err := xml.Unmarshal([]byte(content), &p); err != nil {
        fmt.Println(err)
    }
    fmt.Printf("%+v\r\n", p)
}
```

上述代码首先创建主函数（main()）作为程序入口，然后声明 Person 类型的变量 p，接着使用 XML 标准库的 Unmarshal() 函数将 XML 文件内容进行反序列化。语句中的 content 变量是用字符串类型表示的 XML 文件内容。反序列化过程中一旦出现异常，Unmarshal() 函数将返回 error 类型的异常，检查可能出现的异常，如果其值不为 nil 则将异常信息输出。如果一切顺利，XML 文件中各元素的值将被解析至变量 p 中，最后输出变量 p。保存文件并打开命令行界面，通过如下命令来尝试编译并运行这个文件：

```
$ go run main.go
```

运行程序后可以看到如下结果：

```
{Name:Tom Email:{Type:home Addr:tom@example.com}}
```

至此我们就可以读取 XML 文件中各项元素和属性的值了。这个看似简单的过程，使用 Go 语言是如何实现的呢？下面我们来探究其原理。首先，我们要了解 XML 的解析原理。XML 是一种以文本形式表达任意格式的结构化数据的文本标记语言。解析 XML 时首先要将输入文本进行词法分析，将文本中的字符逐一读入词法分析器中，对字符流进行扫描，根据 XML 语法定义的规则进行关键词模式匹配和识别，比如元素、属性、注释等，这些被识别出来的单词通常被称作 Token，最终把字符流转换成一组单词序列。为了完成这项工作，我们需要创建一个扫描器（Scanner）对输入字符所构成的状态进行判断，在扫描器对 XML 文件中的文本进行逐个字符扫描的过程中，根据字符出现的先后顺序、组合方式，将出现多种状态，这些状态之间形成有限的关系网络，我们可以对这些状态的转移和变换等行为进行数学建模，形成有限状态机（Finite State Machine，FSM），这会帮助我们梳理并明确状态之间的关联关系，将现态、条件、动作和次态之间的转换过程描述出来，从而进行编程实现。

在对 XML 文本进行扫描的过程中，涉及 14 条主要的匹配模式规则。

- nl（New Line）：匹配 XML 文本中的换行符或回车符。
- ws（White Space）：匹配 XML 文本中由一个或多个空格、制表符、回车符或换行符组成的任意序列。
- open：匹配 XML 元素的开启，当读取到可选的换行符与紧随其后的<字符时产生。
- close：匹配 XML 元素的关闭，当读取到>字符与紧随后的可选换行符时产生。
- namestart：匹配 XML 元素或属性的名称中的首个字符，当读取到符合标准的 ASCII 字符序列时产生。
- namechar：匹配 XML 元素或属性的名称中除首个字符之外的其余字符，其字符集范围与 namestart 要求的相同。
- esc（Escape Character）：匹配 XML 文本中的转义字符，例如&的转义字符为&、小于号<的转义字符为<、大于号>的转义字符为>、双引号"的转义字符为"、单引号'的转义字符为'等。
- name：匹配由 namestart 和 namechar 构成的 XML 元素或属性的名称。
- data：匹配 XML 元素的数据，即开始标签与结束标签之间的字符，其中可能包含转义字符。
- comment：匹配 XML 文档中的注释文本。
- string：匹配一对单引号或双引号之间的内容，与 data 相似，其中也可能包含转义字符。
- version：匹配 XML 文档的版本，通常情况下它是位于文档首行的固定结构。
- encoding：匹配 XML 文档内容的字符集编码方式，例如在文本<?xml version="1.0" encoding="UTF-8" ?>中，encoding 的值 UTF-8 代表该文档通过 UTF-8 字符集进行编码。
- attrdef：匹配用于声明属性的 XML 属性定义。

可以使用 flex 词法分析器，将上述规则在 scanner.l 文件中以 flex 模式文件的语法进行描述，编写定义、声明和用户定义过程并保存，将该文件作为输入，借助 flex 工具构造有限状态机，为进一步的语法分析工作做准备。词法分析器对输入文本进行模式匹配产生对应的单词，扫描过程中根据字符出现的顺序将会产生多种状态，这些状态之间的关系简化后如图 6-1 所示。

词法分析器将 XML 文档中的字符进行分词，输出结果为一组 Token 序列，需要进一步对其做语法分析。通过语法规则描述的定义，将线性的 Token 序列转化为树状结构，我们可以将 bison 语法分析器与 flex 词法分析器配合使用，实现进一步的语法分析工作，从而达到读取 XML 元素内容的目的。在 Go 语言的 encoding/xml 标准库（以 1.22.3 版本为例）中，词法分析过程的实现代码位于$GOROOT/src/encoding/xml/xml.go 源代码中，下面我们来剖析其实现过程。

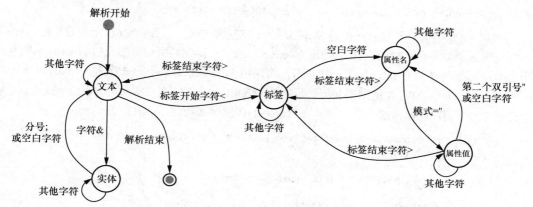

图 6-1　XML 词法分析器中的有限状态机简化示意

当调用 encoding/xml 标准库的 Unmarshal()函数进行 XML 解析时，需要传递两个值：XML 文本数据流和解析结果变量。在 Unmarshal()函数内部，通过调用 xml.go 源代码中的 NewDecoder()函数对 Decoder 对象进行实例化，并将待解析的 XML 文本数据流以 bytes.Reader 类型传入其中，接着立即调用 Decode()函数进行反序列化（Decode()函数在$GOROOT/src/encoding/xml/read.go 源代码中实现），将 XML 解析结果存储到解析结果变量 v 指向的值中：

```
func Unmarshal(data []byte, v any) error {
    return NewDecoder(bytes.NewReader(data)).Decode(v)
}
```

当 NewDecoder()函数被调用时，其内部会初始化一个 Decoder 类型的对象，并调用 Decoder 对象上的 switchToReader()函数，将待解析的 XML 文本数据流以 io.Reader 类型传入其中：

```
func NewDecoder(r io.Reader) *Decoder {
    d := &Decoder{
        ns:       make(map[string]string),
        nextByte: -1,
        line:     1,
        Strict:   true,
    }
    d.switchToReader(r)
    return d
}
```

switchToReader()函数的作用是为 Decoder 对象准备一个字节读取接口，将传入的 io.Reader 类型的输入文本数据流转换为 io.ByteReader 类型，并将转换后的读取接口赋值到 Decoder 对象的 r 字段上。

而 Decode()函数内部直接调用 DecodeElement()函数，并继续传递解析结果变量 v：

```go
func (d *Decoder) Decode(v any) error {
    return d.DecodeElement(v, nil)
}
```

DecodeElement()函数有两个形参，其函数签名如下：

```go
func (d *Decoder) DecodeElement(v any, start *StartElement) error
```

其中，v 是接口类型的解析结果，start 是 StartElement 类型的 Token（代表 XML 元素的开始）。该函数被调用时会先对参数 v 进行检查，通过反射（Reflect）的方式得到解析结果的反射值 val，判断其是否为引用类型，再判断是否为 nil，如果一切正常，将调用 Decoder 对象上的未导出（Unexported）函数 unmarshal()进行进一步处理，并把刚刚获得的反射值和 XML 元素的开始 Token 传递给 unmarshal()函数，由于此时尚未对 XML 进行词法分析，所以在 Decode()调用该函数时，start 的值是 nil：

```go
func (d *Decoder) DecodeElement(v interface{}, start *StartElement) error {
    val := reflect.ValueOf(v)
    if val.Kind() != reflect.Ptr {
        return errors.New("non-pointer passed to Unmarshal")
    }
    return d.unmarshal(val.Elem(), start)
}
```

unmarshal()函数首先判断接收到的*StartElement 类型参数 start 是否为 nil，如果为 nil 则意味着尚未对输入的 XML 文件进行词法分析，将会进入循环体，调用 Decoder 对象的 Token()函数进行词法分析：

```go
func (d *Decoder) unmarshal(val reflect.Value, start *StartElement) error {
    // 需要的话，查找开始元素
    if start == nil {
        for {
            tok, err := d.Token()
            if err != nil {
                return err
            }
            // ...
        }
    }
    // ...
}
```

Token()函数在$GOROOT/src/encoding/xml/xml.go 源代码中实现，该函数有两个返回值（Token 类型的单词和可能出现的异常），它将解析 XML 文本数据流，返回相对于当前读取位置的下一个 XML Token，当 XML 文本数据流读取完毕时，将会返回 nil 和 io.EOF 类型的异常。Token()函数首先对 Decoder 上的一系列状态进行检查，在被首次调用返回第一个 Token 时，其内部会运行 Decoder 上的 rawToken()函数进行词法分析，从而获得 Token：

```go
func (d *Decoder) Token() (Token, error) {
    var t Token
    var err error
    if d.stk != nil && d.stk.kind == stkEOF {
        return nil, io.EOF
```

```
    }
    if d.nextToken != nil {
        t = d.nextToken
        d.nextToken = nil
    } else if t, err = d.rawToken(); err != nil {
        // ...
    }
}
```

rawToken()函数的实现就是对 XML 文本进行扫描的过程，根据 XML 的匹配模式规则对输入的文本进行分词，其中调用 nsname()函数对命名空间进行解析，调用 attrval()函数读取 XML 元素属性的值，调用 name()函数读取并检查 XML 元素的名称，调用 space()函数跳过空格、换行符和制表符。对于 XML 文本扫描过程中的状态处理可参考图 6-1，分词过程结束后将得到以下 6 种 Token。

- StartElement：表示一个 XML 开始元素的 Token。
- EndElement：表示一个 XML 结束元素的 Token。
- CharData：表示 XML 字符数据的 Token，其内容不会对 XML 中需要转义的字符进行处理，而是会将字符按照原样存储，例如&字符不会被转义为&。
- Comment：表示一个符合<!--comment-->格式的 XML Token，其中不包含字符<!--和字符-->。
- ProcInst（Processing Instruction）：表示一个符合<?target inst?>格式的 XML Token。
- Directive：表示一个符合<!text>格式的 XML Token，其中不包含字符<!和字符>。

通过 rawToken()函数生成 Token 后，程序将返回到 Token()函数中，接下来将会在 Token()函数中对得到的 StartElement 和 EndElement 两种类型的 Token 进行变换处理，Token()函数在对命名空间处理完毕后会将最终得到的 Token 返回。从 StartElement 类型的 Token 中可以得知元素的命名空间，根据命名空间的定义，使用 Decoder 上的 translate()函数对 XML 元素名称应用相应的命名空间，但是这里尚未对属性的命名空间做处理，对带有复杂命名空间 XML 文件的解析存在一些缺陷，这里为了先熟悉 Go 语言 XML 解析的整体流程，对该缺陷的应对策略暂且按下不表，接下来将详细讨论该问题的处理方式。

接着程序运行到 unmarshal()函数中，在获得所需的 XML Token 之后，利用反射将解析结果类型中的各个字段及层级嵌套关系、子元素进行递归遍历，unmarshal()函数支持的最大 XML 元素嵌套层级为 10 000，与此同时根据需要不断调用 Token()函数来获取对应的 Token。

在产生 Token 的过程中，通过 popElement()、pushElement()和 pushNs()等函数，利用"栈"这种数据结构来维护 XML 的命名空间、开始标签和关闭标签的状态，函数 autoclose()和 syntaxError()分别用来检测并补偿标签关闭状态和解析异常情况下的错误信息构造。

在 unmarshal()函数中，通过 unmarshalInterface()、unmarshalAttr()、unmarshalPath()和 unmarshalTextInterface()等函数将解析出的 Token 转换为结果类型中各个字段的值，并赋值到结果变量中，直至结果类型中的全部元素和子元素被读取完毕，过程中通过调用 Skip()函数跳过无须解析的 Token，并通过调用 savedOffset()函数读取解析过程中标记的字节偏移量，从而计算出切分 XML 元素字符的位置。如果一切正常，函数返回 nil，否则返回过程中出现的异常。这样一个完整的 XML 解析过程就结束了，整个过程中涉及的主要函数调用关系和源代码如图 6-2 所示。

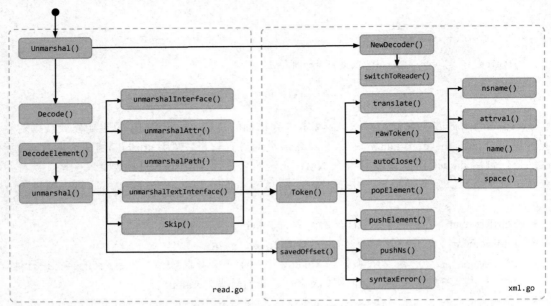

图 6-2　Go 语言的 encoding/xml 标准库的反序列化过程

我们可以通过 Go 语言的 encoding/xml 标准库提供的 Marshal()函数进行序列化操作。在本节开始提到的反序列化例子中，如果我们希望在解析 XML 文本后，将<Name>元素的值修改为 Lucy，那么可在其基础上对代码做修改：在 main()函数结束之前对 p.Name 进行赋值，然后使用 Marshal()函数序列化变量 p（Marshal()函数有两个返回值，分别是字节数组类型的序列化结果和 error 类型的异常），之后在程序中检查可能出现的异常，最后将序列化结果转换为字符串类型并在命令行界面输出：

```
p.Name = "Lucy"
result, err := xml.Marshal(p)
if err != nil {
    fmt.Println(err)
}
fmt.Println(string(result))
```

保存对代码的修改后在命令行界面中重新执行如下命令：

```
$ go run main.go
```

正如预期那样，你将看到对 XML 中<Name>元素进行修改的结果：<Person><Name>Lucy</Name><Email type="work"><addr>tom@example.com</addr></Email></Person>。

Marshal()函数的实现位于$GOROOT/src/encoding/xml/marshal.go 源代码中，当该函数被调用时，首先会初始化一个可变容量的字节缓冲存储变量，用于存储序列化结果，然后调用 NewEncoder()函数传入需要序列化的变量，取得编码器，接着调用编码器提供的 Encode()函数进行序列化操作：

```
func Marshal(v any) ([]byte, error) {
    var b bytes.Buffer
    if err := NewEncoder(&b).Encode(v); err != nil {
        return nil, err
```

```
    }
    return b.Bytes(), nil
}
```

NewEncoder()函数在初始化编码器时做了两件事情：初始化 Encoder 类型变量 e，创建带有默认缓冲区的写入器；将变量 e 赋值到编码器的 XML 输出流编码字段 e.p.encoder 上，并返回编码器 e：

```
func NewEncoder(w io.Writer) *Encoder {
    e := &Encoder{printer{Writer: bufio.NewWriter(w)}}
    e.p.encoder = e
    return e
}
```

Encode()函数收到需要序列化的变量 v，先通过反射将实参 v 的反射值传递给编码器提供的 marshalValue()函数来进行 XML 中各个元素的序列化，完成后调用 Flush()函数将缓冲区中的数据全部写入 io.Writer 中：

```
func (enc *Encoder) Encode(v any) error {
    err := enc.p.marshalValue(reflect.ValueOf(v), nil, nil)
    if err != nil {
        return err
    }
    return enc.p.Flush()
}
```

主要的序列化工作在 marshalValue()函数中进行实现，它会递归遍历被序列化变量类型结构体上的各个字段，读取每个字段的名称、值和标签，根据字段之间的嵌套关系和标签中的序列化指示标识，识别出应该将其序列化为 XML 中的何种元素，构造出 StartElement 类型的 Token，再根据 Token 的类型调用对应元素的序列化子函数来生成最终的 XML 文本。writeStart()、writeIndent()和 writeEnd()等函数负责序列化的实现，序列化的过程本质上是一个按照 XML 语法进行字符拼接、转义处理的过程。至此，一个变量就被序列化为 XML 文本了，这个过程中涉及的主要函数调用关系和源代码如图 6-3 所示。

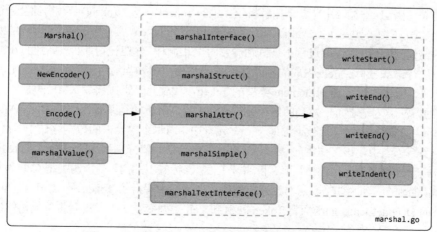

图 6-3 Go 语言的 encoding/xml 标准库的序列化过程

Go 语言的 encoding/xml 标准库提供了解析绝大部分 XML 元素的功能，本节只讨论了 XML 文件解析的基本原理及其在 Go 语言 encoding/xml 标准库中的主要实现过程，要了解更细节的内容，可以参照源代码阅读本节内容，还可以在刚才的示例程序中进行断点调试。

6.2 Go 语言复杂 XML 文件解析

在使用 Go 语言实现 Excelize 基础库的过程中，经常需要解析一些大型 XML 文件和较为复杂的 XML 文件，本节将通过几个典型的案例来探讨解析大型 XML 文件和处理复杂 XML 文件的过程中遇到的问题与解决方案。

6.2.1 流式解析

本节先来介绍如何基于 Go 语言的 encoding/xml 标准库对输入 XML 文件做流式解析。当调用标准库的 Unmarshal()函数进行 XML 文件解析操作时，解析器函数 Decoder()会把 XML 文本中的全部内容映射到给定的解析结果变量中，将 XML 数据映射为完整的文档对象模型（Document Object Model，DOM），这种方式也被称为 DOM 模式解析。对于较大的 XML 文件，使用这种方式将会使用较多的内存空间，因此我们需要使用基于事件驱动的流式解析的方式来减少内存的使用，这种方式也被称为 XML 简单应用程序接口（Simple API for XML，SAX）模式解析。

6.1 节已经讲解了 Go 语言的 encoding/xml 标准库的技术原理，其中提到 Unmarshal()函数内部会通过 NewDecoder()函数进行反序列化，事实上这个过程就是通过流式解析来实现的，我们可以直接调用该函数，传入需要解析的一段 XML 文本，获取解析器并将其用变量 decoder 表示：

```
decoder := xml.NewDecoder(strings.NewReader(`
<sheetData>
    <row r="1"><c r="A1"><v>a</v></c></row>
    <row r="2"><c r="A2"><v>b</v></c></row>
    <row r="3"><c r="A3"><v>c</v></c></row>
</sheetData>`))
```

接着编写循环语句，在循环中不断调用解析器提供的 Token()函数，Token()函数内部会通过 rawToken()函数对输入的 XML 文本流进行词法分析，每次循环生成一个 Token，当输入字符流读取结束（即接收到 io.EOF 类型的错误返回值）或读取过程出现其他异常时终止循环。你还记得 6.1 节提到的 6 种 Token 吗？生成 Token 后进行语法分析，根据生成的不同 Token 类型便可得知当前所读取的 XML 元素，根据需要进行相应的处理。假设收到了 StartElement 类型的 Token，代表此时正在读取 XML 的某个开始元素。这种解析 XML 的方法称为基于事件驱动的解析方式。刚才我们解析的是某张工作表中的 XML 片段，其中包含前 3 行单元格的数据，每一行数据存储于 row 元素中，而每个单元格的数据存储于 XML 的<c>元素中，因此在这个例子当中，该工作表的 A1、A2 和 A3 单元格的值分别为 a、b 和 c。假设我们希望使用流式解析的方式输出每个单元格的值，那么仅需要关注<v>标签中的内容。声明类型 Cell 为 Go 语言基本数据类型 string 的别名，并将其作为<v>元素的类型，当循环中解析的 Token 是 XML 的<v>元素时，使用解析器提供的 DecodeElement()函数将 Token 映射到 Cell 类型变量 c 中，最后将单元格的值 c 输出：

```
type Cell string
for {
```

```
    token, err := decoder.Token()
    if err == io.EOF {
        return
    }
    if err != nil {
        fmt.Println(err)
        return
    }
    var c Cell
    switch xmlToken := token.(type) {
    case xml.StartElement:
        name := xmlToken.Name.Local
        if name == "v" {
            decoder.DecodeElement(&c, &xmlToken)
            fmt.Println(c)
        }
    default:
    }
}
```

运行这段程序，如果一切顺利，你将看到命令行界面中输出了 3 个单元格的值 a、b、c。如果需要输出的是每一行的<row>元素，则需要定义<row>元素对应的数据结构，然后将 DecodeElement()函数的第一个形参修改为<row>元素对应的数据类型变量。DecodeElement()函数会以<row>元素为根节点，将其全部子元素及其属性进行解析。换句话说，程序主体以 SAX 模式解析，循环体中 DecodeElement()依旧以 DOM 模式解析，由于 DOM 模式解析的范围（Scope）取决于我们指定的 XML 元素的相对根节点，因此我们可以将这个相对根元素节点进行限定和缩小，从而避免对无关 XML 元素的解析，降低资源消耗。需要说明的是，这种基于流的解析方式对于元素的读取是不可回溯的，如果我们需要读取曾经解析过的 XML 元素，则需要在内存中自行存储这些曾经被读取过的元素的值。流式读取适用于对大型 XML 文件的读取，在 Excelize 基础库中，行、列迭代器便是基于这种读取方式来实现的。

6.2.2 序列化与反序列化控制

Go 语言的 encoding/xml 标准库支持通过结构体字段标签控制反序列化和序列化结果。Excelize 中有 4 种常用的标记选项：元素名称映射、元素属性映射、局部解析控制和命名空间处理（见 6.2.3 节）。在定义结构体时，所有字段的首字母必须为大写，如果字段的名称与对应的 XML 元素或属性名称不同，就可以通过为字段添加标签来进行名称的映射。假设我们要解析或生成的 XML 文本内容为

```
<person><name>Tom</name></person>
```

与之对应的结构体的正确定义是

```
type Person struct {
    XMLName  xml.Name  `xml:"person"`
    Name     string    `xml:"name"`
}
```

由于 Person 结构体的名称和 Name 字段的名称的首字母是大写的，与待解析的 XML 文本中的元素名称不匹配，因此需要为结构体中的字段加入标签以建立名称映射。值得注意的是，对 XML 根元素来说，需要为 xml.Name 数据类型的字段加入标签来进行元素名称的映射。

如果在 XML 文本中 name 是<person>标签的一个属性：

```
<person name="Tom"></person>
```

那么与之对应的结构体需要修改为

```
type Person struct {
    XMLName  xml.Name  `xml:"person"`
    Name     string    `xml:"name,attr"`
}
```

其中，我们在 Name 字段对应的结构体字段标签中增加了 attr 属性声明，代表 name 是 XML 标签的一个属性。在序列化时，假设我们希望当 name 属性的值为空时忽略该属性，即序列化结果为<person></person>，而非<person name=""></person>，则需要在结构体的 Name 字段对应的结构体字段标签中继续加入 omitempty 选项：

```
type Person struct {
    XMLName  xml.Name  `xml:"person"`
    Name     string    `xml:"name,attr,omitempty"`
}
```

5.1 节曾介绍过，为了兼容复杂的电子表格文档格式标准，Excelize 基础库的设计思路之一是"按需处理"，需要结合局部加载（按需加载）和局部解析 XML 技术来实现这项设计。假设我们需要解析某张工作表中的如下 XML 文本内容，并读取单元格 A1 的值：

```
<worksheet>
    <sheetViews>
        <sheetView tabSelected="1" workbookViewId="0">
            <selection activeCell="A1" sqref="A1"/>
        </sheetView>
    </sheetViews>
    <sheetData>
        <row r="1"><c r="A1"><v>0</v></c></row>
    </sheetData>
</worksheet>
```

在这个 XML 文本片段中，包含一个名为 worksheet 的根元素，它有两个名为 sheetViews 和 sheetData 的子元素，分别存储工作表的视图属性和单元格数据。假设目前尚不需要支持对工作表视图进行设置的相关功能，那么仅需要定义<sheetData>元素及其子元素所对应的数据结构。对于<sheetViews>元素及其子元素，我们不需要完全定义出它的数据结构，通过 Go 语言的 encoding/xml 标准库提供的 innerxml 结构体字段标签实现局部解析即可，所定义的数据结构如下：

```
type Worksheet struct {
    XMLName    xml.Name `xml:"worksheet"`
    SheetViews string   `xml:",innerxml"`
    SheetData  struct {
        Row struct {
            Ref  string `xml:"r,attr"`
            Cell struct {
                Ref    string `xml:"r,attr"`
                Value  string `xml:"v"`
            } `xml:"c"`
        } `xml:"row"`
    } `xml:"sheetData"`
}
```

　　使用 innerxml 标记的 XML 字段在序列化或反序列化时，将以字符串类型保留其原始 XML 文本内容（不会进行转义处理），利用局部解析可以提高对 XML 文档解析的速度或对尚未支持功能的兼容性。当 XML 文档被序列化时，该部分内容依然被保留，使电子表格文档中与当前操作无关的内容不受影响，从而提高兼容性，当该元素定义的功能需要被进一步支持时，再进一步细化该元素及其子元素的数据结构定义，从而实现一种可扩展的设计。

6.2.3　命名空间处理

　　在实际的电子表格文档处理过程中，经常需要对带有命名空间的 XML 元素或属性进行解析。当多个不同的 XML 元素或属性需要使用相同的名称时，会产生命名冲突的问题，此时需要为这些元素或属性增加命名空间前缀来解决这个问题。例如，对于如下一段 XML 文本：

```
<person
    xmlns="http://example.com/default"
    xmlns:m="http://example.com/main"
    xmlns:h="http://example.com/home"
    xmlns:w="http://example.com/work">
    <name>Mr.Wang</name>
    <m:addr h:city="Beijing" w:city="Shanghai" />
</person>
```

　　在这段 XML 文本中使用<person>元素描述某用户的地址信息，<person>元素中通过属性定义的方式声明了 4 个命名空间：xmlns 声明默认命名空间，<person>子元素当中不带有命名空间前缀的元素或属性均属于该默认命名空间；xmlns:m、xmlns:h 和 xmlns:w 分别定义了 3 个命名空间所对应的引用模式来源和命名空间前缀。<person>元素的子元素<name>用于描述用户的名称，<name>是不带有命名空间前缀的 XML 元素，所以该元素使用默认命名空间。<person>元素还包含一个子元素<m:addr>，用来描述用户的地址信息，该元素带有命名空间前缀 m，因此它位于 http://example.com/main 定义的命名空间中。<addr>元素带有两个位于不同命名空间中的同名属性 h:city 和 w:city，分别代表用户的家乡和工作的城市。那么对于这段带有命名空间的 XML 文本，我们该如何定义其数据结构呢？我们先来定义一个 Go 语言结构体：

```
type Person struct {
    XMLName xml.Name `xml:"person"`
    Name    string   `xml:"name"`
    Addr    struct {
        HomeCity string `xml:"http://example.com/home city,attr"`
        WorkCity string `xml:"http://example.com/work city,attr"`
    } `xml:"http://example.com/main addr"`
}
```

　　在编写结构体时，要使用不同的字段名称 HomeCity 和 WorkCity 来定义两个同名 XML 元素。在定义对应的解析控制选项时，使用空格连接完整的命名空间地址和标签名，这样就可以正确地读取带有命名空间的元素或属性的值了。如果我们不对 XML 解析结果做任何修改，将该类型变量立即序列化为 XML 内容，将看到一些变化：

```
<person>
    <name>Mr.Wang</name>
    <addr xmlns="http://example.com/main"
        xmlns:home="http://example.com/home"
```

```
            home:city="Beijing"
            xmlns:work="http://example.com/work"
            work:city="Shanghai"></addr>
</person>
```

将序列化结果与原始的 XML 内容进行对比后可以发现，原本定义在<person>元素的属性中的多个命名空间被转移到了子元素<addr>中，默认命名空间的定义丢失了，并且 XML 元素和属性的命名空间前缀也不见了，这与原始的 XML 内容不符。这个问题将导致在实现 Excelize 基础库的过程中，文档修改后的结果出现异常，影响最终保存的文档的兼容性，导致文档损坏。为了解决此类使用 encoding/xml 标准库序列化命名空间结果有误的问题，首先需要了解 Go 语言的 encoding/xml 标准库是如何存储命名空间的，6.1 节曾经介绍过，在解析 XML 文本的过程中，将会生成一种 StartElement

类型的 Token，代表 XML 开始元素。StartElement 类型数据结构的定义位于$GOROOT/src/encoding/ xml/xml.go 源代码中，StartElement 类型数据结构的定义与其中字段的关联关系如图 6-4 所示。

通过 StartElement 类型数据结构的定义可以看出，其中包含两个字段 Name 和 Attr，分别代表元素名称和属性，元素名称是 Name 类型，而属性是 Attr 数组类型，也就是说，一个元素可以有多个属性，而命名空间的声明也将存储于这些 Attr 数组类型的属性中。Name 类型包含两个字段 Space 和 Local，分别用于表示命名空间和名称。Attr 数组类型包含两个字段 Name 和 Value，分别代表属性的名称和属性的

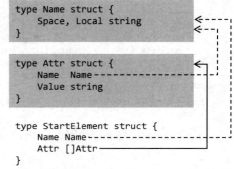

图 6-4　Go 语言的 encoding/xml 标准库中
XML 元素相关数据结构

值。对于这段 XML 文本，我们编写如下代码，通过流式读取的方式解析并输出<person>根元素对应的 StartElement 类型的 Token：

```go
package main

import (
    "encoding/xml"
    "fmt"
    "io"
    "strings"
)

func main() {
    decoder := xml.NewDecoder(strings.NewReader(`<person
    xmlns="http://example.com/default"
    xmlns:m="http://example.com/main"
    xmlns:h="http://example.com/home"
    xmlns:w="http://example.com/work">
    <name>Mr.Wang</name>
    <m:addr h:city="Beijing" w:city="Shanghai" />
</person>`))
    for {
        token, err := decoder.Token()
        if err == io.EOF {
            return
```

```
        }
        if err != nil {
            fmt.Println(err)
            return
        }
        switch xmlToken := token.(type) {
        case xml.StartElement:
            fmt.Printf("Name:%+v\r\n Attr:%+v\r\n", xmlToken.Name, xmlToken.Attr)
            return
        default:
        }
    }
}
```

在命令行界面中运行这段程序，将看到如下输出：

```
Name:{Space:http://example.com/default Local:person}
Attr:[
    {Name:{Space: Local:xmlns} Value:http://example.com/default}
    {Name:{Space:xmlns Local:m} Value:http://example.com/main}
    {Name:{Space:xmlns Local:h} Value:http://example.com/home}
    {Name:{Space:xmlns Local:w} Value:http://example.com/work}
]
```

可见在<person>根元素中声明的 4 个命名空间被映射为 Attr 数组中的 4 个属性，原始的命名空间并未丢失。我们可以在序列化时利用这些信息，通过字符串拼接的方式生成正确的根元素 XML 标签。接下来对上述程序中 xml.StartElement 条件分支的代码做一些修改，通过 Attr 中的命名空间信息构造并输出 person 属性序列化的结果：

```
case xml.StartElement:
    for _, attr := range element.Attr {
        if element.Name.Local == "person" {
            quote := ""
            if attr.Name.Space != "" {
                quote = ":"
            }
            marshalAttrs += fmt.Sprintf(" %s%s%s=\"%s\"",
                attr.Name.Space, quote, attr.Name.Local, attr.Value)
        }
    }
    fmt.Printf("<person%s>\n", marshalAttrs)
    return
case default:
//...
```

保存并在命令行界面中运行这段程序，将看到带有命名空间定义的<person>元素开始标签的序列化结果：<person xmlns="http://example.com/default" xmlns:m="http://example.com/main" xmlns:h="http://example.com/home" xmlns:w="http://example.com/work">。除了对输出结果做了压缩，与起初解析的 XML 文本中<person>元素所定义的 4 个命名空间相同，接着就可以通过字符串替换的方式，把由 encoding/xml 标准库序列化产生的<person>根元素标签和属性替换为刚刚我们所构造的字符串。通过这种方法可以解决使用 Go 语言的 encoding/xml 标准库序列化带有多命名空间和命名空间前缀定义的 XML 文本时，根元素序列化结果的命名空间异常的问题。

对于 XML 文本中带有命名空间的子元素，可以将其命名空间的定义提升至根元素中，并为序列化结果定义单独的一个数据结构，利用结构体字段标签，将子元素的命名空间前缀、元素名称和连接两者的冒号作为一个元素名称进行定义，保证序列化结果语义上的等价。最终完整的程序如下：

```go
package main

import (
    "encoding/xml"
    "fmt"
    "io"
    "strings"
)

// 定义需要反序列化的 XML 文本
const data = `
<?xml version="1.0" encoding="utf-8"?>
<person
  xmlns="http://example.com/default"
  xmlns:m="http://example.com/main"
  xmlns:h="http://example.com/home"
  xmlns:w="http://example.com/work">
    <name>Tom</name>
    <m:email h:addr="HOME" w:addr="WORK" />
</person>
`

// Person 是待解析 XML 文本的数据模型的映射
type Person struct {
    XMLName xml.Name `xml:"http://example.com/default person"`
    Name    string   `xml:"name"`
    Email   struct {
        XMLName  xml.Name `xml:"http://example.com/main email"`
        HomeAddr string   `xml:"http://example.com/home addr,attr"`
        WorkAddr string   `xml:"http://example.com/work addr,attr"`
    }
}

// Email 是 PersonXML 结构体中 Email 字段的类型
type Email struct {
    XMLName  xml.Name `xml:"m:email"`
    HomeAddr string   `xml:"h:addr,attr"`
    WorkAddr string   `xml:"w:addr,attr"`
}

// PersonXML 是序列化时需要定义的结构体
type PersonXML struct {
    XMLName xml.Name `xml:"person"`
    Name    string   `xml:"name"`
    Email   Email
}

func main() {
    // 使用 encoding/xml 标准库反序列化
    var p Person
    if err := xml.Unmarshal([]byte(data), &p); err != nil {
        fmt.Println(err)
    }
    // 不对 XML 内存模型 p 做任何修改，再使用 encoding/xml 标准库将其序列化
```

```go
    result, err := xml.Marshal(p)
    if err != nil {
        fmt.Println(err)
    }
    // 输出序列化结果，其结果与输入的 XML 内容不符
    fmt.Println("marshal result by xml std lib:", string(result))
    // 使用流式解析方式获得解析器
    decoder := xml.NewDecoder(strings.NewReader(data))
    // 定义用于存储带有多命名空间的 XML 根元素属性的字符串类型变量
    var marshalAttrs string
    for {
        token, err := decoder.Token()
        if err == io.EOF {
            break
        }
        if token == nil {
            break
        }
        switch element := token.(type) {
        case xml.StartElement:
            for _, attr := range element.Attr {
                // 当解析至 XML 根元素时，提取其全部带有命名空间定义的属性
                if element.Name.Local == "person" {
                    quote := ""
                    if attr.Name.Space != "" {
                        quote = ":"
                    }
                    // 根据 XML 语法拼接正确的命名空间定义字符串
                    marshalAttrs += fmt.Sprintf(" %s%s%s=\"%s\"",
                        attr.Name.Space, quote, attr.Name.Local, attr.Value)
                }
            }
        }
    }
    // 初始化为序列化准备的类型变量，将反序列化变量中的字段赋值到序列化变量中
    person := PersonXML{
        Name: p.Name,
        Email: Email{
            HomeAddr: p.Email.HomeAddr,
            WorkAddr: p.Email.WorkAddr,
        },
    }
    // 使用 encoding/xml 标准库序列化
    result, err = xml.Marshal(person)
    if err != nil {
        fmt.Println(err)
    }
    // 构造 XML 根元素开始标签字符串
    rootEleAttr := fmt.Sprintf("<person%s>\r\n", marshalAttrs)
    // 使用构造的 XML 根元素开始标签字符串替换 encoding/xml 标准库序列化结果中的根元素开始标签
    text := strings.ReplaceAll(string(result), "<person>", rootEleAttr)
    // 输出经过修正的 XML 序列化结果
    fmt.Println("fixed marshal result:", text)
}
```

保存代码后在命令行界面运行该程序，将看到 encoding/xml 标准库序列化结果和经过修复的序列

化结果。注意，Go 语言的 encoding/xml 标准库的序列化结果中，全部的自闭合标签会转换为开始标签和结束标签。例如，在刚才的例子中，原本的 email 标签\<m:email h:addr="HOME" w:addr="WORK" /\>在序列化之后将被转换为\<m:email h:addr="HOME" w:addr="WORK"\>\</m:email\>，这种表示方法依然是符合 XML 语义的，在电子表格文档中，这两种写法都可以被正确地读取和识别，所以在 Excelize 基础库实现过程中，没有对此类标签做强制性要求和处理。此外，在很多电子表格文档的 XML 部件中，属性值常以 0 或 1 分别表示 false 或 true，在对文档数据建模的过程中，按照 OpenXML 标准中的数据类型进行定义，在序列化结果中布尔型值以 false 或 true 表示，这两种表示方法在电子表格文档中也可以等价替换。

6.3 基于 XSD 进行文档数据结构建模

电子表格文档内部包含数以千计的独立 XML 元素和属性，元素之间通过嵌套、组合形成了错综复杂的依赖层次关系。在对文档数据结构建模时，我们难以通过创建并观察文档内部元素的方式来作为参考，因为我们无法构造一个能够体现 XML 元素完整依赖层次关系的文档，因此我们需要将 OpenXML 标准中提供的 XSD 模式语言描述作为参考。5.3 节已经对 XSD 标准的内容本身做了一些介绍，接下来本节将讨论如何利用 XSD 进行文档数据结构建模。

通过对 XSD 标准的了解，我们已经知道一个 XSD 文件中可以引用外部的其他 XSD 文件。例如，我们现在有如下 XSD 文件：

```
<?xml version="1.0"?>
<xs:schema
    xmlns:xs="http://www.w3.org/2001/XMLSchema"
    xmlns:m="http://example.com/main">
    <xsd:import namespace="http://example.com/main" schemaLocation="shared.xsd"/>
    <xs:element name="email">
        <xs:complexType>
            <xs:sequence>
                <xs:element name="to" type="xs:string"/>
                <xs:element name="from" type="xs:string"/>
                <xs:element name="heading" type="xs:string"/>
                <xs:element name="m:body" use="required"/>
            </xs:sequence>
        </xs:complexType>
    </xs:element>
</xs:schema>
```

这份 XSD 文件定义了用于描述某类结构化信息的 XML 文件中有限元素的结构，约定了 XML 文件的根元素名称为 email、该元素所包含的 4 个子元素及其类型。其中，\<to\>、\<from\>和\<heading\>元素的值均为 xs:string 字符串类型，而\<body\>元素带有命名空间前缀 m。在这份描述文件的第 5 行，通过 import 关键词引入另一份名为 shared.xsd 的文件，并指明该外部文件中定义的元素所属的命名空间。打开 shared.xsd 文件，其中的内容如下：

```
<?xml version="1.0"?>
<xs:schema xmlns:xs="http://www.w3.org/2001/XMLSchema">
    <xs:element name="body" type="xs:string"/>
</xs:schema>
```

由此可知，\<body\>元素的数据类型为 xs:string 字符串类型，根据以上两份 XSD 文件我们可以推导出其描述的 XML 文件所包含的元素以及元素之间的关系，例如如下的 XML 文件是符合上述 XSD 标准的：

```xml
<?xml version="1.0"?>
<email xmlns:m="http://example.com/main">
    <to>Tom</to>
    <from>Bob</from>
    <heading>Reminder</heading>
    <m:body>Don't forget me this weekend!</m:body>
</email>
```

进一步我们就可以为其建立模型，也就是编写 Go 语言结构体定义的代码：

```go
type Email struct {
    XMLName xml.Name `email`
    To      string   `xml:"to"`
    From    string   `xml:"from"`
    Heading string   `xml:"heading"`
    Body    string   `xml:"http://example.com/main body"`
}
```

在实际的 Excelize 开发过程中，便是根据 OpenXML 标准第一部分提供的 XSD 文件进行 Go 语言结构体定义的。

首先我们需要下载该技术标准，如果通过 ISO 网站下载，可在 "Publicly Available Standards" 页面中搜索关键词 "ISO/IEC 29500-1:2016"，下载技术标准的第一部分内容：Information technology — Document description and processing languages — Office Open XML File Formats — Part 1: Fundamentals and Markup Language Reference。这部分内容涉及两个压缩文件附件：c071691_ISO_IEC_29500-1_2016.zip 和 c071691_ISO_IEC_29500-1_2016_Electronic_inserts.zip。

如果通过 ECMA 国际网站进行下载，在技术标准主页下载该标准的第一部分（Part 1）内容后，将会得到一个名为 ECMA-376-Fifth-Edition-Part-1-Fundamentals-And-Markup-Language-Reference.zip 的压缩文件。

解压缩下载的压缩文件，其中包含若干压缩文件：

- OfficeOpenXML-DrawingMLGeometries.zip 是 Office 文档中绘图语言和预设几何形状的相关资源；
- OfficeOpenXML-RELAXNG-Strict.zip 是基于 RELAX NG 标准对 Office 文档中数据结构的描述；
- OfficeOpenXML-SpreadsheetMLStyles.zip 是电子表格文档中数据透视表、单元格和表格预设样式的相关资源；
- OfficeOpenXML-WordprocessingMLArtBorders.zip 是字处理文档中预设图形的相关资源；
- OfficeOpenXML-XMLSchema-Strict.zip 是以 XSD 标准对 Office 文档中数据结构进行的描述；
- C071691e.pdf 或 Ecma Office Open XML Part 1 - Fundamentals And Markup Language Reference.pdf 是对 Office 办公文档基础知识和标记语言的说明，该文档是在开发 Excelize 过程中主要参考的技术标准手册。

Excelize 基础库在对文档数据结构进行建模时，主要的依据是 OfficeOpenXML-XMLSchema-Strict.zip 压缩文件中 XSD 标准的定义。解压缩后将会得到 21 个 XSD 文件，每个 XSD 文件的作用和其中定义的 XML 标签和属性数量如表 6-1 所示。

表 6-1 OpenXML 标准中的 XSD 文件

文件名	定义的 XML 标签和属性数量	说明
dml-chart.xsd	525	定义图表类型及图表的布局、属性、图例项相关的数据结构
dml-chartDrawing.xsd	54	定义图表、图片、几何形状等绘图元素的位置、属性、组合状态相关的数据结构
dml-diagram.xsd	272	定义几何形状相关的数据结构
dml-lockedCanvas.xsd	1	定义锁定画布相关的数据结构，锁定画布元素中的内容是当前应用不支持创建和修改的内容
dml-main.xsd	832	定义绘图元素中的主题、预设颜色、属性、文本等元素相关的数据结构
dml-picture.xsd	6	定义图片相关的数据结构
dml-spreadsheetDrawing.xsd	70	定义电子表格文档中专有图片、几何形状和绘图元素相关的数据结构
dml-wordprocessingDrawing.xsd	113	定义字处理文档中专有图片、几何形状和绘图元素相关的数据结构
pml.xsd	552	定义演示文稿文档标记语言（Presentation Markup Language）中的数据结构
shared-additionalCharacteristics.xsd	6	定义附加特征和属性列表相关的数据结构
shared-bibliography.xsd	80	定义共享参考书目相关的数据结构
shared-commonSimpleTypes.xsd	0	定义共享简单类型相关的数据结构
shared-customXmlDataProperties.xsd	5	定义共享自定义 XML 存储属性的数据结构
shared-customXmlSchemaProperties.xsd	6	定义共享自定义 XML 模式属性的数据结构
shared-documentPropertiesCustom.xsd	39	定义共享自定义文档属性相关的数据结构
shared-documentPropertiesExtended.xsd	31	定义由应用程序声明的共享文档属性相关的数据结构
shared-documentPropertiesVariantTypes.xsd	111	定义共享文档属性中开放类型相关的数据结构
shared-math.xsd	198	定义共享数学公式相关的数据结构
shared-relationshipReference.xsd	14	定义共享文档关系部件相关的数据结构
sml.xsd	2150	定义电子表格文档标记语言（Spreadsheet Markup Language）中的数据结构
wml.xsd	1148	定义字处理文档标记语言（Wordprocessing Markup Language）中的数据结构

表 6-1 中的 21 个 XSD 文件描述了字处理文档、电子表格文档和演示文稿文档在内的 Office 办公文档的数据结构定义，每个 XSD 文件内部定义了一个到数千个不等的 XML 标签和属性，还描述了它们之间的层级关系。另外，这些 XSD 文件之间可以通过引用的方式形成继承或被继承关系，最终在每个独立单位的数据结构之间形成有向有环图（Directed Cyclic Graph，DCG）这一高级数据结构。在实现 Excelize 电子表格文档基础库的过程中，我们需要用到其中以 sml.xsd 为切入点的 XSD 文件，该 XSD 文件通过引用的方式与其他 9 个 XSD 文件产生直接或间接关联关系，这些 XSD 文件之间的关联关系如图 6-5 所示。

对于包含如此大规模的 XML 标签、属性的文档数据结构建模工作，如果通过人工方式一一编写与 XML 标签和属性对应的 Go 语言结构体代码，很容易出错且效率不高。因此可以设计一种自动化命令行工具，使用 Go 语言的 encoding/xml 标准库，解析 XSD 文件中 XML 标签和属性的结构，通过代码生成的方式来帮助我们自动生成 Go 语言结构体代码，进行辅助建模。

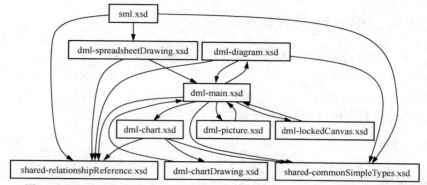

图 6-5　OpenXML 标准中电子表格文档相关的 XSD 文件之间的关联关系

代码生成工具分为两个主要部分：模式定义语法分析程序（Parser）和生成器（Generator）。模式定义语法分析程序需要对 XSD 标准进行实现，5.3 节已经对 XSD 标准做了介绍。首先语法分析程序以事件驱动的解析方式读取输入的一组 XSD 文件，根据解析过程中发生的不同事件，将 XSD 定义下的 attribute、attributeGroup、complexType 等数十项元素和属性交给各自对应的处理函数，这些处理函数在内存中构建并维护一个 XSD 模式原型（Proto），当全部输入读取完毕且 XSD 模式原型构建完成后，通过生成器为每个 XSD 文件生成对应的源代码。生成器实现了与解析处理函数相对应的生成函数，通过指定的生成参数将 XSD 所定义的数据结构转换为 Go、TypeScript、C、Java 和 Rust 等强类型语言中的结构体或类，这个过程如图 6-6 所示。

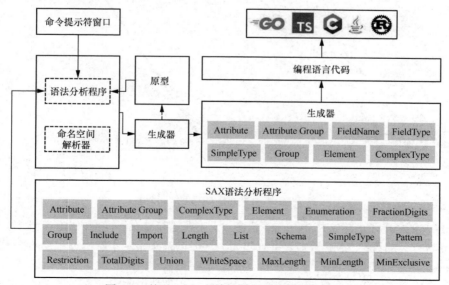

图 6-6　基于 XSD 文件的数据结构代码生成器

这种自动化生成代码的方法可以帮助我们高效地生成关系复杂、规模庞大的 Go 语言结构体，从而实现对文档数据结构的建模。在 Excelize 基础库中，对电子表格文档数据模型的定义均位于以 xml 为前缀的 Go 语言源代码中。

6.4 案例分析：单元格格式解析

本节通过一个案例来讲解如何解析工作表中的一个普通单元格和它的样式。假设我们需要解析某张工作表中图 6-7 所示的单元格。该单元格的坐标是 D2，这个单元格的值为 Q1、单元格的上、下、左、右 4 条边均设置了实线黑色边框，单元格的背景颜色为蓝色、文字颜色是白色。下面我们就来探究这些信息在电子表格文档内部是怎样存储的。

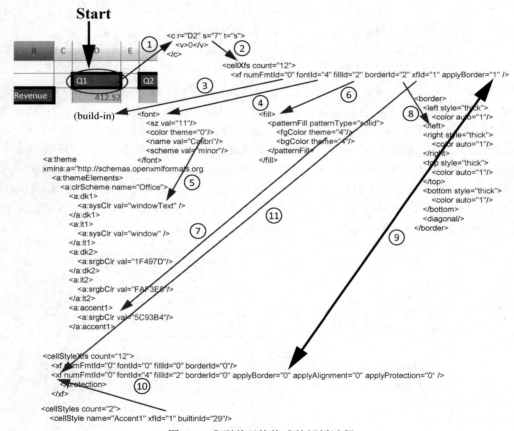

图 6-7　典型单元格格式的解析过程

我们已经知道，电子表格文档中工作表、格式、主题等存储在不同的 XML 部件中。图 6-7 展示了与 D2 单元格有关的关键 XML 片段，并通过带有序号的箭头指示了解析过程中的线索。

根据图 6-7 指示的线索，我们可以对单元格格式进行解析和读取。

- 单元格对应工作簿数据包/xl/worksheets/sheet1.xml 部件中的 c 元素，元素的 r 属性代表单元格的坐标，根据该属性的值可知，该单元格坐标为 D2，属性 s="7"代表单元格的格式索引（索引从 0 开始）：

```
<c r="D2" s="7" t="s">
    <v>0</v>
</c>
```

- 根据 OpenXML 标准，工作表的样式表存储在/xl/styles.xml 部件中，样式表中的 cellXfs 元素用来存储已被应用的单元格格式信息，其中包含若干个 xf 子元素，第 8 个 xf 子元素的内容是：

```
<xf numFmtId="0" fontId="4" fillId="2" borderId="2" xfId="1" applyBorder="1"/>
```

- 在 xf 子元素中包含若干属性，numFmtId 是数字格式索引，值为 0 的数字格式是内建数字格式，索引编号为 0 的内建数字格式代表不包含任何特定数字格式的常规单元格格式，有关数字格式的内容，11.1.6 节将深入讨论。
- 单元格的字体信息可以通过 fontId 属性的值进行检索，根据字体索引在字体格式列表中查找第 5 个 font 元素，根据 font 元素中的定义可以得知具体的字体信息。sz 元素定义了字体大小为 11 号，color 元素的 theme 属性值为 0，代表字体使用了工作簿的主题颜色，name 元素定义了字体名称为 Calibri。
- 根据主题索引 0，在工作簿的主题/xl/themes/theme1.xml 部件 XML 元素中进行检索，可以得知字体的颜色为白色。
- 回到样式表存储部件，xf 元素的 fillId 属性定义了单元格填充格式的索引为 2，根据填充索引在填充格式定义列表中检索到第 3 个 fill 元素，通过该元素中的定义可以得知具体的填充格式。其中 patternFill 元素的 patternType 属性值为 solid，代表填充方式为单色填充，fgColor 元素和 bgColor 元素的 theme 属性值均为 4，代表填充使用的前景颜色和背景颜色都使用了工作簿的主题颜色。
- 类似于解析字体颜色的方式，在工作簿主题部件 XML 元素中检索主题颜色的定义，可以得到填充颜色的十六进制颜色码为 5C93B4（代表蓝色）。
- xf 元素的 borderId 属性定义了边框格式的索引，根据该索引在边框格式列表中检索到第 3 个 border 元素。border 元素的子元素依次定义了左、右、上、下 4 个方向上的边框格式，其中 style="thick"代表 4 条边的边框均为粗边框，color 元素定义了边框的颜色为黑色。
- xf 元素的 applyBorder 属性用于指示是否应用边框格式的定义，它的值为 1，等价于 true，即代表应用边框线型索引指向的边框格式定义。
- 在电子表格应用中，允许将单元格的边框、填充、字体类型、大小等进行分组，并为一组格式设置自定义名称，形成一个命名格式，样式表中的 cellStyles 元素便是用于存储命名格式记录的单元格格式列表，它由若干代表命名格式的 cellStyle 元素构成，其中 cellStyle 元素的 xfId 属性的值是对 cellStyleXfs 元素列表中 xf 子元素的引用。
- 样式表中的 cellStyleXfs 元素代表主格式记录列表，它的每一个子元素 xf 被称为一个主格式，主格式记录引用具体格式定义中的各个元素，例如数字格式、字体格式和填充格式等，主格式记录与主格式通过 xfId 索引形成关联。当一个主格式与 cellXfs 元素中定义的格式定义了同一属性，但值不同时，cellXfs 元素中定义的格式将会覆盖主格式中的定义，例如图 6-7 所示的 applyBorder 属性值最终为 1。

通过以上线索我们已经能够得知单元格的格式定义，但是尚未对单元格的值进行解析。可以看到代表单元格的 c 元素含有一个名为 t 的属性，该属性用于表示单元格的数据类型。t 属性的值为 s，代表单元格的值为共享字符串类型；v 元素的值为 0，表示单元格的值在共享字符串表的索引。接着我们打开工作簿数据包中的共享字符部件/xl/sharedStrings.xml，其内容为

```xml
<?xml version="1.0" encoding="UTF-8" standalone="yes"?>
<sst
    xmlns="http://schemas.openxmlformats.org/spreadsheetml/2006/main"
    count="3"
    uniqueCount="3">
    <si>
        <t>Q1</t>
    </si>
    <si>
        <t>Q2</t>
    </si>
    <si>
        <t>Revenue</t>
    </si>
</sst>
```

其中，名为 sst 的元素定义了共享字符串表（Shared Strings Table），它由多个代表字符串项目（String Item）的 si 元素构成，根据单元格的索引 0 在表中检索到第 1 个 si 元素。字符串项目 si 中的子元素 t 代表文本（Text）内容，至此我们可以发现单元格的值"Q1"存储于<t>标签中。

通过以上单元格格式解析的案例，我们对工作簿中单元格格式的存储数据结构以及如何读取它们有了进一步了解。如果我们需要设置单元格的值或者为单元格设置格式，就需要采用同样的方式，根据标准构造并生成这些元素对应的内容。

6.5　文档格式分析开发工具

在基础库的开发过程中，经常需要对文档中的内容进行分析、比对或修改。例如，当我们对文档进行了某项修改导致所生成文档出现了预期之外的效果，甚至无法被 Office 应用正常打开时，需要通过观察生成的文档数据包中的部件内容来进行问题排查，经过观察分析找出导致异常的 XML 元素所在；或者当我们要为基础库增加某项功能时，除了参考 OpenXML 标准中的说明，还需通过分析使用电子表格应用中的这项功能所生成的实际文档内容，结合两者设计实现方案。

不论是开发新功能时的调研工作，还是排查生成文档中出现的问题，抑或是对文档进行数据修复，都免不了对文档格式的分析、对 XML 标签和属性的修改、对 XML 内容片段的构造和对比等大量实验工作。事实上，在 Excelize 开发过程中，笔者已经尝试制作和分析了数以千计的电子表格文档，通过这些文档不断打磨 Excelize 基础库，经过对大量文档的分析、观察和验证，才使得基础库具备了良好的兼容性。如果通过修改文件扩展名、解压缩文件的方式来完成这些工作较为烦琐，下面将介绍两种能够帮助我们提高开发效率的工具。

如果你使用的是 Windows 操作系统，那么可以在 GitHub 的 OfficeDev 组织中搜索并下载 Open XML SDK 2.5 Productivity Tool 开发工具（简称 OpenXML SDK Tool）。下载并依次安装该工具的两个安装文

件：OpenXMLSDKV25.msi（文件大小约为 2.48 MB）和 OpenXMLSDKToolV25.msi（文件大小约为 24.9 MB）。安装完毕后启动开发工具，假设我们在开发过程中生成了一个电子表格文档，但是该文档被电子表格应用打开时提示"文档损坏，是否需要进行修复"（We found a problem with some content in 'your workbook file name'. Do you want us to try to recover as much as we can? if you can trust the source of this workbook, click Yes.），此时便可以利用该开发工具对这个无法被电子表格应用正常打开的文档进行分析。通过工具栏上的"打开文档"（Open File）按钮打开该文档，或者直接将该文档拖动到开发工具的左侧边栏"文档浏览器"（Document Explorer）中，文档被打开后将在文档浏览器中显示文档内部的各个部件，可以展开或折叠部件树的节点进行查看。如果需要对某个节点下的数据内容进行验证，先点击选中该节点来选择验证范围，然后点击窗口上方工具栏中的"验证"（Validate）按钮对文档格式内容进行验证；如果要对文档整体进行验证，先在文档浏览器中点击选中根节点 Book1.xlsx，再点击"验证"按钮即可。接着将会看到右侧窗口输出了"验证结果"（Validation Result），如图 6-8 所示。

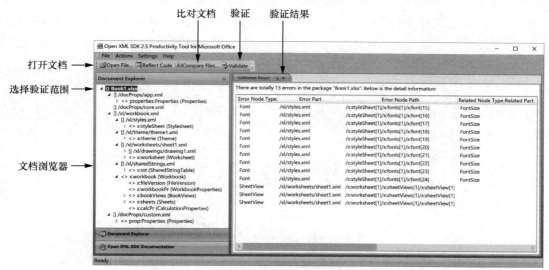

图 6-8　使用 OpenXML SDK Tool 验证文档

在上述案例中，我们使用该工具对一个名为 Book1.xlsx 的工作簿进行了验证，可以看到验证结果中列出了该工作簿内部出现的 13 项错误，这些错误出现在/xl/styles.xml 样式部件和/xl/worksheets/sheet1.xml 工作表部件中。该验证工具列出了出现错误的节点类型、路径和提示信息等，我们可以参考这些信息对文档内容进行修复或排查。值得注意的是，该工具不能检测出全部潜在的错误，对于内容类型、关系部件等文档数据包中重要部件内容有误的工作簿，该工具有可能无法提供分析结果。所以我们不能完全依赖该开发工具，这种情况需要结合技术标准、经验和具体文档内容，通过分析和试验进行文档修复。此外，在文档被该工具打开后，文档句柄将被占用，此时如果再使用电子表格应用打开被分析的文档，将会看到"文档正在被另一个应用程序所使用"（Cannot open the file: The process cannot access the file 'your workbook file name' because it is being used by another process.）的提示。

借助 OpenXML SDK Tool 开发工具，我们可以比对两份文档数据包中部件内容的差异，帮助我们高效地进行文档数据结构分析。假设我们比对两个文件名分别为 Book1.xlsx 和 Book2.xlsx 的工作簿，两个工作簿各自仅包含一张名为 Sheet1 的工作表，工作表中 A1 单元格的值均为"Hello, world！"，但工作表中第一行的高度和第一列的宽度有所不同，两个工作簿中的 Sheet1 工作表如图 6-9 所示。

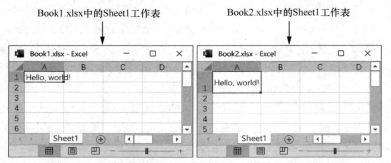

图 6-9　需要进行文档数据包部件比对的两个工作簿

点击窗口上方工具栏中的"比对文档"（Compare Files）按钮，在弹出的文件选择对话框中选择要比对的两个工作簿，选择完毕后点击"OK"进行比对，窗口右侧将会出现图 6-10 所示的"文档比对"（File Comparison）结果：

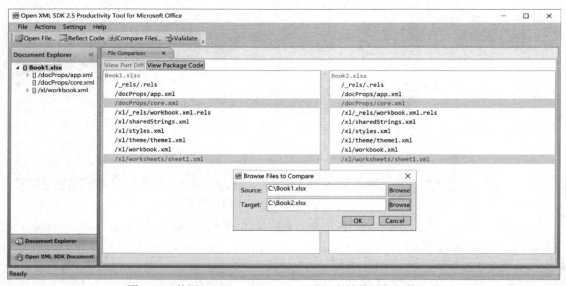

图 6-10　使用 OpenXML SDK Tool 进行文档数据包部件比对

比对结果将默认显示出两份文档中存在差异的文档部件列表。从图 6-10 中可见，在这个案例中的两份电子表格文档内部，核心属性部件/docProps/core.xml 与工作表部件/xl/worksheets/sheet1.xml 的内容存在差异，双击存在差异的条目可以查看详细的内容差异。假设我们要分析两个工作簿之间工作表部件的差异，可以看到图 6-11 所示的比对结果。

通过比对结果可以得知，对行高度的设置体现在工作表中<row>元素的两个属性 customHeight 和 ht 上，而对列宽度的设置则会影响工作表中的<cols>元素及其子元素。借助 OpenXML SDK Tool

工具可以帮助我们节省压缩、解压缩文档数据包和寻找其内部差异文件的时间，从而提高问题排查和基础库开发的效率。

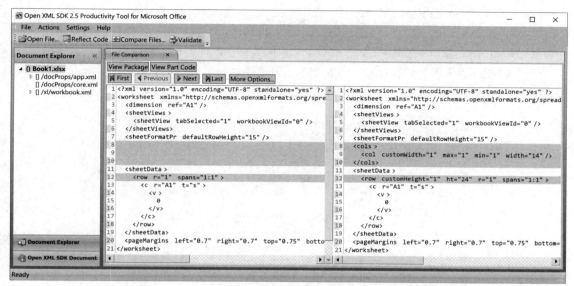

图 6-11　OpenXML SDK Tool 工作表部件比对结果

下面再介绍一款与之类似的开发工具——OOXML Tools。该工具是一个支持离线使用的浏览器扩展程序，需要在 Chrome 浏览器、Edge 浏览器等支持相同扩展程序的浏览器中安装和使用。该开发工具可在浏览器的扩展程序商店中搜索并安装，也可以通过 crx 格式的安装文件进行安装。安装完成后通过浏览器的扩展程序启动器打开，将需要分析的工作簿直接拖入页面即可进行分析，页面左侧是数据包部件浏览器，点击可进入不同的文件夹来浏览文档数据包中的各个部件。OOXML Tools 还支持对文档数据包部件内容进行修改，如图 6-12 所示。

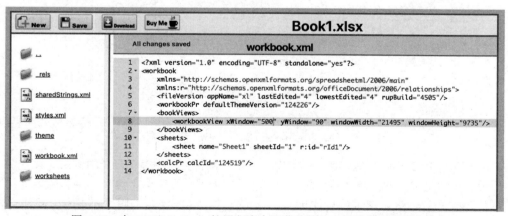

图 6-12　在 OOXML Tools 扩展程序中浏览并修改文档数据包部件内容

修改后先点击页面上方的"保存"（Save）按钮进行保存，如果修改后的 XML 内容中出现语法错误，该工具会通过对话框提示我们是否依然保存修改，如果对 XML 内容的修改保存成功将提示"已保存所有修改"（All changes saved）。这时再点击页面上方的"下载"（Download）按钮进行压缩和下载准备，当看到对话框中出现"打包完成"（Packaging...Done.）的提示后，在输入框中设置好下载文件的名称或使用默认文件名，最后点击"下载"按钮即可下载修改后的文档。

　　OOXML Tools 扩展程序同样支持对两个工作簿数据包部件的内容进行比对，选中两个工作簿，将它们同时拖入页面即可进行比对。假设把本节前面提到的两个工作簿 Book1.xlsx 和 Book2.xlsx 拖入其中，首先会看到图 6-13 所示的文档比对提示对话框。

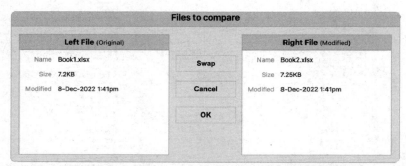

图 6-13　使用 OOXML Tools 扩展程序进行工作簿数据包

　　对话框中显示了比对工作簿的文件名、文件大小和修改时间等基本信息。如果需要还可以交换比对基准工作簿，准备好后点击"OK"进行比对，页面中会出现图 6-14 所示的文档比对结果。

Book1.xlsx	Book2.xlsx
[Content_Types].xml	[Content_Types].xml
_rels/.rels	_rels/.rels
docProps/app.xml	docProps/app.xml
docProps/core.xml	docProps/core.xml
xl/_rels/workbook.xml.rels	xl/_rels/workbook.xml.rels
xl/sharedStrings.xml	xl/sharedStrings.xml
xl/styles.xml	xl/styles.xml
xl/theme/theme1.xml	xl/theme/theme1.xml
xl/workbook.xml	xl/workbook.xml
xl/worksheets/sheet1.xml	xl/worksheets/sheet1.xml

图 6-14　OOXML Tools 扩展程序中的文档比对结果

　　与 OpenXML SDK Tool 相似，比对结果默认显示了两份文档中存在差异的文档部件列表，列表中第一列带有对勾（✔）的条目代表比对后内容一致的部件，而带有不等号（≠）的条目代表内容存在差异的部件。双击进入详细的对比页面，查看部件内容的差异。假设点击图中部件列表里的"xl/worksheets/sheet1.xml"条目，将进入图 6-15 所示的工作表部件比对结果页面。

　　当我们需要同时分析多份文档时，可以在浏览器标签或窗口中同时打开多个扩展程序页面进行分析；如果需要更换所分析的文档，通过点击页面上方的"新建"（New）按钮或者刷新分析页面即可重新进入扩展程序首页。

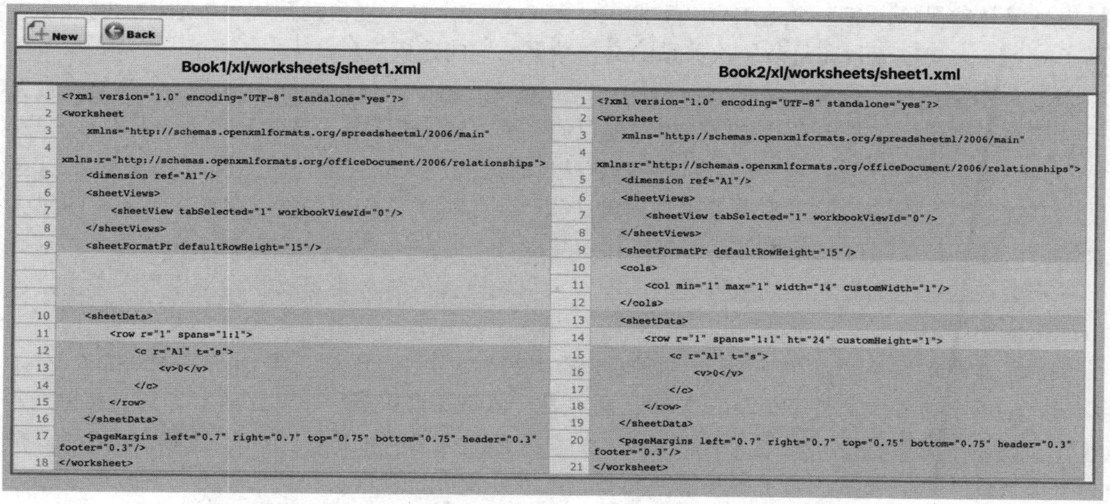

图 6-15　OOXML Tools 扩展程序中的工作表部件比对结果页面

以上介绍的两款开发工具既有相似之处也有各自的特点，在实际的开发过程中，可以将两者结合使用。表 6-2 对两款开发工具的特性做了对比。

表 6-2　两款 OpenXML 文档格式分析开发工具特性对比

特性	OpenXML SDK Tool	OOXML Tools
运行环境	Windows	浏览器扩展程序（跨平台）
文档数据包部件浏览	支持	支持
文档数据包部件修改	不支持	支持
文档验证	支持	不支持
文档比对	支持	支持
文档打开时是否占用句柄	占用	不占用
多窗口	不支持	支持

6.6　小结

电子表格办公应用所产生的 XLSX、XLTX 等格式的文档作为一种外部存储格式，可称为"外存格式"，当使用 Go 语言 Excelize 基础库新建或打开此类文档后，需要将外存格式映射为内存模型，基础库对文档的更新、修改等操作均是建立在内存模型基础之上的，内存模型即文档数据结构的模型，对文档内容的操作会导致内存模型中各项数据的修改，每次保存文档时，都会将内存模型映射为外存格式。

本章首先详细探讨了文档数据结构建模的基本方法、过程中涉及的问题和解决方案，分析 Go

语言的 encoding/xml 标准库的原理和实现过程，这有利于应对建模过程中遇到的复杂 XML 处理问题；结合流式解析、序列化与反序列化控制、命名空间处理等多项技术，为文档模型的高保真读写和兼容性提供了基础保障；基于 OpenXML 标准中的 XSD 模式定义，以自动化代码生成作为辅助，大幅提高了对包含大规模元素和复杂层次关系的文档数据结构的建模效率。

接着，本章通过一个单元格格式解析的案例，对单元格的字体、边框、填充颜色等格式数据的存储结构做了讨论。这些信息分布在文档数据包的多个 XML 部件中，部件之间通过索引形成关联，根据 OpenXML 标准中的定义，我们可以了解这些部件之间的关联关系和部件内部不同 XML 元素之间的关联关系。标准中运用了很多索引与列表结构，利用这类结构使得被引用的多种元素通过索引进行组合，能够最大限度地减少重复声明，从而减少对存储空间的占用。在 Excelize 内部，这些文档部件将会被映射为与之对应的数据模型，而对索引的查找或添加也将反映为对模型中各个字段的读取或赋值操作。

最后，本章对比了两款在 Excelize 开发过程中经常使用到的开发工具 OpenXML SDK Tool 和 OOXML Tools，前者仅支持 Windows 平台，后者是一款浏览器扩展程序。这两款工具各有特点，在实际的开发工作中可以搭配使用这两款工具。面对文档数据结构分析、生成文档无法被电子表格办公应用正常打开等情况时，通常需要借助这些工具进行分析和排查。在文档数据结构校验、内容比对等功能的帮助下，可以更快速地定位到引发文档兼容性的问题，并判断是否需要修改模型设计或代码逻辑。

现在，你已经对文档数据结构建模相关的基础知识有所了解，Excelize 提供的一系列文档操作函数都建立在该模型基础之上，接下来的章节将会继续深入讲解这些函数的使用方法和内部实现。

第 7 章

工作簿

Excelize 开源基础库为开发者提供了一系列简单、实用的电子表格文档操作函数，这些函数既可单独使用完成简单任务，也可组合使用完成复杂任务。这打破了以往需要借助 VBA 才能实现编程处理电子表格文档的限制，使得借助 Go 语言也能够跨平台地对电子表格文档做批量读写操作、进行自动化数据处理和分析。本章将讨论 Excelize 中工作簿相关操作函数的使用方法、需要注意的事项，以及主要函数的内部实现原理。

7.1 创建、保存和关闭工作簿

如果你已经跟随 2.5 节的讲解，使用 Excelize 创建过电子表格文档，那么你应该已经了解了用于创建、保存和关闭工作簿的函数。接下来，本节将继续深入介绍这 3 个函数的更多使用方法。

7.1.1 创建工作簿

通过 Excelize 基础库提供的 NewFile()函数可以创建一个工作簿，其函数签名为

```
func NewFile(opts ...Options) *File
```

新建工作簿时支持传入 Options 类型选项参数 opts，用来指定 Excelize 运行时的设置，有关该参数的使用方法将在 7.2 节中做详细介绍。NewFile()函数被调用后，会返回 excelize.File 数据类型变量的指针，代表被创建的工作簿。File 类型包含导出和未导出的字段，下面我们来了解其中各个字段的含义：

```
type File struct {
    // 用于控制并发资源访问的文件锁
    mu              sync.Mutex
    // 文档 XML 部件名称与 XML 校验状态的映射
    checked         sync.Map
    // 用户指定的运行时选项设置
    options         *Options
    // 流式读取时，用于表示字符项出现在原始共享字符表部件中的起始位置和偏移量
    sharedStringItem [][]uint
```

```
    // 共享字符串表中字符串与其在字符串表中的索引映射
    sharedStringsMap map[string]int
    // 用于流式读取的共享字符表 xl/sharedStrings.xml 临时文件
    sharedStringTemp *os.File
    // 工作表名称与 XML 部件存储路径的映射，例如 Sheet1:xl/worksheets/sheet1.xml
    sheetMap         map[string]string
    // 工作表名称与对应流式写入器的映射
    streams          map[string]*StreamWriter
    // 文档 XML 部件名称与运行时产生的临时文件路径的映射
    // 例如 xl/sharedStrings.xml:/tmp/excelize-012345678
    tempFiles        sync.Map
    // 文档 XML 部件名称与 XML 根元素命名空间的映射
    // 例如 xl/worksheets/sheet1.xml:[]xml.Attr{}
    xmlAttr          sync.Map
    // 工作簿公式计算链数据模型
    CalcChain        *xlsxCalcChain
    // 用户自定义字符集转码器
    CharsetReader    charsetTranscoderFn
    // 工作簿批注部件名称与其数据模型的映射，例如 xl/comments1.xml:nil
    Comments         map[string]*xlsxComments
    // 文档内容类型数据模型
    ContentTypes     *xlsxTypes
    // 用于反序列化的早期绘图语言部件名称与其数据模型的映射
    // 例如 xl/drawings/vmlDrawing1.xml:nil
    DecodeVMLDrawing map[string]*decodeVmlDrawing
    // 用于反序列化由 WPS Office 创建的工作簿中特有的嵌入单元格图片部件
    // xl/cellimages.xml
    DecodeCellImages *decodeCellImages
    // 工作簿绘图部件名称与其数据模型的映射，例如 xl/drawings/drawing1.xml:nil
    Drawings         sync.Map
    // 工作簿存储路径
    Path             string
    // 文档数据包中部件名称与未被解析的[]byte 类型的原始 XML 内容映射
    Pkg              sync.Map
    // 文档关系部件名称与其数据模型的映射
    // 例如 xl/worksheets/sheet/rels/sheet1.xml.rels:nil
    Relationships    sync.Map
    // 共享字符串表数据模型
    SharedStrings    *xlsxSST
    // 工作表部件名称与其数据模型的映射，例如 xl/worksheets/sheet1.xml:nil
    Sheet            sync.Map
    // 工作簿中工作表的数目
    SheetCount       int
    // 工作簿样式表数据模型
    Styles           *xlsxStyleSheet
    // 工作簿主题数据模型
    Theme            *xlsxTheme
    // 用于序列化的早期绘图语言部件名称与其数据模型的映射
    // 例如 xl/drawings/vmlDrawing1.xml:nil
    VMLDrawing       map[string]*vmlDrawing
    // 工作簿中的 xl/volatileDependencies.xml 部件数据模型
    VolatileDeps     *xlsxVolTypes
    // 工作簿数据模型
    WorkBook         *xlsxWorkbook
}
```

当我们使用 NewFile()函数新建工作簿时，Excelize 基础库先是通过 newFile()内部函数初始化用于存储各个文档部件和数据模型映射的哈希表，然后使用 templates.go 源文件中定义的变量初始化 File.Pkg 字段中文档关键部件的默认内容，接着依次调用 calcChainReader、contentTypesReader、stylesReader、workbookReader、relsReader、workSheetReader 和 themeReader，解析并初始化 File 结构体中的公式计算链、内容类型、样式表、工作簿、关系部件、工作表和主题部件等数据模型字段，为后续的操作提供准备。

在 Excelize 基础库的设计中有很多诸如 NewFile 和 newFile 的函数命名，利用函数名首字母大小写不同来区分函数的可访问性，首字母名称为大写的函数可被用户调用，反之为内部函数。例如 AddChart()函数是对外提供用来添加图表的函数，而 addChart()函数则是外部不可访问的内部实现。

7.1.2 保存工作簿

将工作簿保存为磁盘文件时有两种情况：另存为工作簿和保存修改至原工作簿。对于通过 NewFile()函数创建的工作簿，保存时必须使用 SaveAs()函数将其另存为指定文件；对于已打开的工作簿，也可以通过该函数另存为新的工作簿，SaveAs()的函数签名为

```
func (f *File) SaveAs(name string, opts ...Options) error
```

形参 name 是工作簿的存储路径，可以使用相对路径或绝对路径进行表示。需要注意的是，保存工作簿时的文件路径包含存储的目录与文件名称，根据 ISO 9660 技术标准，最大文件名称长度为 207 个字符，最大目录路径长度为 255 个字符。该限制在不同操作系统中存在差异，例如在 Windows 操作系统中，最大目录路径长度为 218 个字符，在 macOS 操作系统中最大文件名称长度为 207 个字符。根据这些限制，为了能够获得较好的兼容性，Excelize 采取了较短的 207 个字符作为最大目录路径长度，如果给定的存储路径长度超过该限制，将返回 error 类型的异常变量 ErrMaxFilePathLength。另外需要注意的是，Excelize 基础库不会根据给定的工作簿存储路径自动创建目录，开发者在使用该函数之前，应确保指定的目录是存在的。

形参 opts 为可选参数，用于指定是否将工作簿保存为加密工作簿。如果需要使用密码保护生成的工作簿，可以在保存时使用该选项，在 Password 字段中指定密码。例如你可以编写如下代码，将新建的工作簿另存为 Book1.xlsx，并为其设置密码 passwd：

```
f := excelize.NewFile()
err := f.SaveAs("Book1.xlsx", excelize.Options{Password: "passwd"})
if err != nil {
    fmt.Println(err)
}
```

在打开已有工作簿的场景中，如果要把对工作簿内容的修改保存到原文件中，则可以使用 Excelize 基础库提供的 Save()函数来保存工作簿，其函数签名为

```
func (f *File) Save(opts ...Options) error
```

该函数的形参 opts 的用法与 SaveAs()函数中 opts 的用法完全相同。如果所打开的工作簿原本是带有密码保护的，那么保存时即便不指定 opts 参数，保存后的工作簿依旧使用原密码进行保护；如果需要改变原本的密码，则可以指定 opts 参数进行修改；如果需要清除密码保护，在指定 opts 参数时，将 Password 字段的值设置为空字符串即可；如果打开的是原本不带有密码保护的工作簿，希望

在保存时为其添加密码保护，也可以指定 opts 参数来设置密码。

除了将工作簿保存为磁盘文件，在一些场景下有可能需要将工作簿写入 io 接口。例如通过网络服务处理电子表格文档时，可能需要将最终生成的工作簿写入网络下载请求或上传至第三方存储中。在此类场景中，可以使用 Excelize 基础库提供的文件写入器 Write() 和 WriteTo() 函数保存工作簿。Write() 函数的函数签名为

```
func (f *File) Write(w io.Writer, opts ...Options) error
```

Write() 函数的第一个形参 w 是 io.Writer 类型的接口，支持将保存后的工作簿内容写入该接口中，第二个形参与 SaveAs() 函数的第二个形参完全相同，是用于指定是否将文档保存为加密工作簿的可选参数。

WriteTo() 函数的函数签名为

```
func (f *File) WriteTo(w io.Writer, opts ...Options) (int64, error)
```

WriteTo() 函数与 Write() 函数的区别在于，WriteTo() 函数包含两个返回值，比 Write() 函数多了一个 int64 类型的返回值，该返回值代表写入数据的字节长度，当你需要知道所保存工作簿占用的存储空间大小时，这个返回值将非常有用。

如果需要获取工作簿在内存中的数据，可以使用 Excelize 提供的另外一个函数 WriteToBuffer()，该函数的函数签名为

```
func (f *File) WriteToBuffer() (*bytes.Buffer, error)
```

WriteToBuffer() 函数将保存后的工作簿写入 *bytes.Buffer 数据类型的字节序列缓冲区中，但是该函数未提供指定密码保护的功能，而保留原始文档密码保护的设置，也就是说，该函数不支持改变工作簿的密码保护属性。

根据使用场景的不同，开发者可以视具体情况在以上 5 种保存方式中进行选择。总的来说，不论采取何种方式，保存工作簿时，在 Excelize 基础库内部首先会分配缓冲区 bytes.Buffer，并将其用于 zip.NewWriter，通过内部的 writeToZip() 函数将工作簿各个部件写入 ZIP 压缩数据包，例如 calcChainWriter()、commentsWriter()、contentTypesWriter()、drawingsWriter()、workBookWriter()、workSheetWriter()、relsWriter()、sharedStringsWriter()、styleSheetWriter() 和 themeWriter() 函数，它们分别用于保存时将工作簿中的公式计算链、批注、内容类型、绘图组件、工作簿、工作表、依赖关系、共享字符串表、样式表和主题部件进行序列化并写入文档数据包。当这些部件写入文档数据包之后，将流式写入器可能产生的数据流和缓存文件进行关闭和保存。然后根据保存选项判断是否需要将文档进行加密，若需要加密，将字节数组类型的文档数据包内容与加密选项传递给 Encrypt() 函数进行加密处理，否则清空缓冲区、关闭压缩包句柄，最后生成符合 OpenXML 格式的电子表格文档。

7.1.3 关闭工作簿

当工作簿使用完毕后，需要调用 Excelize 基础库提供的 Close() 函数来关闭工作簿，其函数签名为

```
func (f *File) Close() error
```

在流式读取或生成包含大规模数据的工作簿时，为了减少对内存的占用，Excelize 基础库会根据

数据规模大小将文档部件释放至磁盘中系统临时目录下，主要涉及共享字符串表和工作表相关的临时缓存文件，这些临时文件均以 excelize-为前缀进行命名，并在程序运行时将所有临时文件路径在内存中维护，Close()函数会遍历并清除这些临时文件，释放磁盘空间。在此过程中可能出现因文件权限改变或文件句柄占用等情况导致无法清除临时缓存文件，此时 Close()函数将返回错误异常。为了保证程序的可靠性，笔者建议开发者在调用 Close()函数时，接收并检查这些异常。

7.2 打开已有工作簿

Excelize 基础库提供了用于打开已有工作簿的两种方法。OpenFile()函数适用于根据给定的文档路径打开存储在磁盘上的工作簿，其函数签名为

```
func OpenFile(filename string, opts ...Options) (*File, error)
```

第一个形参 filename 是被打开的工作簿的路径，第二个形参 opts 是打开文档时的可选项：

```
type Options struct {
    MaxCalcIterations uint
    Password          string
    RawCellValue      bool
    UnzipSizeLimit    int64
    UnzipXMLSizeLimit int64
    ShortDatePattern  string
    LongDatePattern   string
    LongTimePattern   string
    CultureInfo       CultureName
}
```

其中，MaxCalcIterations 选项用于指定计算公式时最多的迭代次数，该选项设置将在计算单元格公式时使用，默认值为 0。

Password 是以明文形式表示的打开和保存工作簿时所使用的密码，它的默认值为空。例如，我们需要打开路径为/tmp/Book1.xlsx 的工作簿，该工作簿带有密码保护，密码为 passwd：

```
f, err := excelize.OpenFile("/tmp/Book1.xlsx",excelize.Options{Password: "passwd"})
```

RawCellValue 选项用于指定在读取单元格的值时，是否不为其应用数字格式，而是读取单元格的原始值，该选项的默认值为 false（即应用数字格式）。

UnzipSizeLimit 用以指定打开电子表格文档时的解压缩大小限制（以字节为单位），该值应大于或等于 UnzipXMLSizeLimit 选项的设定值，默认大小限制为 16 GB。5.5 节曾提到，打开文档时可能遇到用户输入带有超高压缩比的 ZIP 格式数据包，为了对系统进行保护，打开工作簿时通过该选项的设置实现对数据包读取过程的限制。

UnzipXMLSizeLimit 选项用于指定解压缩每个工作表 XML 文件以及共享字符表时的内存限制（以字节为单位），当大小超过此选项设定的值时，工作表 XML 文件以及共享字符表将被尝试解压缩至磁盘系统临时目录，该值应小于或等于 UnzipSizeLimit 选项的设定值，默认大小限制为 16 MB。假设我们打开一份大小为 30 720 KB（30 MB）的工作簿 Book1.xlsx，文档数据包中各个部件解压缩后的大小累计为 328 416 KB（约 320 MB），其中共享字符串表、工作表是占比最大的两个部件类别，

这些 XML 部件的大小分布如图 7-1 所示。

ShortDatePattern、LongDatePattern 和 LongTimePattern 分别是用于指定短日期、长日期和长时间数字格式代码的选项，这 3 项配置选项搭配 CultureInfo 选项，将会影响读取带有数字格式单元格的返回值，我们将在 9.3 节中详细介绍它们的使用方法。

CultureInfo 选项用于指定区域格式，该设置将在读取受到操作系统特定的区域日期和时间设置影响的数字格式时使用。

如果用于处理该工作簿的程序所能使用的存储资源较为紧张，我们可以在打开文档时设置解压缩限制，假设我们设置打开文档时超过 30 MB（31 457 280 字节）的部件将解压缩至系统临时目录、文档整体解压缩后大小不得高于 120 MB（125 829 120 字节）：

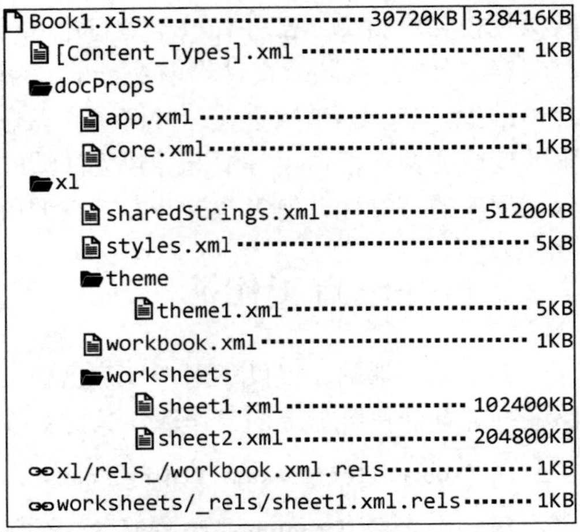

```
📄 Book1.xlsx ········································· 30720KB │328416KB
  📄 [Content_Types].xml ································· 1KB
  📁 docProps
      📄 app.xml ········································· 1KB
      📄 core.xml ········································ 1KB
  📁 xl
    📄 sharedStrings.xml ······························ 51200KB
    📄 styles.xml ······································ 5KB
    📁 theme
        📄 theme1.xml ··································· 5KB
    📄 workbook.xml ··································· 1KB
    📁 worksheets
        📄 sheet1.xml ······························· 102400KB
        📄 sheet2.xml ······························· 204800KB
∞ xl/rels_/workbook.xml.rels ························ 1KB
∞ worksheets/_rels/sheet1.xml.rels ·············· 1KB
```

图 7-1　示例工作簿中各部件解压缩后磁盘占用空间的分布

```go
f, err := excelize.OpenFile("/tmp/Book1.xlsx",
    excelize.Options{UnzipSizeLimit: 125829120, UnzipXMLSizeLimit: 31457280})
```

当 Excelize 对文档数据包内的部件进行解压缩时，便会根据打开文档时的选项设置对读取过程中的磁盘空间占用进行监测。根据各部件占用磁盘空间的分布可知，若依照由上至下的顺序依次解压缩图 7-1 所示的工作簿中各部件，大小为 50 MB 的 xl/sharedStrings.xml 共享字符串表由于小于 UnzipSizeLimit 所定义的解压缩整体上限 120 MB，因此可以被正常读取，根据 UnzipXMLSizeLimit 指定的限制，该部件将被解压缩至系统临时目录中；接着读取大小为 100 MB 的/xl/worksheets/sheet1.xml 工作表部件，根据 UnzipXMLSizeLimit 指定的限制，该部件也应当被解压缩至系统临时目录，但是此时两个部件累计大小为 150 MB，已超过 UnzipSizeLimit 指定的整体解压缩大小限制，因此当 Excelize 基础库读取工作表部件时将触发磁盘空间超限的异常 "unzip size exceeds the 125829120 bytes limit"。

通过以上这个例子，我们已经了解打开文档时如何通过设置文档数据包解压缩限制来控制磁盘空间的使用，在实际的开发工程中，可以根据具体的场景动态调节 UnzipSizeLimit 和 UnzipXMLSizeLimit 两项设置的值。

某些情况下，我们需要从 io 接口打开文档，例如打开从网络中接收到的文档，这时需要使用 Excelize 基础库提供的 OpenReader()函数打开数据流，其函数签名为

```go
func OpenReader(r io.Reader, opts ...Options) (*File, error)
```

OpenReader()函数的第一个形参是 io.Reader 类型的接口，函数将从中读取文档数据；第二个形参 opts 是打开文档时的可选项，与 OpenFile()函数的第二个形参完全相同。在下面的例子中，我们将创建一个简单的 HTTP 服务器来接收上传的电子表格模板文档，向接收到的电子表格模板文档添加新工作表，并返回下载响应。创建一个名为 server.go 的文件，并输入下面示例中的代码：

```go
package main

import (
```

```
        "fmt"
        "net/http"

        "github.com/xuri/excelize/v2"
)

func process(w http.ResponseWriter, req *http.Request) {
    file, _, err := req.FormFile("file") // 从 HTTP 表单中解析上传的电子表格模板文档
    if err != nil {
        fmt.Fprint(w, err.Error()) // 若请求数据解析异常，将异常信息随请求响应返回
        return
    }
    defer file.Close() // 当前函数运行完毕后关闭工作簿
    f, err := excelize.OpenReader(file) // 打开通过 HTTP 表单上传的电子表格模板文档
    if err != nil {
        fmt.Fprint(w, err.Error())
        return
    }
    f.Path = "Book1.xlsx" // 设置下载文档时的文件名称和文档格式
    // 创建一张名为 NewSheet 的空白工作表
    if _, err := f.NewSheet("NewSheet"); err != nil {
        fmt.Fprint(w, err.Error())
        return
    }
    w.Header().Set("Content-Disposition", fmt.Sprintf("attachment; filename=%s", f.Path))
                                    // 设置文件下载响应中使用的默认文件名
    w.Header().Set("Content-Type", req.Header.Get("Content-Type"))
    if err := f.Write(w); err != nil { // 将修改后的文档写入 HTTP 文件下载响应
        fmt.Fprint(w, err.Error()) // 若文件下载响应异常，将异常信息随请求响应返回
    }
}

func main() {
    http.HandleFunc("/process", process) // 注册路由和用于处理请求的函数
    http.ListenAndServe(":8090", nil) // 启动一个 HTTP 服务器，并监听 8090 端口
}
```

保存文件并在命令行界面中通过如下命令来编译并运行这个文件：

```
$ go run server.go
```

如果一切顺利，就已经启动了一个 HTTP 服务器，不要关闭命令行界面，创建一份仅包含 Sheet1 工作表的模板工作簿，将其保存在系统的临时目录/tmp/template.xltx 下，以 xltx 为扩展名的文档是 Excel 模板文档。如果你的系统中安装了 cURL，那么打开一个新的命令行界面，在命令行界面中执行如下命令，对刚刚编写的程序进行测试：

```
$ curl --location --request GET 'http://127.0.0.1:8090/process' \
--form 'file=@/tmp/template.xltx' -O -J
```

命令执行完毕后，将在当前目录下创建一个名为 Book1.xlsx 的工作簿，用电子表格应用程序打开该文件，你将会看到程序基于 template.xltx 模板文件，添加了一个新的名为 NewSheet 的空白工作表。如果你的系统中没有安装 cURL，也可以通过编写客户端代码或者使用 Postman 等类似的开发工具，通过构造上传模板文件请求进行验证。

7.3　工作簿属性

工作簿属性是存储于文档中的一组元数据，使用电子表格应用打开工作簿时，这些属性的值将会影响电子表格应用对工作簿的处理方式。本节将讨论如何使用 Excelize 设置和获取工作簿属性。

7.3.1　设置工作簿属性

使用 Excelize 提供的 SetWorkbookProps()函数设置工作簿属性，其函数签名为

```
func (f *File) SetWorkbookProps(opts *WorkbookPropsOptions) error
```

通过指定*WorkbookPropsOptions 类型的选项设置工作簿属性。Excelize 支持设置的工作簿属性选项如表 7-1 所示。

表 7-1　Excelize 支持设置的工作簿属性选项

属性	数据类型	描述
Date1904	*bool	指示工作簿是否使用 1904 日期系统
FilterPrivacy	*bool	隐私筛选器，指示应用程序是否检查工作簿中的个人信息
CodeName	*string	设置工作簿的代码名称

由于早期的 Macintosh 计算机不支持 1904 年 1 月 1 日之前的日期，为了与之兼容，Excel 中出现了两种不同的日期系统（1900 日期系统和 1904 日期系统），两种日期系统都以当年的 1 月 1 日作为支持的起始时间。鉴于电子表格中的单元格支持通过时间序号表示日期，日期系统的设置将会影响单元格值的含义，假设 2023 年 6 月 8 日在 1900 日期系统下的序号表示为 45085，而在 1904 日期系统下将表示为 43623。在 Windows 版本的 Excel 中，可通过"Excel 选项"设置面板上的"高级"选项卡进行设置，如图 7-2 所示。

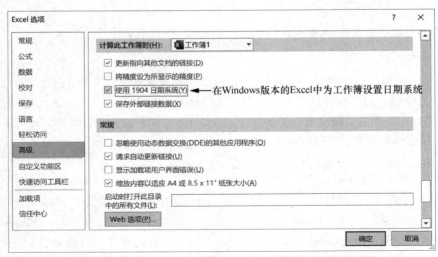

图 7-2　在 Windows 版本的 Excel 中为工作簿设置日期系统

在 macOS 版本的 Excel 中，可通过"偏好设置"面板上的"计算"选项卡进行设置，如图 7-3 所示。

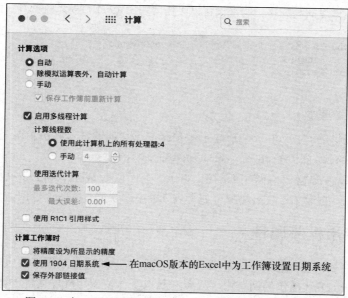

图 7-3 在 macOS 版本的 Excel 中为工作簿设置日期系统

通过设置隐私筛选器，可以让电子表格应用在每次保存文档时删除个人信息。该项设置仅在 Windows 版本的 Excel 中提供，默认为关闭状态，通过"Excel 选项"设置面板上的"信任中心"选项卡打开"隐私选项"，在"文档特定设置"中进行勾选，如图 7-4 所示。

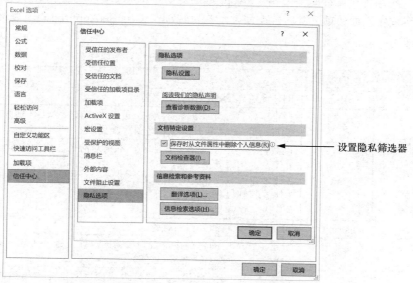

图 7-4 在 Excel 中设置隐私筛选器

在 Excel 界面上没有提供代码名称的设置入口，可以通过 VBA 脚本编程进行读取和设置，它被用于程序对工作簿的引用。假设我们已经使用 Excelize 基础库打开了一个名为 Book1.xlsx 的工作簿，得到了文档对象 f，那么可以通过编写如下代码来设置该工作簿使用 1904 日期系统并开启隐私筛选：

```
enable := true
err := f.SetWorkbookProps(&excelize.WorkbookPropsOptions{
    Date1904:       &enable,
    FilterPrivacy: &enable,
})
```

7.3.2　获取工作簿属性

使用 Excelize 提供的 GetWorkbookProps() 函数获取工作簿属性，其函数签名为

```
func (f *File) GetWorkbookProps() (WorkbookPropsOptions, error)
```

GetWorkbookProps() 函数具有两个返回值，第一个返回值为 WorkbookPropsOptions 类型的工作簿属性，其中各属性选项的含义与数据类型可参考表 7-1 中的说明；第二个返回值为 error 类型的异常。

7.4　工作簿应用程序属性

工作簿应用程序属性存储在每个工作簿中，是用于描述创建该工作簿的应用程序的相关信息的属性。本节将介绍 Excelize 提供的两个用于设置和获取工作簿应用程序属性的函数。

7.4.1　设置工作簿应用程序属性

使用 Excelize 提供的 SetAppProps() 函数设置工作簿应用程序属性，其函数签名为

```
func (f *File) SetAppProps(appProperties *AppProperties) error
```

设置工作簿应用程序属性时需要指定 *AppProperties 类型的选项，表 7-2 展示了 Excelize 支持设置的工作簿应用程序属性选项，其中各个属性均为可选项，调用 SetAppProps() 函数时，根据需要声明相应的属性即可。

表 7-2　Excelize 支持设置的工作簿应用程序属性选项

属性	数据类型	描述
Application	string	创建此工作簿的应用程序名称
ScaleCrop	bool	指定工作簿缩略图的显示方式。设置为 true 表示工作簿缩略图缩放显示，设置为 false 表示工作簿缩略图剪裁显示
DocSecurity	int	以数值表示的工作簿安全级别，取值对应的工作簿安全级别定义如下： 1 代表工作簿受密码保护； 2 代表建议以只读方式打开工作簿； 3 代表强制以只读方式打开工作簿； 4 代表工作簿批注被锁定
Company	string	与工作簿关联的公司名称
LinksUpToDate	bool	设置工作簿中的超链接是否为最新的。设置为 true 表示超链接已更新，设置为 false 表示超链接已过时
HyperlinksChanged	bool	指定下一次打开此工作簿时是否应使用本部分中指定的超链接更新超链接关系
AppVersion	string	设置工作簿的代码名称

例如，我们已经使用 Excelize 基础库创建或打开了某工作簿，得到了工作簿对象 f，接着编写如下代码设置生成工作簿的应用程序为 Microsoft Excel、工作簿缩略图缩放显示、强制以只读方式打开工作簿、与工作簿关联的公司名称为 Company Name、工作簿中的超链接是最新的、下一次打开此工作簿时更新超链接关系，并设置创建工作簿的应用程序版本为 16.0000：

```
err := f.SetAppProps(&excelize.AppProperties{
    Application:       "Microsoft Excel",
    ScaleCrop:         true,
    DocSecurity:       3,
    Company:           "Company Name",
    LinksUpToDate:     true,
    HyperlinksChanged: true,
    AppVersion:        "16.0000",
})
```

如果你使用的是 Windows 操作系统，在生成工作簿文件属性的"详细信息"选项卡中，可以看到"来源"栏目中包含刚刚设置的应用程序名称和公司属性；如果你使用的是 macOS 操作系统，打开工作簿后通过"文件"菜单中的"属性"命令打开工作簿属性对话框，在"摘要"选项卡中可以看到设置的公司信息。需要注意的是，在不同的平台或者不同版本的电子表格应用中，可被查看的工作簿应用程序属性有所不同，且部分属性不能通过操作界面直接查看，需要使用程序进行读取。

7.4.2　获取工作簿应用程序属性

使用 Excelize 提供的 GetAppProps()函数获取工作簿应用程序属性，其函数签名为

```
func (f *File) GetAppProps() (*AppProperties, error)
```

GetAppProps()函数具有两个返回值，第一个返回值为*AppProperties 类型的工作簿应用程序属性，其中各属性字段的含义与数据类型可参考表 7-2 中的说明；第二个返回值为 error 类型的异常。

7.5　文档属性

文档属性被存储在每个电子表格文档中，是用于描述文档分类、状态、创建时间和版本等信息的元数据。通过设置和获取文档属性，我们可以管理、标识文档或基于属性搜索文档，本节将讨论如何使用 Excelize 设置和获取文档属性。

7.5.1　设置文档属性

使用 Excelize 基础库提供的 SetDocProps()函数，我们可以设置文档属性，其函数签名为

```
func (f *File) SetDocProps(docProperties *DocProperties) error
```

在设置文档属性时，需指定*DocProperties 类型的属性选项，表 7-3 列出了 Excelize 支持设置的文档属性选项，其中各项属性均为可选项，调用 SetDocProps()函数时根据需要声明相应属性即可。

表 7-3　Excelize 支持设置的文档属性选项

属性	数据类型	描述
Category	string	文档内容的分类
ContentStatus	string	文档内容的状态，值可能包括 Draft、Reviewed 和 Final
Created	string	使用 ISO 8601 UTC 时间格式表示的文档创建时间，例如 2019-06-04T22:00:10Z
Creator	string	文档创作者
Description	string	对资源内容的说明
Identifier	string	对给定上下文中资源的明确引用
Keywords	string	文档关键词
LastModifiedBy	string	运行上次修改的用户
Modified	string	使用 ISO 8601 UTC 时间格式表示的文档修改时间，例如 2019-06-04T22:00:10Z
Revision	string	文档修订版本
Subject	string	文档主题
Title	string	文档标题
Language	string	文档内容的主要语言
Version	string	文档版本号

例如，我们已经使用 Excelize 基础库创建或打开了某工作簿，得到了文档对象 f，接着通过编写如下代码设置文档属性：

```
err := f.SetDocProps(&excelize.DocProperties{
    Category:       "category",
    ContentStatus:  "Draft",
    Created:        "2019-06-08T22:00:10Z",
    Creator:        "Go Excelize",
    Description:    "This file created by Go Excelize",
    Identifier:     "xlsx",
    Keywords:       "Spreadsheet",
    LastModifiedBy: "Go Author",
    Modified:       "2019-06-10T22:00:10Z",
    Revision:       "0",
    Subject:        "Test Subject",
    Title:          "Test Title",
    Language:       "en-US",
    Version:        "1.0.0",
})
```

在 Windows 操作系统中，使用 Excel 打开生成的工作簿，在通过"文件"菜单打开的"信息"界面中，可以查看刚刚设置的各项文档属性；在 macOS 操作系统中，打开文档后通过"文件"菜单中的"属性"命令可以打开工作簿属性对话框，在"摘要"选项卡中可以查看文档属性。

7.5.2 获取文档属性

使用 Excelize 提供的 GetDocProps()函数可以获取文档属性，其函数签名为

```
func (f *File) GetDocProps() (*DocProperties, error)
```

GetDocProps()函数具有两个返回值：第一个返回值为*DocProperties 类型的文档属性，其中各属性字段的含义与数据类型可参考表 7-3 中的说明；第二个返回值为 error 类型的异常。

7.6 保护工作簿

在多人协作使用某个工作簿的场景中，如果希望防止其他用户查看被隐藏的工作表，或者是防止其他用户对工作表进行添加、移动、隐藏和重命名操作，可以使用密码来保护工作簿。本节将介绍使用 Excelize 设置和取消保护工作簿的方法。注意，使用密码设置保护工作簿与使用密码加密工作簿并不相同，如果需要使用密码锁定工作簿，使其无法被其他用户打开，请参考 7.1.2 节，在保存工作簿时设置密码。

7.6.1 设置保护工作簿

使用 Excelize 中提供的 ProtectWorkbook()函数设置保护工作簿，其函数签名为

```
func (f *File) ProtectWorkbook(opts *WorkbookProtectionOptions) error
```

ProtectWorkbook()函数通过指定*WorkbookProtectionOptions 类型的属性选项对工作簿进行保护，表 7-4 列出了 Excelize 支持设置的保护工作簿属性选项。

表 7-4　Excelize 支持设置的保护工作簿属性选项

选项	数据类型	描述
AlgorithmName	string	指定加密过程中使用的哈希算法名称，支持的哈希算法有 XOR、MD4、MD5、SHA-1、SHA-256、SHA-384 和 SHA-512。该参数是可选的，如果未指定哈希算法，默认将会使用 XOR 算法
Password	string	以明文形式表示的密码，密码参数是可选的，默认为空。如果未指定密码，任何用户都可以取消保护所生成的工作簿并对工作簿进行修改
LockStructure	bool	指定保护工作簿的结构，默认为 false
LockWindows	bool	指定保护窗口，防止用户移动、关闭、隐藏、取消隐藏工作簿窗口或调整其大小

例如，我们已经使用 Excelize 基础库创建或打开了某工作簿，得到了文档对象 f，接着通过编写如下代码，用密码 password 保护该工作簿的结构：

```
err := f.ProtectWorkbook(&excelize.WorkbookProtectionOptions{
    Password:       "password",
    LockStructure: true,
})
```

借助 Excelize 基础库，在 Excel 中，通过"审阅"菜单中的"保护工作簿"可以实现设置保护工作簿的同等效果。

7.6.2 取消保护工作簿

对于已被保护的工作簿，使用 Excelize 提供的 UnprotectWorkbook()函数可以取消保护工作簿，其函数签名为

```
func (f *File) UnprotectWorkbook(password ...string) error
```

该函数具有一个可选密码验证参数，如果未指定该参数，即便工作簿带有密码保护，依然会取消对工作簿的保护；如果指定了该参数，Excelize 将会验证密码，通过给定的密码来取消对工作簿的保护，如果密码无法通过验证将会返回异常。

7.7 名称管理

在电子表格文档中，名称是对指定的单元格区域、函数、常量或表格的命名定义，名称可以被使用在公式中，使公式容易理解和维护。本节将讨论如何使用 Excelize 管理电子表格文档中的名称。

7.7.1 设置名称

使用 Excelize 基础库提供的 SetDefinedName()函数来设置名称，其函数签名为

```
func (f *File) SetDefinedName(definedName *DefinedName) error
```

在设置名称时，需指定*DefinedName 类型的属性选项，表 7-5 列出 Excelize 支持设置的名称属性选项。

表 7-5　Excelize 支持设置的名称属性选项

属性	数据类型	描述
Name	string	名称定义，不能为空，如果在给定的作用范围中名称尚不存在，则会创建该名称，否则会返回已存在重复名称的异常: the same name already exists on the scope
RefersTo	string	引用位置，不能为空，需要指定有效的单元格区域
Comment	string	批注，可以为空，用于设置对所定义名称的说明
Scope	string	作用范围，可以为空，当为空时，默认作用范围是当前工作簿

例如，假设我们已经使用 Excelize 基础库打开了图 7-5 所示的学生成绩统计表。该工作簿包含名为 Sheet1 的工作表，打开该工作簿后得到了文档对象 f，接着通过编写如下代码创建一个名为"数学"的名称，引用位置设置为 Sheet1 工作表中的$B$2:$B$5 单元格区域，使其可被用于整个工作簿：

图 7-5　学生成绩统计表

```
if err := f.SetDefinedName(&excelize.DefinedName{
    Name:     "数学",
    RefersTo: "Sheet1!$B$2:$B$5",
    Comment:  "数学科目成绩",
}); err != nil {
    fmt.Println(err)
}
```

这样就创建了一个名为"数学"的名称，该名称可以在工作簿中的任意工作表内使用。假设我们希望统计所有学生的数学科目的成绩，那么只需要编写公式"=SUM(数学)"即可。使用 Excel 打开生成的工作簿后，通过"公式"菜单中的"名称管理器"可以查看刚刚创建的名称，如图 7-6 所示。

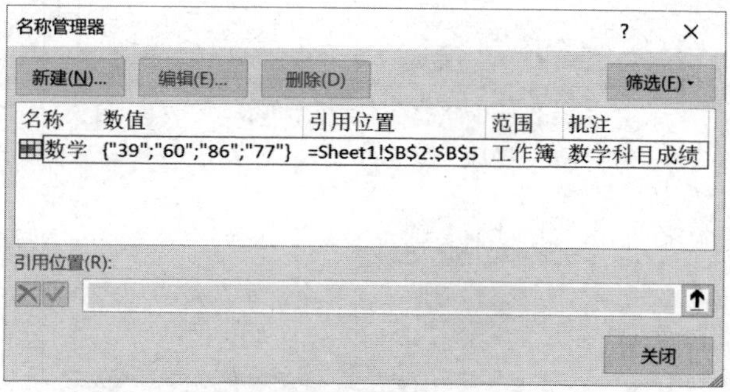

图 7-6　通过名称管理器查看工作簿中的名称

电子表格文档还支持通过特殊的名称对工作表的页面进行设置，例如使用特殊的名称_xlnm.Print_Area 可以实现对工作表的打印区域的设置，使用名称_xlnm.Print_Titles 则可以实现对工作表的打印标题的设置。假设我们已经使用 Excelize 基础库创建或打开了某工作簿，得到了文档对象 f，接着要为工作簿中名为 Sheet1 的工作表进行页面设置，指定打印区域为 A1:H15，并设置打印标题的顶端标题行为第一行，从左侧重复的列数为 A 列，那么可以利用 SetDefinedName()函数编写如下代码：

```go
if err := f.SetDefinedName(&excelize.DefinedName{
    Name:     "_xlnm.Print_Area",
    RefersTo: "Sheet1!$A$1:$H$15",
    Scope:    "Sheet1",
}); err != nil {
    fmt.Println(err)
    return
}
if err := f.SetDefinedName(&excelize.DefinedName{
    Name:     "_xlnm.Print_Titles",
    RefersTo: "Sheet1!$A:$A,Sheet1!$1:$1",
    Scope:    "Sheet1",
}); err != nil {
    fmt.Println(err)
    return
}
```

使用 Excel 打开通过上述代码生成的工作簿后，通过"页面布局"菜单打开"页面设置"对话框，在"工作表"选项卡中可以看到打印区域和打印标题的设置已经成功，如图 7-7 所示。

在"分页预览"模式下对工作表进行查看，可以看到工作表的打印区域已经被设置为 A1:H5 单元格区域。

图 7-7   工作表页面设置

7.7.2   获取名称

使用 Excelize 提供的 GetDefinedName()函数可以获取名称，其函数签名为

```
func (f *File) GetDefinedName() []DefinedName
```

GetDefinedName()函数将返回工作簿和各个工作表作用范围内的全部名称，返回值为*DefinedName
类型的数组，其中各字段的含义与数据类型可参考表 7-5 中的说明。

7.7.3   删除名称

使用 Excelize 提供的 DeleteDefinedName()函数删除名称，其函数签名为

```
func (f *File) DeleteDefinedName(definedName *DefinedName) error
```

删除名称时，需通过*DefinedName 类型的参数指定名称和名称作用范围，其中各字段的含义与
数据类型可参考表 7-5 中的说明。需要注意的是，Scope 字段不可为空，如果需要删除的名称作用范
围为工作簿，则需要指定 Scope 的值为 Workbook，此时不会删除作用范围在指定工作表上的同名名
称。例如，假设我们已经使用 Excelize 基础库创建或打开了某工作簿，得到了文档对象 f，要删除作
用范围在 Sheet2 工作表上的名称"数学"，那么编写如下代码：

```
if err := f.DeleteDefinedName(&excelize.DefinedName{
    Name:  "数学",
    Scope: "Sheet2",
}); err != nil {
    fmt.Println(err)
}
```

如果在给定的作用范围内找不到给定的名称，函数将会返回 error 类型的异常：no defined name
on the scope。

7.8 添加 VBA 工程

在电子表格应用中，VBA 是一种用来扩展电子表格应用的程序设计语言，通过它可以实现对工作簿的自定义处理，Excelize 提供了用于向工作簿添加 VBA 工程的 AddVBAProject()函数，其函数签名为

```
func (f *File) AddVBAProject(file []byte) error
```

AddVBAProject()函数可根据给定的工程文件字节数组将 VBA 工程添加至工作簿中。需要注意的是，给定的 VBA 工程必须是有效的，每个工作簿仅支持添加一个 VBA 工程，并且必须将工作簿保存为 XLSM 或 XLTM 格式才能使其生效。那么如何得到 VBA 工程呢？假设我们希望通过 VBA 实现"在工作表 Sheet1 中双击任意单元格时，自动将 C1 单元格的值设置为 A1 与 B1 单元格值之和"，那么首先在电子表格应用中使用如下代码创建 VBA 工程：

```
Private Sub Worksheet_BeforeDoubleClick( _
    ByVal Target As Range, Cancel As Boolean)
    Sheet1.Cells(1, 3) = Sheet1.Cells(1, 1) + Sheet1.Cells(1, 2)
End Sub

Private Sub Worksheet_SelectionChange( _
    ByVal Target As Range)
End Sub
```

在 VBA 工程窗口中可以看到工作表 Sheet1 的 Name 属性为"Sheet1"，如图 7-8 所示。

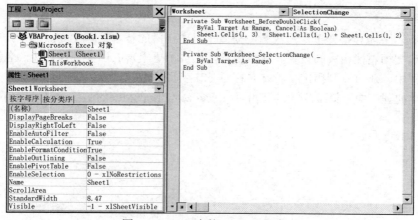

图 7-8　Excel 中的 VBA 工程窗口

请记下该属性的值，当我们使用 Excelize 添加 VBA 工程时需要用到该属性的值。在 VBA 工程创建完毕后保存工作簿，由于工作簿文件为 ZIP 格式的压缩文件，将该文件解压缩后，我们可以从文档数据包的 xl/vbaProhect.bin 路径提取该工程文件，得到工程文件后就可以使用 Excelize 基础库批量为其他工作簿添加 VBA 工程了。例如，在使用 Excelize 打开或创建某工作簿之后，可以编写如下代码为其添加 VBA 工程：

```
codeName := "Sheet1"
if err := f.SetSheetProps("Sheet1", &excelize.SheetPropsOptions{
    CodeName: &codeName,
}); err != nil {
    // 此处进行异常处理
}
file, err := os.ReadFile("vbaProject.bin")
if err != nil {
    // 此处进行异常处理
}
if err := f.AddVBAProject(file); err != nil {
    // 此处进行异常处理
}
if err := f.SaveAs("Book2.xlsm"); err != nil {
    // 此处进行异常处理
}
```

代码中使用了 SetSheetProps()函数为工作表设置属性，设置 CodeName 属性的值与 VBA 工程中指定的工作表 Name 属性值相一致。目前为止，我们还没有介绍过 SetSheetProps()函数，8.5.1 节将会详细讨论该函数。接着读取工程文件并使用 AddVBAProject 添加 VBA 工程，最后使用 SaveAs()函数将工作簿另存为 Book2.xlsm。使用电子表格应用打开该工作簿后，双击工作表 Sheet1 中的任意单元格，便可以更新 C1 单元格的值为 A1 与 B1 单元格的值的和。通过这个简单的示例，你已经了解了如何创建和提取 VBA 工程，并将其添加至任意工作簿中。使用这种方法可以对 Excelize 的功能进行扩展，重复执行任意操作，极大地提高了自动化处理的灵活性。

7.9　小结

创建、保存、关闭和打开工作簿函数，提供了对工作簿的基本管理功能；工作簿属性、工作簿应用程序属性和文档属性相关的设置与获取函数，提供了更丰富的属性管理功能；名称管理函数不仅可以用于公式中，还可以利用定义特殊名称对工作表页面进行设置。读者可以非常方便地将这些函数应用到自己的程序中，第 8 章会详细介绍 Excelize 工作表相关的函数，以及如何在代码中使用它们。

第 8 章

工作表

在电子表格文档中，工作表是存储和处理数据的重要组成部分，如果把工作簿比作一本书，工作表就像构成书的每一页，工作簿中可以容纳的工作表数量是没有明确的上限的，具体取决于设备硬件资源的情况。本章我们来讨论如何使用 Go 语言借助 Excelize 基础库对工作表进行管理。

8.1 工作表基本管理

接下来我们将探讨如何使用 Excelize 对工作表进行基本的管理，在使用工作表管理相关的函数时，经常需要指定工作表名称，对于工作表名称的使用需要注意以下 4 点，当给定的工作表名称无效时，Excelize 将返回异常信息：

- 工作表名称不能为空；
- 工作表名称中不允许使用:、\、/、?、*、[、]其中任意一个特殊字符，例如 "[Sheet:2]" 是无效的工作表名称；
- 工作表名称不区分大小写，最大长度为 31 个字符；
- 工作表名称的第一个或者最后一个字符不能是单引号。

8.1.1 新建工作表

使用 Excelize 基础库提供的 NewSheet()函数可以在工作簿中创建空白工作表，其函数签名为

```
func (f *File) NewSheet(sheet string) (int, error)
```

该函数通过给定的名称来创建工作表，并返回工作表在工作簿中的索引。如同你在使用电子表格应用时那样，当创建新的工作簿时，将会默认包含一张名为 Sheet1 的空白工作表，所以对通过 NewFile()函数创建的工作簿来说，无须使用 NewSheet()函数创建默认工作表。当工作表名称不符合要求时，函数将不会创建工作表，并返回无效的工作表索引-1 和具体的异常信息。

如果一切顺利，将会得到 int 类型的工作表索引，该索引可以用于复制工作表或者设置活动工作表。

8.1.2 删除工作表

使用 Excelize 基础库提供的 DeleteSheet()函数可以删除指定的工作表，其函数签名为

```
func (f *File) DeleteSheet(sheet string) error
```

当工作簿中仅包含一张工作表时，调用此函数将不会删除最后一张工作表，以此来保证工作簿中至少存在一张工作表。另外我们在使用该函数时需要注意，删除工作表的操作将会影响到通过公式引用与被删除工作表相关联的单元格、图表、表格等组件，如果有其他工作表上的某些组件引用了被删除工作表上的单元格，将会导致引用错误或者工作簿打开失败的问题。因此，当我们在使用这个函数删除工作表时，需要考虑到这些潜在的影响。

8.1.3 获取工作表索引

使用 Excelize 基础库提供的 GetSheetIndex()函数获取工作表索引，其函数签名为

```
func (f *File) GetSheetIndex(sheet string) (int, error)
```

该函数根据给定的工作表名称返回工作表的索引，当给定的工作表名称不符合要求或者不存在时，将返回无效的工作表索引-1 和具体的异常信息。

8.1.4 复制工作表

使用 Excelize 基础库提供的 CopySheet()函数复制工作表，其函数签名为

```
func (f *File) CopySheet(from, to int) error
```

该函数将会根据给定的被复制工作表与目标工作表索引复制工作表，我们需要确保调用 CopySheet()函数时传入的两个工作表索引都是有效的。另外需要注意的是，这个函数用于实现同一个工作簿内工作表之间内容的复制，包括单元格的值、单元格公式的复制，不包括表格、图片、图表和数据透视表等其他组件的复制。例如，我们打开一个名为 Book1.xlsx 的工作簿，其中仅包含一张名为 Sheet1 的工作表，我们创建一张新的空白工作表 Sheet2，将 Sheet1 中的内容复制到 Sheet2 中。结合刚刚介绍的几个工作簿和工作表管理函数，完整的程序如下：

```
func main() {
    f, err := excelize.OpenFile("Book1.xlsx") // 打开名为 Book1.xlsx 的工作簿
    if err != nil {
        fmt.Println(err)
        return
    }
    defer func() {
        if err := f.Close(); err != nil {
            fmt.Println(err)
        }
    }()
    idx1, err := f.GetSheetIndex("Sheet1") // 获取名为 Sheet1 的工作表的索引
    if err != nil {
        fmt.Println(err)
        return
    }
    idx2, err := f.NewSheet("Sheet2") // 新建名为 Sheet2 的工作表
    if err != nil {
```

```
        fmt.Println(err)
        return
    }
    if err := f.CopySheet(idx1, idx2); err != nil { // 复制工作表内容
        fmt.Println(err)
        return
    }
    if err := f.Save(); err != nil {
        fmt.Println(err)
    }
}
```

8.1.5 获取工作表列表

使用 Excelize 基础库提供的获取工作表列表函数 GetSheetList()，可以获得与工作簿内顺序相一致的、包含普通工作表、图表工作表、对话工作表的工作表列表，其函数签名为

```
func (f *File) GetSheetList() []string
```

使用该函数时需要注意，已经被隐藏的工作表也将包含在返回列表当中。

8.1.6 获取工作表名称标识映射表

使用 Excelize 基础库提供的 GetSheetMap()函数可以获取工作表名称标识映射表，其函数签名为

```
func (f *File) GetSheetMap() map[int]string
```

该函数将返回工作簿中包括普通工作表、图表工作表和对话工作表，由工作表名称和工作表 ID 构成的映射表。使用该函数时需要注意，函数返回值中的工作表 ID 与工作表索引是不同的两种标识，不能将它们替换使用，工作表 ID 是在文档内部对工作簿进行编码的标识，通常在文档关系部件中用于表示部件之间的引用关联。

8.1.7 设置活动工作表

活动工作表是打开工作簿时默认呈现的工作表。我们可以使用 Excelize 基础库提供的 SetActiveSheet() 函数来设置活动工作表，其函数签名为

```
func (f *File) SetActiveSheet(index int)
```

根据给定的工作表索引设置活动工作表，索引应该大于等于 0 且小于工作簿中包含的工作表总数，工作簿中包含的工作表列表可以使用 GetSheetList()函数来获取。需要注意的是，工作表索引不等同于工作表 ID，因此通过 GetSheetMap()函数获取的工作表 ID 不能用于设置活动工作表。

8.1.8 获取活动工作表索引

使用 Excelize 基础库提供的 GetActiveSheetIndex()函数可以获取活动工作表索引，其函数签名为

```
func (f *File) GetActiveSheetIndex() int
```

在特殊情况下，如果未能找到活动工作表，那么将第一张工作表视作活动工作表，并返回索引 0。

8.2　工作表名称

工作簿中的每一张表都有唯一的名称，Excelize 提供了用于设置和获取工作表名称的两个函数，本节将讨论这两个函数的用法。

8.2.1　设置工作表名称

当需要对工作表名称进行重命名时，可使用 Excelize 基础库提供的 SetSheetName()函数对工作表的名称进行修改，其函数签名为

```
func (f *File) SetSheetName(source, target string) error
```

在调用函数时，分别传入新旧工作表名称。需要注意的是，此函数仅更改工作表的名称，不会更新与单元格关联的公式或引用中的工作表名称。因此使用此函数重命名工作表后可能导致公式错误或参考引用问题。

8.2.2　获取工作表名称

使用 Excelize 基础库提供的 GetSheetName()函数可以通过给定的工作表索引获取工作表名称，其函数签名为

```
func (f *File) GetSheetName(index int) string
```

如果工作表不存在，该函数将返回空字符。假设工作簿中存在多张工作表，我们希望获取其中活动工作表的名称，那么可以结合获取活动工作表索引的函数，编写如下代码来获取活动工作表的名称：

```
func main() {
    f, err := excelize.OpenFile("Book1.xlsx")
    if err != nil {
        fmt.Println(err)
        return
    }
    defer func() {
        if err := f.Close(); err != nil {
            fmt.Println(err)
        }
    }()
    name := f.GetSheetName(f.GetActiveSheetIndex())
    fmt.Println("active sheet name is:", name)
}
```

如果一切顺利，运行程序后你将看到命令行界面中输出了活动工作表的名称。

8.3　工作表分组

通过分组可将多个工作表组合在一起。在日常工作中，当工作表数量较多时或需要分区具有相同数据结构的工作表时，利用工作表分组可以帮助我们有效组织工作表，节省时间，提高效率。本节将讨论 Excelize 中对工作表进行分组的相关函数。

8.3.1 设置工作表分组

如果我们要将工作簿中的多张工作表进行分组，可以使用 Excelize 基础库提供的 GroupSheets() 函数，其函数签名为

```
func (f *File) GroupSheets(sheets []string) error
```

将需要分组的工作表序列以字符串数组的形式传递给该函数。需要注意的是，指定的工作表序列中必须包含活动工作表。例如，对于图 8-1 所示的工作簿，其中名为 Sheet2 的工作表为活动工作表。

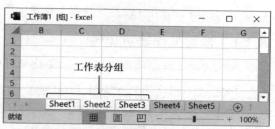

假设我们要将名为 Sheet1、Sheet2 和 Sheet3 的 3 张工作表分为一组，那么可以这样编写代码：

图 8-1 对工作簿中的工作表进行分组

```
if err := f.GroupSheets([]string{"Sheet1", "Sheet2", "Sheet3"}); err != nil {
    fmt.Println(err)
}
```

如果给定的工作表序列中不包含活动工作表，GroupSheets() 函数将返回错误 ErrGroupSheets，错误信息为 group worksheet must contain an active worksheet。

8.3.2 取消工作表分组

使用 Excelize 基础库提供的 UngroupSheets() 函数可以将工作簿中被分组的工作表取消组合，其函数签名为

```
func (f *File) UngroupSheets() error
```

调用该函数的效果等同于在 Excel 中使用鼠标右键点击工作表，在弹出的快捷菜单中选择"取消组合工作表"，如图 8-2 所示。

图 8-2 将工作簿中的工作表取消组合

8.4 工作表可见性

在一些情况下，我们需要使某些工作表中的数据不可见，但仍希望这些数据能够被其他工作表和工作簿所引用，这时可以对工作表的可见性进行设置，根据需要隐藏或取消隐藏工作表。本节将讨论如何使用 Excelize 设置并获取工作表可见性。

8.4.1 设置工作表可见性

使用 Excelize 基础库提供的 SetSheetVisible()函数可以设置工作表的可见性，其函数签名为

```
func (f *File) SetSheetVisible(sheet string, visible bool, veryHidden ...bool) error
```

该函数有 3 个参数，其中前两个参数分别为工作表名称和布尔型的可见性状态，第三个参数为可选参数，代表是否使用"非常隐藏"，该可选参数的默认值为 false，并且仅当第二个可见性状态参数为 false（即开启隐藏）时生效。需要注意的是，每个工作簿中至少包含一个可见工作表，如果给定的工作表为默认工作表，则对其设置可见性无效。

假设我们已经使用 Excelize 基础库创建或打开了某工作簿，得到了文档对象 f，该工作簿中包含两张分别名为 Sheet1 和 Sheet2 的工作表，当名为 Sheet2 的工作表不是活动工作表时，下面的代码将会把工作表 Sheet2 隐藏：

```
if err := f.SetSheetVisible("Sheet2", false); err != nil {
    fmt.Println(err)
}
```

当未指定"非常隐藏"选项时，使用 Excel 打开所生成的电子表格文档后使用鼠标右键点击工作表，然后点击弹出的快捷菜单中的"取消隐藏"命令将会取消被 Excelize 隐藏的工作表，恢复显示该工作表。当指定"非常隐藏"选项时，"取消隐藏"命令不可用，将无法取消被隐藏的工作表。例如，我们隐藏名为 Sheet2 的工作表，并将可见性状态设置为"非常隐藏"：

```
if err := f.SetSheetVisible("Sheet2", false, true); err != nil {
    fmt.Println(err)
}
```

假设我们希望取消隐藏名为 Sheet2 的工作表，则可以在调用 SetSheetVisible()函数时，指定第二个可见性状态 visible 参数的值为 true：

```
if err := f.SetSheetVisible("Sheet2", true); err != nil {
    fmt.Println(err)
}
```

8.4.2 获取工作表可见性

使用 Excelize 基础库提供的 GetSheetVisible()函数可以根据给定的工作表名称获取工作表可见性，其函数签名为

```
func (f *File) GetSheetVisible(sheet string) (bool, error)
```

GetSheetVisible()函数有两个返回值，第一个布尔型的返回值代表工作表的可见性，true 代表可

见，false 代表被隐藏；第二个返回值是 error 类型的异常。对于被隐藏的工作表，不论其是否为"非常隐藏"，可见性都将是 false。

8.5 工作表属性

工作表属性是存储于工作表中的一组元数据，这些属性的值将会影响工作表在电子表格应用中的呈现效果。本节将讨论如何使用 Excelize 设置和获取工作表属性。

8.5.1 设置工作表属性

使用 Excelize 基础库提供的 SetSheetProps()函数可以设置工作表属性，其函数签名为

```
func (f *File) SetSheetProps(sheet string, opts *SheetPropsOptions) error
```

我们需要通过指定*SheetPropsOptions 类型的选项设置工作表属性，Excelize 支持设置的工作表属性选项如表 8-1 所示。

表 8-1 Excelize 支持设置的工作表属性选项

属性	数据类型	描述
CodeName	*string	代码名
EnableFormatConditionsCalculation	*bool	指定是否开启自动计算条件格式，默认值为 true，表示开启
Published	*bool	指定工作表的发布状态是否为已发布，默认值为 true
AutoPageBreaks	*bool	指定工作表是否自动分页，默认值为 true
FitToPage	*bool	指定是否开启自适应页面打印，默认值为 false，表示关闭
TabColorIndexed	*int	指定工作表标签颜色，通过向后兼容的索引色值进行表示
TabColorRGB	*string	以十六进制颜色码表示的工作表标签颜色
TabColorTheme	*int	以从 0 开始的主题颜色索引表示的工作表标签颜色
TabColorTint	*float64	应用于工作表标签颜色的色调值，默认值为 0.0
OutlineSummaryBelow	*bool	指定分级显示方向，是否在明细数据的下方，默认值为 true
OutlineSummaryRight	*bool	指定分级显示方向，是否在明细数据的右侧，默认值为 true
BaseColWidth	*uint8	以字符数为单位表示的基本列宽度，默认值为 8
DefaultColWidth	*float64	包含边距和网格线的默认列宽度
DefaultRowHeight	*float64	以磅为单位表示的行高度
CustomHeight	*bool	指定是否应用自定义行高度，默认值为 false
ZeroHeight	*bool	指定是否默认隐藏行，默认值为 false
ThickTop	*bool	指定默认情况下行是否具有粗上边框，默认值为 false
ThickBottom	*bool	指定默认情况下行是否具有粗下边框，默认值为 false

假设我们已经使用 Excelize 基础库创建或打开了某工作簿，得到了文档对象 f，使用 SetSheetProps()函数设置名为 Sheet1 的工作表标签颜色为黑色，并设置默认列宽度为 5，编写如下代码：

```
black, width := "000000", 5.0
if err := f.SetSheetProps("Sheet1", &excelize.SheetPropsOptions{
```

```
    TabColorRGB:       &black,
    DefaultColWidth: &width,
}); err != nil {
    fmt.Println(err)
}
```

使用 Excel 打开生成的工作簿，如果一切顺利将会看到名为 Sheet1 的工作表的标签颜色和默认
列宽度已经如预期中那样设置成功了，如图 8-3 所示。

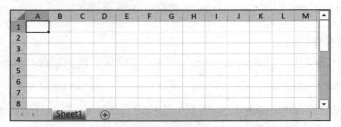

图 8-3　设置了标签颜色和默认列宽度的工作表

在这个例子中，我们通过十六进制颜色码来设置工作表标签颜色，除此之外，我们还可以通过
TabColorIndexed 或 TabColorTheme 来设置。TabColorIndexed 的取值范围是 0～65，代表 66 种预置的
颜色；而 TabColorTheme 则是通过引用工作簿主题颜色配色表中的颜色来设置工作表标签颜色的。
表 8-1 中的 TabColorTint 是作用于工作表标签颜色的色调设置参数，它的取值范围是−1.0～1.0。关于
每种颜色对应的索引和十六进制颜色码的对照关系、如何引用主题颜色以及如何为颜色设置色调，
可参阅 11.1.7 节的详细介绍。

8.5.2　获取工作表属性

使用 Excelize 基础库提供的 GetSheetProps()函数可以根据给定的工作表名称获取工作表属性，
其函数签名为

```
func (f *File) GetSheetProps(sheet string) (SheetPropsOptions, error)
```

GetSheetProps()函数具有两个返回值，第一个 SheetPropsOptions 类型的返回值代表工作表属性，
其中各属性字段的含义与数据类型可参考表 8-1 中的说明；第二个返回值是 error 类型的异常。

8.6　工作表视图属性

当我们在工作表中与其他人协作时，每位协作者对工作表中数据的关注点或查看方式可能有所
不同。如果在工作表中直接对数据进行筛选或进行其他影响视图的设置，会导致协作者之间相互干
扰。在这种情况下，协作者可以通过创建各自的工作表视图，隔离查阅数据时对其他人的影响，从
而按照自己的偏好设置视图属性。例如，隐藏网格线、隐藏工作表中的公式等。本节将介绍 Excelize
中与工作表视图相关的 4 个函数。

8.6.1　设置工作表视图属性

工作表视图属性是存储在工作簿中的一组包含自定义网格线、标题、编辑栏、缩放比例、筛选

状态等视图的配置，使得用户可以通过多种视图查看工作表。我们可以使用 Excelize 基础库提供的 SetSheetView()函数设置工作表视图属性，其函数签名为

```
func (f *File) SetSheetView(sheet string, viewIndex int, opts *ViewOptions) error
```

通过给定的工作表名称、视图索引和*ViewOptions 类型的视图属性选项来设置工作表视图属性，Excelize 支持设置的工作表视图属性选项如表 8-2 所示。

表 8-2　Excelize 支持设置的工作表视图属性选项

属性	数据类型	描述
DefaultGridColor	*bool	指定是否使用默认网格线颜色，默认值为 true
RightToLeft	*bool	指定是否使用从右到左的显示模式，默认值为 false，所有视图的显示模式需保持一致
ShowFormulas	*bool	指定是否显示工作表中的公式，默认值为 false
ShowGridLines	*bool	指定工作表是否显示网格线，默认值为 true
ShowRowColHeaders	*bool	指定工作表是否显示标题行和标题列，默认值为 true
ShowRuler	*bool	指定是否在页面布局视图中显示标尺，默认值为 true
ShowZeros	*bool	指定是否显示单元格的零值，默认值为 true，否则零值将显示为空白
TopLeftCell	*string	指定左上角可见单元格的坐标
View	*string	指示工作表视图类型，枚举值为 normal、pageBreakPreview 和 pageLayout
ZoomScale	*float64	以百分比表示的当前视图显示窗口缩放比例，区间范围为 10～400，默认值为 100，表示 100%

工作表支持多个视图属性定义，如果工作表包含多个视图属性定义，打开工作簿时将会分别以每种视图打开单独的窗口。SetSheetView()函数的第二个参数 viewIndex 用于指定视图属性定义的索引，viewIndex 的值应小于工作表中视图属性定义的总数，当它的值为−1 时，代表为最后一个视图设置属性。

假设我们已经使用 Excelize 基础库创建或打开了某工作簿，得到了文档对象 f，工作簿中名为 Sheet1 的工作表已包含两个视图属性定义，我们分别修改这两个工作表视图属性定义。在第一个视图中关闭网格线，并设置缩放比例为 120%；在第二个视图中设置左上角可见单元格的坐标为 H60，设置两个视图均使用从右到左的显示模式，编写代码如下：

```
enable, disable, zoomScale := true, false, 120.0
topLeftCell := "H60"
if err := f.SetSheetView("Sheet1", 0, &excelize.ViewOptions{
    RightToLeft:    &enable, // 指定使用从右到左的显示模式
    ShowGridLines:  &disable, // 指定关闭显示工作表网格线
    ZoomScale:      &zoomScale, // 指定缩放比例为 120%
}); err != nil {
    fmt.Println(err)
}
if err := f.SetSheetView("Sheet1", -1, &excelize.ViewOptions{
    RightToLeft: &enable, // 指定使用从右到左的显示模式
    TopLeftCell: &topLeftCell, // 指定左上角可见单元格的坐标为 H60
}); err != nil {
```

```
    fmt.Println(err)
}
```

运行上述程序后，使用 Excel 打开生成的工作簿。如果一切顺利，Excel 将默认打开两个窗口，窗口中分别呈现两种视图下的同一工作表，工作表将会以我们预期中的视图属性设置进行显示，如图 8-4 所示。

图 8-4　不同视图属性设置下的工作表

8.6.2　获取工作表视图属性

使用 Excelize 基础库提供的 GetSheetView()函数可以根据给定的工作表名称和视图索引获取工作表视图属性，其函数签名为

```
func (f *File) GetSheetView(sheet string, viewIndex int) (ViewOptions, error)
```

该函数的第二个参数是 int 数据类型的视图索引，它的值应小于工作表中视图属性定义的总数，当它的值为-1 时，代表获取最后一个视图属性定义。该函数具有两个返回值，第一个 ViewOptions 类型的返回值代表工作表视图属性，其中各属性字段的含义与数据类型可参考表 8-2 中的说明；第二个返回值是 error 类型的异常。

8.6.3　设置窗格

在日常工作中我们可能会遇到有些工作表中的行列数据很多，在浏览工作表数据时随着左右滚动，行列标题被隐藏的情况。通过设置窗格我们可以冻结行、冻结列以及创建拆分窗格，使工作表中的某一区域在滚动时仍然保持可见，从而提升工作表中数据的可读性。SetPanes()是 Excelize 基础库中用于设置窗格的函数，其函数签名为

```
func (f *File) SetPanes(sheet string, panes *Panes) error
```

该函数的第一个参数是工作表名称，第二个参数是*Panes 数据类型的窗格选项，我们可以通过该类型的选项设置冻结窗格或者拆分窗格，其中支持设置的窗格选项如表 8-3 所示。

表 8-3　*Panes 数据类型支持设置的窗格选项

选项	数据类型	描述
ActivePane	string	必选项，用于定义活动窗格，4 项枚举值及其含义如下。 • bottomLeft：当冻结行或水平分割窗格时，窗格被分为上下两个区域，该枚举值用于指定底部区域为活动窗格；当拆分窗格（同时开启了水平和垂直分割窗格）时，该枚举值用于指定位于左下方的窗格为活动窗格。 • bottomRight：仅用于拆分窗格时指定底部右侧的窗格为活动窗格。

续表

选项	数据类型	描述
ActivePane	string	• topLeft：当冻结行或水平分割窗格时，窗格被分为上下两个区域，该枚举值用于指定顶部区域为活动窗格；当冻结列或垂直分割窗格时，窗格被分为左右两个区域，该枚举值用于指定左侧区域为活动窗格；当拆分窗格（同时开启了水平和垂直分割窗格）时，该枚举值用于指定位于左上方的窗格为活动窗格。 • topRight：当冻结列或垂直分割窗格时，窗格被分为左右两个区域，该枚举值用于指定右侧区域为活动窗格；当拆分窗格（同时开启了水平和垂直分割窗格）时，该枚举值用于指定位于右上方的窗格为活动窗格
Freeze	bool	可选项，用于指定是否开启冻结。在开启状态下，窗格被冻结但不会被分割为多个区域，分割条不可调节。可选值为 true 或 false，默认值为 false，代表关闭
Split	bool	可选项，用于指定是否开启拆分。在开启状态下，窗格被分割为多个区域但并不冻结，用户可以调整分割条。可选值为 true 或 false，默认值为 false，代表关闭
XSplit	int	可选项，冻结列时用于指定顶部冻结区域中可见列的数量；冻结窗格时用于设置水平分割点的位置
YSplit	int	可选项，冻结行时用于指定顶部冻结区域中可见行的数量；冻结窗格时用于设置垂直分割点的位置
TopLeftCell	string	必选项，当冻结行或水平分割窗格时，窗格被分为上下两个区域，该值用于指定底部区域中的可见单元格坐标位置；当冻结列或垂直分割窗格时，窗格被分为左右两个区域，该值用于指定右侧区域中的可见单元格坐标位置；当开启了拆分窗格，并且页面布局处于"从左到右"模式时，该选项用于设置右下方窗格中左上角可见单元格的坐标位置
Selection	[]Selection	必选项，用于被分割窗格区域的设置，每个窗格区域的设置对应数组序列中的一个选项元素，支持设置的选项详见表 8-4

当设置了冻结或分割窗格后，工作表中的数据将会被划分为左右、上下两个区域或者上、下、左、右 4 个区域。通过 Selection 类型的选项我们可以对这些窗格区域进行进一步设置，Selection 数据类型支持设置的窗格区域设置选项如表 8-4 所示。

表 8-4　Selection 数据类型支持设置的窗格区域设置选项

选项	数据类型	描述
SQRef	string	可选项，用于指定窗格中已选中单元格或单元格坐标范围，默认值为空
ActiveCell	string	可选项，用于设置窗格中已选中的活动单元格坐标，默认值为空
Pane	string	必选项，用于指定要设置的窗格，可选值为 bottomLeft、bottomRight、topLeft 或 topRight

接下来我们通过 4 个具体的示例进一步了解 SetPanes() 函数的使用方法。

例 1，如图 8-5 所示，假设在名为 Sheet1 的工作表中记录了某只股票在 2016 年 10 月～2021 年 10 月每个交易日的历史成交数据。

由于工作表中的数据较多，我们希望在滚动查看工作表中的数据时，首行单元格的内容保持固定，这时便可以编写如下代码来冻结首行单元格：

```
err := f.SetPanes("Sheet1", &excelize.Panes{
    Freeze:    true,
```

```
    YSplit:      1,
    TopLeftCell: "A200",
    ActivePane:  "bottomLeft",
})
```

根据表 8-3 中的说明，YSplit 选项的值用于指定顶部冻结区域中可见行的数量，代码中设置该选项的值为 1，表示冻结首行。TopLeftCell 选项的值用于设置底部区域中可见单元格的位置，该坐标的行一定要处于底部区域中，代码中设置该选项的值为 A200，表示打开工作表时默认将底部区域滚动至 A200 单元格。设置 ActivePane 选项的值为 bottomLeft，由于此时冻结行将窗格分为上下两个区域，所以设置指定底部区域为活动窗格。运行代码后在 Excel 中打开生成的工作簿，效果如图 8-6 所示。

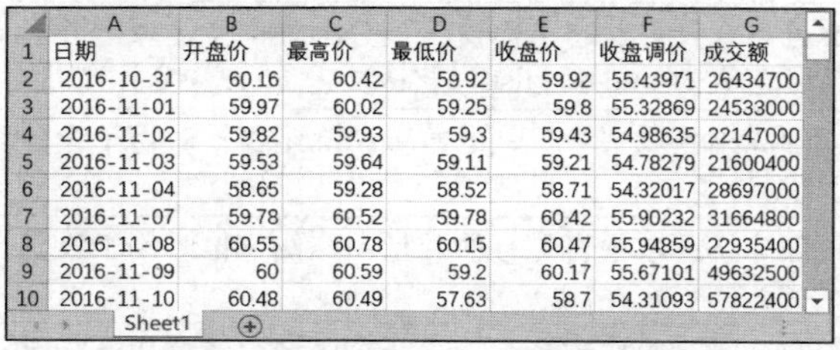

	A	B	C	D	E	F	G
1	日期	开盘价	最高价	最低价	收盘价	收盘调价	成交额
2	2016-10-31	60.16	60.42	59.92	59.92	55.43971	26434700
3	2016-11-01	59.97	60.02	59.25	59.8	55.32869	24533000
4	2016-11-02	59.82	59.93	59.3	59.43	54.98635	22147000
5	2016-11-03	59.53	59.64	59.11	59.21	54.78279	21600400
6	2016-11-04	58.65	59.28	58.52	58.71	54.32017	28697000
7	2016-11-07	59.78	60.52	59.78	60.42	55.90232	31664800
8	2016-11-08	60.55	60.78	60.15	60.47	55.94859	22935400
9	2016-11-09	60	60.59	59.2	60.17	55.67101	49632500
10	2016-11-10	60.48	60.49	57.63	58.7	54.31093	57822400

Sheet1

图 8-5 某只股票的部分历史成交数据

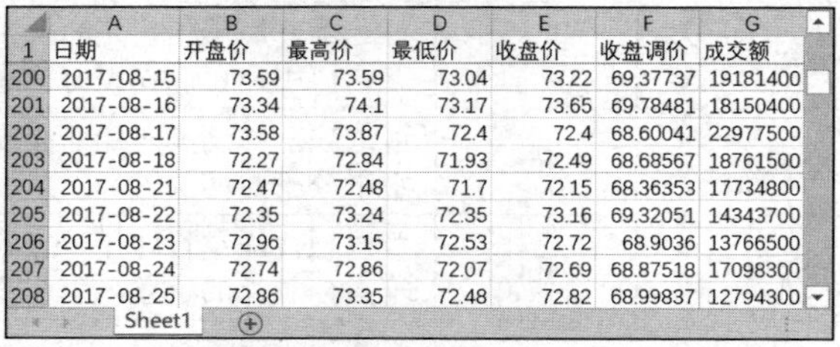

	A	B	C	D	E	F	G
1	日期	开盘价	最高价	最低价	收盘价	收盘调价	成交额
200	2017-08-15	73.59	73.59	73.04	73.22	69.37737	19181400
201	2017-08-16	73.34	74.1	73.17	73.65	69.78481	18150400
202	2017-08-17	73.58	73.87	72.4	72.4	68.60041	22977500
203	2017-08-18	72.27	72.84	71.93	72.49	68.68567	18761500
204	2017-08-21	72.47	72.48	71.7	72.15	68.36353	17734800
205	2017-08-22	72.35	73.24	72.35	73.16	69.32051	14343700
206	2017-08-23	72.96	73.15	72.53	72.72	68.9036	13766500
207	2017-08-24	72.74	72.86	72.07	72.69	68.87518	17098300
208	2017-08-25	72.86	73.35	72.48	72.82	68.99837	12794300

Sheet1

图 8-6 首行被冻结的工作表

例 2，例 1 中列的数量较多，我们希望横向滚动浏览工作表中的数据时，第一列保持固定，并希望右侧区域默认被选中的单元格坐标为 C5，那么可以编写如下代码，冻结首列单元格：

```
err := f.SetPanes("Sheet1", &excelize.Panes{
    Freeze:      true,
    XSplit:      1,
    TopLeftCell: "C5",
    ActivePane:  "topRight",
    Selection: []excelize.Selection{
        {SQRef: "C5", ActiveCell: "C5", Pane: "topRight"},
    },
})
```

代码中通过 Panes 选项为右侧非冻结区域设置活动单元格，保存代码后运行程序，重新打开生成的工作簿将会看到图 8-7 所示的冻结窗格。

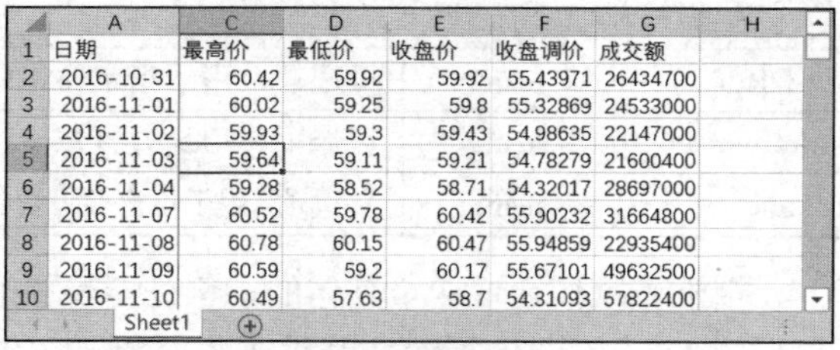

	A	C	D	E	F	G	H
1	日期	最高价	最低价	收盘价	收盘调价	成交额	
2	2016-10-31	60.42	59.92	59.92	55.43971	26434700	
3	2016-11-01	60.02	59.25	59.8	55.32869	24533000	
4	2016-11-02	59.93	59.3	59.43	54.98635	22147000	
5	2016-11-03	59.64	59.11	59.21	54.78279	21600400	
6	2016-11-04	59.28	58.52	58.71	54.32017	28697000	
7	2016-11-07	60.52	59.78	60.42	55.90232	31664800	
8	2016-11-08	60.78	60.15	60.47	55.94859	22935400	
9	2016-11-09	60.59	59.2	60.17	55.67101	49632500	
10	2016-11-10	60.49	57.63	58.7	54.31093	57822400	

Sheet1

图 8-7 首列被冻结的工作表

例 3，假设我们希望在工作表 Sheet1 中以 D6 单元格为基准创建拆分窗格，将工作表划分为 4 个独立区域，在每个区域中滚动查阅数据时其他区域不受影响，那么可以使用如下代码创建拆分窗格：

```
err := f.SetPanes("Sheet1", &excelize.Panes{
    Split:       true,
    XSplit:      3720,
    YSplit:      1665,
    TopLeftCell: "A1",
```

```
        ActivePane:  "bottomLeft",
        Selection: []excelize.Selection{
            {SQRef: "C1", ActiveCell: "C1", Pane: "bottomLeft"},
        },
    })
```

在创建拆分窗格的情况下，窗格选项中的 XSplit 和 YSplit 不再表示可见列、可见行的数量，而是代表窗格滚动的位置，通过选择合适的值将窗格的滚动位置调节为最佳大小。代码中使用 ActivePane 选项指定左下方窗格为默认的活动窗格，并通过 Panes 选项设置默认选中的活动单元格坐标为 C1，上述代码创建的拆分窗格如图 8-8 所示。

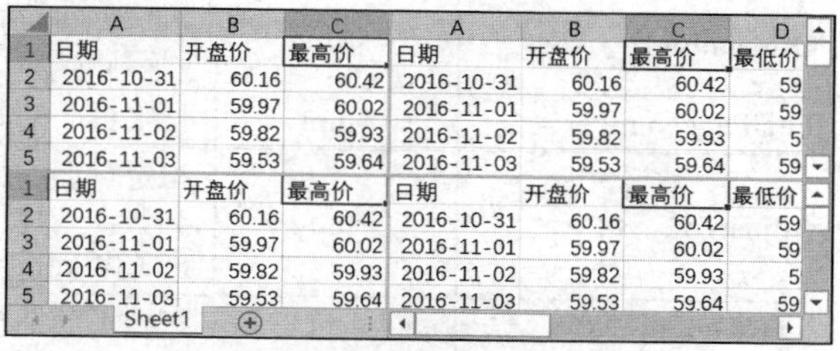

	A	B	C	A	B	C	D
1	日期	开盘价	最高价	日期	开盘价	最高价	最低价
2	2016-10-31	60.16	60.42	2016-10-31	60.16	60.42	59
3	2016-11-01	59.97	60.02	2016-11-01	59.97	60.02	59
4	2016-11-02	59.82	59.93	2016-11-02	59.82	59.93	5
5	2016-11-03	59.53	59.64	2016-11-03	59.53	59.64	59
1	日期	开盘价	最高价	日期	开盘价	最高价	最低价
2	2016-10-31	60.16	60.42	2016-10-31	60.16	60.42	59
3	2016-11-01	59.97	60.02	2016-11-01	59.97	60.02	59
4	2016-11-02	59.82	59.93	2016-11-02	59.82	59.93	5
5	2016-11-03	59.53	59.64	2016-11-03	59.53	59.64	59

Sheet1

图 8-8　带有拆分窗格的工作表

例 4，目前为止我们已经了解了如何使用 SetPanes()函数冻结窗格和拆分窗格，事实上该函数还支持解除工作表中的冻结窗格或拆分窗格。例如，你可以编写如下代码，在窗格选项中同时指定 Freeze 和 Split 选项为 false 来解除工作表 Sheet1 中的所有冻结窗格和拆分窗格：

```
err := f.SetPanes("Sheet1", &excelize.Panes{Freeze: false, Split: false})
```

8.6.4　获取窗格设置

使用 Excelize 基础库提供的 GetPanes()函数可以根据给定的工作表名称获取工作表最后一个视图属性定义中的窗格设置，其函数签名为

```
func (f *File) GetPanes(sheet string) (Panes, error)
```

该函数的两个返回值分别是 Panes 数据类型的窗格选项和 error 类型的异常。该函数除了可以用于获取窗格设置，还可以用于获取工作表中的活动单元格或者被选中的单元格区域。

8.7　工作表页面布局

在工作表制作完毕后，有时需要打印工作表，为了达到满意的打印效果，在打印之前还会对页面布局进行调整。本节将深入讨论 Excelize 中与工作表页面布局相关的系列函数。

8.7.1　设置工作表页面布局

工作表页面布局的设置项包括纸张大小设置、页边距设置、打印色彩设置等。使用 Excelize 基础库提供的 SetPageLayout()函数可以根据给定的工作表名称和页面布局参数来设置工作表的页面布局属性，其函数签名为

```
func (f *File) SetPageLayout(sheet string, opts *PageLayoutOptions) error
```

该函数的第一个参数是工作表名称，第二个参数是*PageLayoutOptions 类型的页面布局参数，Excelize 支持设置的工作表页面布局属性选项如表 8-5 所示。

表 8-5　Excelize 支持设置的工作表页面布局属性选项

属性	数据类型	描述
Size	*int	指定页面纸张大小，默认页面纸张大小为"信纸 8.5×11 英寸"（1 英寸=2.54 厘米），支持设置的纸张大小如表 8-6 所示
Orientation	*string	指定页面布局方向，默认页面布局方向为"纵向"，可选值为代表纵向的 portrait 和代表横向的 landscape
FirstPageNumber	*uint	指定页面起始页码，默认为"自动"
AdjustTo	*uint	指定页面缩放比例，取值范围为 10～400，代表缩放比例为 10%～400%，默认值为 100（正常大小）。需要注意的是，FitToHeight 或 FitToWidth 的设置会覆盖此属性的设置
FitToHeight	*int	指定页面缩放调整页宽，默认值为 1
FitToWidth	*int	指定页面缩放调整页高，默认值为 1
BlackAndWhite	*bool	指定是否开启单色打印，默认值为 false，表示关闭

　　在页面布局属性中，Size 选项的值是代表不同纸张大小的索引，可以通过设置适当的索引来选择打印时采用的纸张大小。表 8-6 列出了纸张索引与纸张大小的对照关系（其中索引为 1～68 的纸张类型在 OpenXML 标准中进行了定义）。

表 8-6　工作表页面布局支持设置的纸张大小

索引	纸张大小	索引	纸张大小
1	信纸　8.5 英寸×11 英寸	17	美式标准纸张　11 英寸×17 英寸
2	简式信纸　8.5 英寸×11 英寸	18	便签　8.5 英寸×11 英寸
3	卡片　11 英寸×17 英寸	19	信封#9　3.875 英寸×8.875 英寸
4	账单　17 英寸×11 英寸	20	信封#10　4.125 英寸×9.5 英寸
5	律师公文纸　8.5 英寸×14 英寸	21	信封#11　4.5 英寸×10375 英寸
6	报告单　5.5 英寸×8.5 英寸	22	信封#12　4.75 英寸×11 英寸
7	行政公文纸　7.5 英寸×10.5 英寸	23	信封#14　5 英寸×115 英寸
8	A3　297 毫米×420 毫米	24	C paper　17 英寸×22 英寸
9	A4　210 毫米×297 毫米	25	D paper　22 英寸×34 英寸
10	A4　（小）210 毫米×297 毫米	26	E paper　34 英寸×44 英寸
11	A5　148 毫米×210 毫米	27	信封 DL　110 毫米×220 毫米
12	B4　250 毫米×353 毫米	28	信封 C5　162 毫米×229 毫米
13	B5　176 毫米×250 毫米	29	信封 C3　324 毫米×458 毫米
14	对开本　8.5 英寸×13 英寸	30	信封 C4　229 毫米×324 毫米
15	美式 Quarto 纸张　215 毫米×275 毫米	31	信封 C6　114 毫米×162 毫米
16	美式标准纸张　10 英寸×14 英寸	32	信封 C65　114 毫米×229 毫米

续表

索引	纸张大小	索引	纸张大小
33	信封 B4　250 毫米×353 毫米	64	A5 特大　174 毫米×235 毫米
34	信封 B5　176 毫米×250 毫米	65	ISO B5 特大　201 毫米×276 毫米
35	信封 B6　176 毫米×125 毫米	66	A2　420 毫米×594 毫米
36	信封 Italy　110 毫米×230 毫米	67	A3 横向旋转　297 毫米×420 毫米
37	君主式信封　3.88 英寸×75 英寸	68	A3 特大横向旋转　322 毫米×445 毫米
38	6¾信封　3.625 英寸×65 英寸	69	双层日式明信片　200 毫米×148 毫米
39	美国标准 fanfold　14.875 英寸×11 英寸	70	A6　105 毫米×148 毫米
40	德国标准 fanfold　8.5 英寸×12 英寸	71	日式信封 Kaku#2
41	德国法律专用纸 fanfold　8.5 英寸×13 英寸	72	日式信封 Kaku#3
42	ISO B4　250 毫米×353 毫米	73	日式信封 Chou#3
43	日式明信片　100 毫米×148 毫米	74	日式信封 Chou#4
44	Standard paper　9 英寸×11 英寸	75	信纸横向旋转　11 英寸×8.5 英寸
45	Standard paper　10 英寸×11 英寸	76	A3 横向旋转　420 毫米×297 毫米
46	Standard paper　15 英寸×11 英寸	77	A4 横向旋转　297 毫米×210 毫米
47	邀请信　220 毫米×220 毫米	78	A5 横向旋转　210 毫米×148 毫米
50	信纸加大　9.275 英寸×12 英寸	79	B4（JIS）横向旋转　364 毫米×257 毫米
51	特大法律专用纸　9.275 英寸×15 英寸	80	B5（JIS）横向旋转　257 毫米×182 毫米
52	Tabloid extra paper　11.69 英寸×18 英寸	81	日式明信片横向旋转　148 毫米×100 毫米
53	A4 特大　236 毫米×322 毫米	82	双层日式明信片横向旋转　148 毫米×200 毫米
54	信纸横向旋转　8.275 英寸×11 英寸	83	A6 横向旋转　148 毫米×105 毫米
55	A4 横向旋转　210 毫米×297 毫米	84	日式信封 Kaku #2 横向旋转
56	信纸特大横向旋转　9.275 英寸×12 英寸	85	日式信封 Kaku #3 横向旋转
57	SuperA/SuperA/A4 paper　227 毫米×356 毫米	86	日式信封 Chou #3 横向旋转
58	SuperB/SuperB/A3 paper　305 毫米×487 毫米	87	日式信封 Chou #4 横向旋转
59	信纸加大　8.5 英寸×1269 英寸	88	B6（JIS）　128 毫米×182 毫米
60	A4 加大　210 毫米×330 毫米	89	B6（JIS）横向旋转　182 毫米×128 毫米
61	A5 横向旋转　148 毫米×210 毫米	90	12 英寸×11 英寸
62	JIS B5 横向旋转　182 毫米×257 毫米	91	日式信封 You#4
63	A3 特大　322 毫米×445 毫米	92	日式信封 You#4 横向旋转

索引	纸张大小	索引	纸张大小
93	中式 16 开　146 毫米×215 毫米	106	中式 16 开横向旋转
94	中式 32 开　97 毫米×151 毫米	107	中式 32 开横向旋转
95	中式大 32 开　97 毫米×151 毫米	108	中式大 32 开横向旋转
96	中式信封#1　102 毫米×165 毫米	109	中式信封#1 横向旋转　165 毫米×102 毫米
97	中式信封#2　102 毫米×176 毫米	110	中式信封#2 横向旋转　176 毫米×102 毫米
98	中式信封#3　125 毫米×176 毫米	111	中式信封#3 横向旋转　176 毫米×125 毫米
99	中式信封#4　110 毫米×208 毫米	112	中式信封#4 横向旋转　208 毫米×110 毫米
100	中式信封#5　110 毫米×220 毫米	113	中式信封#5 横向旋转　220 毫米×110 毫米
101	中式信封#6　120 毫米×230 毫米	114	中式信封#6 横向旋转　230 毫米×120 毫米
102	中式信封#7　160 毫米×230 毫米	115	中式信封#7 横向旋转　230 毫米×160 毫米
103	中式信封#8　120 毫米×309 毫米	116	中式信封#8 横向旋转　309 毫米×120 毫米
104	中式信封#9　229 毫米×324 毫米	117	中式信封#9 横向旋转　324 毫米×229 毫米
105	中式信封#10　324 毫米×458 毫米	118	中式信封#10 横向旋转　458 毫米×324 毫米

例如，将名为 Sheet1 的工作表页面布局设置为单色打印、起始页码为 2、纸张方向设置为横向、使用 B5 176 毫米×250 毫米的纸张，并调整为 2 页宽、2 页高。假设我们已经使用 Excelize 基础库创建或打开了该工作簿，得到了文档对象 f，那么编写如下代码进行页面布局设置：

```
var (
    size                 = 13
    orientation          = "landscape"
    firstPageNumber uint = 2
    adjustTo        uint = 100
    fitToHeight          = 2
    fitToWidth           = 2
    blackAndWhite        = true
)
if err := f.SetPageLayout("Sheet1", &excelize.PageLayoutOptions{
    Size:            &size,
    Orientation:     &orientation,
    FirstPageNumber: &firstPageNumber,
    AdjustTo:        &adjustTo,
    FitToHeight:     &fitToHeight,
    FitToWidth:      &fitToWidth,
    BlackAndWhite:   &blackAndWhite,
}); err != nil {
    fmt.Println(err)
}
```

保存代码后在命令行界面中运行程序，使用 Excel 打开生成的工作簿，通过“页面布局”菜单打开“页面设置”对话框，可以看到图 8-9 所示的页面布局的设置界面。如果一切顺利，各项设置已如我们所预期的那样设置完成。

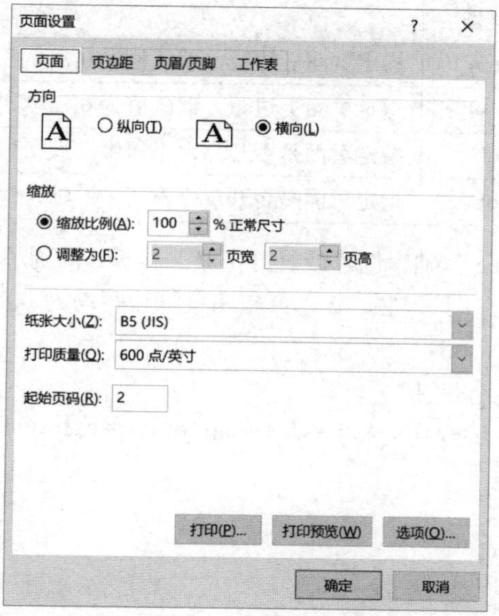

图 8-9 在 Excel 中查看工作表页面布局设置结果

8.7.2 获取工作表页面布局

使用 Excelize 基础库提供的 GetPageLayout()函数获取指定工作表的页面布局属性，其函数签名为

```
func (f *File) GetPageLayout(sheet string) (PageLayoutOptions, error)
```

该函数具有两个返回值，第一个 PageLayoutOptions 类型的返回值代表工作表的页面布局，其中各属性字段的含义与数据类型可参考表 8-5 中的说明；第二个返回值是 error 类型的异常。

8.7.3 设置工作表页边距

为了能够获得更好的打印效果，在打印工作表之前可以对页边距进行设置。使用 Excelize 基础库提供的 SetPageMargins()函数便可实现对工作表页边距的调节，其函数签名为

```
func (f *File) SetPageMargins(sheet string, opts *PageLayoutMarginsOptions) error
```

该函数的第一个参数是要调整页边距的工作表名称，第二个参数为*PageLayoutMarginsOptions 类型的页边距选项，Excelize 支持设置的工作表页边距属性选项如表 8-7 所示。

表 8-7 Excelize 支持设置的工作表页边距属性选项

属性	数据类型	描述
Bottom	*float64	指定页面下边距，默认值为 0.75 英寸
Footer	*float64	指定页脚边距，默认值为 0.3 英寸
Header	*float64	指定页眉边距，默认值为 0.3 英寸
Left	*float64	指定页面左边距，默认值为 0.75 英寸

续表

属性	数据类型	描述
Right	*float64	指定页面右边距，默认值为 0.7 英寸
Top	*float64	指定页面上边距，默认值为 0.75 英寸
Horizontally	*bool	指定页面是否开启水平居中，默认值为 nil，代表关闭
Vertically	*bool	指定页面是否开启垂直居中，默认值为 nil，代表关闭

假设我们已经使用 Excelize 基础库创建或打开了某工作簿，得到了文档对象 f，接着编写如下代码设置工作表 Sheet1 的页面的上、下、左、右、页眉和页脚边距均为 0.8 英寸，并开启水平和垂直方向居中：

```
enable, margin := true, 0.8
err := f.SetPageMargins("Sheet1", &excelize.PageLayoutMarginsOptions{
    Bottom:       &margin,
    Footer:       &margin,
    Header:       &margin,
    Left:         &margin,
    Right:        &margin,
    Top:          &margin,
    Horizontally: &enable,
    Vertically:   &enable,
})
```

保存代码并运行程序，接着使用 Excel 打开生成的工作簿，通过"页面布局"菜单打开"页面设置"对话框，在"页边距"选项卡将会看到图 8-10 所示的页边距设置。

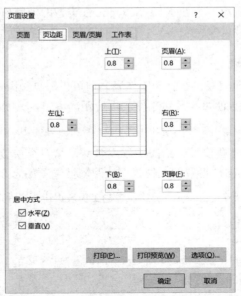

图 8-10　在 Excel 中查看工作表页边距设置结果

8.7.4 获取工作表页边距

使用 Excelize 基础库提供的 GetPageMargins()函数获取指定工作表的页边距设置，其函数签名为

```
func (f *File) GetPageMargins(sheet string) (PageLayoutMarginsOptions, error)
```

该函数具有两个返回值，第一个 PageLayoutMarginsOptions 类型的返回值代表工作表的页边距设置，其中各属性字段的含义与数据类型可参考表 8-7 中的说明；第二个返回值是 error 类型的异常。

8.7.5 插入分页符

分页符是将工作表拆分为单独页面来进行打印的分隔线。通常情况下电子表格应用会根据纸张大小、页边距、缩放等设置自动进行分页。如果自动分页的效果不佳，需要按照确切的页码分页打印工作表，则可以在打印工作表之前手动设置工作表中的分页符。Excelize 基础库提供了 InsertPageBreak()函数用于插入分页符，其函数签名为

```
func (f *File) InsertPageBreak(sheet, cell string) error
```

该函数根据给定的工作表名称和单元格坐标插入分页符。例如，假设你要将一份咖啡销量统计表中的数据进行打印，在打印之前在 Excel 中点击状态栏中的"分页预览"图标凹进入分页预览模式，如图 8-11 所示。

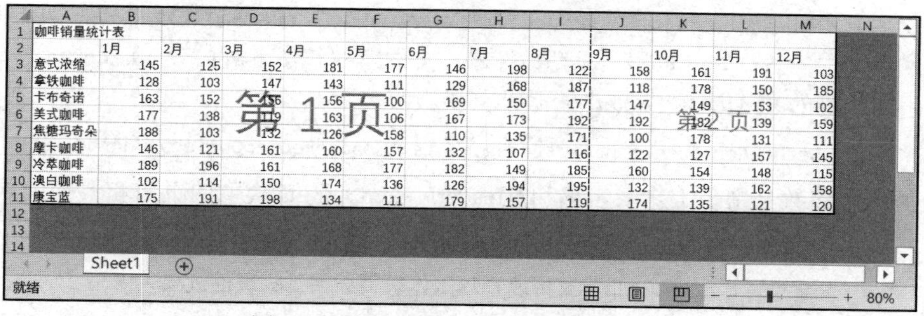

图 8-11　在分页预览模式中查看分页符

在该工作表的页面布局设置中，纸张类型为 A4，根据纸张类型和数据内容，Excel 默认使用自动分页方式打印，图 8-11 中位于 I 和 J 列之间的纵向虚线即自动分页符，该分页符将工作表 Sheet1 中的数据分为两页进行打印，第一页包括 1 月～8 月的咖啡销量数据，9 月～12 月的销量数据在第 2 页中。假设你希望每页分别包含半年的销量数据，那么可以编写如下代码，使用 Excelize 基础库在名为 Sheet1 的工作表的 H1 单元格插入分页符，使得工作表中的 A1:G11 范围内的单元格数据占据第 1 页：

```
err := f.InsertPageBreak("Sheet1", "H1")
```

运行程序后使用 Excel 打开生成的工作簿，在分页预览模式下可以看到插入的手动分页符已经将咖啡销量数据按照 6 个月一页的方式进行了分页。分页预览模式中位于 G 和 H 列之间的纵向实线代表手动分页符，如图 8-12 所示。

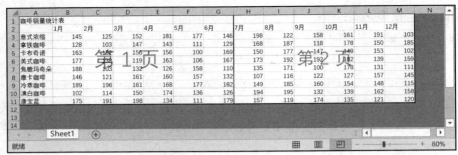

图 8-12　在分页预览模式中查看手动分页符

8.7.6　删除分页符

使用 Excelize 基础库提供的 RemovePageBreak() 函数可以根据给定的工作表名称和单元格坐标删除分页符，其函数签名为

```
func (f *File) RemovePageBreak(sheet, cell string) error
```

例如，你可以编写如下代码，删除名为 Sheet1 的工作表中 H1 单元格的分页符：

```
err := f.RemovePageBreak("Sheet1", "H1")
```

8.7.7　设置页眉和页脚

页眉和页脚是打印工作表时位于每个页面顶部和底部的区域，用于表示一些附加的信息。用户可以在页眉或页脚中插入文本、页码、日期、标题、文件名称和作者等内容。Excelize 基础库提供了用于设置页眉和页脚的 SetHeaderFooter() 函数，其函数签名为

```
func (f *File) SetHeaderFooter(sheet string, opts *HeaderFooterOptions) error
```

该函数的两个参数分别是工作表名称和 *HeaderFooterOptions 类型的页眉和页脚选项，Excelize 支持设置的工作表页眉和页脚属性选项如表 8-8 所示。

表 8-8　Excelize 支持设置的工作表页眉和页脚属性选项

属性	数据类型	描述
AlignWithMargins	*bool	指定页眉和页脚边距是否与页边距对齐
DifferentOddEven	bool	设置页眉和页脚奇偶页不同
DifferentFirst	bool	设置页眉和页脚首页不同
ScaleWithDoc	*bool	指定页眉和页脚是否随文档一起缩放
OddHeader	string	奇数页页眉控制字符串，当 DifferentOddEven 的值为 false 时，用于设定第一页页眉
OddFooter	string	奇数页页脚控制字符串，当 DifferentOddEven 的值为 false 时，用于设定第一页页脚
EvenHeader	string	偶数页页眉控制字符串
EvenFooter	string	偶数页页脚控制字符串
FirstHeader	string	首页页眉控制字符串
FirstFooter	string	首页页脚控制字符串

　　页眉和页脚中文字的内容和样式是通过控制字符串来表示的，页眉和页脚控制字符串是一个包含格式代码和文本的字符串，表 8-9 列出了可用于 OddHeader、OddFooter、EvenHeader、EvenFooter、FirstFooter 和 FirstHeader 等控制字符串中的格式代码。

表 8-9　页眉和页脚控制字符串中的格式代码

格式代码	描述
&&	用于表示字符"&"。例如控制字符串"A&&B"表示内容"A&B"
&font-size	用于指定文本字体的大小，采用以磅为单位的十进制值表示字体大小。例如控制字符串"&20X"表示设置文本"X"的字号为 20 磅
&"字体名称,字体类型"	用于指定字体名称和字体类型。例如控制字符串"&"楷体,常规"你好"表示设置文本"你好"的字体为常规楷体
&"-,Regular"	用于指定使用常规文本格式，关闭粗体和斜体模式
&A	用于表示当前工作表名称。例如在名为 Sheet1 的工作表中使用页眉和页脚控制字符串"来自&A 中的数据"，将显示为"来自 Sheet1 中的数据"
&B 或&"-,Bold"	用于打开或关闭粗体模式，首次声明代表使用粗体文本，再次声明代表禁用粗体文本，默认为关闭。 例 1：控制字符串"&BAB"表示设置文本"AB"的字体为粗体。 例 2：控制字符串"&BA&BB"表示仅设置文本"A"的字体为粗体
&D	用于表示当前日期。日期的显示格式与打开文档时操作系统的时区、语言和日历设置有关。有关系统日期格式的内容，我们将在 11.1.6 节详细讨论
&C	在电子表格应用的"页面布局"模式中，页眉和页脚分为左、中、右 3 个部分，该格式代码用于指定中间部分的页眉和页脚
&E	用于对文本设置双下画线样式，默认为关闭
&F	用于表示当前工作簿文件名称。例如在名为 Book1.xlsx 的工作簿中使用页眉和页脚控制字符串"来自&F 中的数据"，将显示为"来自 Book1.xlsx 中的数据"
&G	用于在页眉和页脚中添加图片。注：Excelize 基础库的 2.8.1 版本尚未支持该格式代码
&H	用于设置文本阴影样式。例如控制字符串"&HX"表示为文本"H"设置阴影样式
&I 或&"-,Italic"	用于打开或关闭斜体模式，首次声明代表使用斜体文本，再次声明代表禁用斜体文本。 例 1：控制字符串"&IAB"表示将文本"AB"设置为斜体。 例 2：控制字符串"&IA&IB"表示仅将文本"A"设置为斜体
&K	用于设置文本颜色，支持使用十六进制颜色码或主题颜色表示。当使用主题颜色时，需遵循格式 TTSNNN，其中 TT 代表主题颜色 ID，S 的可选值为字符"+"或"-"，S 代表在主题颜色的基础上应用色调或阴影，NNN 表示应用于主题颜色的色调或阴影值。 例 1：控制字符串"&K0000FFX"表示设置文本"X"的颜色为纯蓝色（十六进制颜色码为 0000FF）。 例 2：控制字符串"&K01+000X"表示设置文本"X"的颜色使用 ID 为 01 的主题颜色，并添加值为 000 的色调和阴影
&L	在电子表格应用的"页面布局"模式中，页眉和页脚分为左、中、右 3 个部分，该格式代码用于指定左侧部分的页眉和页脚
&N	用于表示打印的总页数。例如在一份累计 12 页的工作表的页眉和页脚中使用控制字符串"共&N 页"，将会显示为"共 12 页"

续表

格式代码	描述
&O	用于设置大纲文本格式
&P[[+|-]n]	&P 字符后的页码偏移后缀是可选的，如果未设置该后缀，则代表以 10 进制表示的当前页码；如果设置了后缀，则在原本的页码上增加或减少相应的 10 进制页数。 例 1：使用控制字符串 "第&P 页" 表示每一页的页码。 例 2：使用控制字符串 "第&P+2 页"，将会为每页的页码数加上 2，首页为 "第 3 页"。 例 3：使用控制字符串 "第&P-5 页"，将会为每页的页码数减去 5，首页为 "第-4 页"
&R	在电子表格应用的 "页面布局" 模式中，页眉和页脚分为左、中、右 3 个部分，该格式代码用于指定右侧部分的页眉和页脚
&S	用于对文本设置删除线样式
&T	用于表示当前时间，时间的显示格式与打开文档时操作系统的时区、语言和日历设置有关。有关系统时间格式的内容，我们将在 11.1.6 节详细讨论
&U	用于对文本设置单下画线样式，默认为关闭
&X	用于为文本设置上标格式。例如控制字符串 "商标&XTM" 表示将文本 "TM" 设置为上标格式，将显示为 "商标 ™"
&Y	用于为文本设置下标格式
&Z	用于表示当前工作簿文件的路径。例如 Windows 操作系统中，在存储到桌面上的某工作簿中使用页眉和页脚控制字符串 "来自目录&Z"，将显示为 "来自目录 C:\Users\Admin\Desktop\"

组合使用上述格式代码编写控制字符串，借助 SetHeaderFooter() 函数便可以为工作表设置页眉和页脚。例如，你可以编写如下代码，在名为 Sheet1 的工作表中设置页眉和页脚：

```
err := f.SetHeaderFooter("Sheet1", &excelize.HeaderFooterOptions{
    DifferentOddEven: true,
    DifferentFirst:   true,
    OddHeader:        "&R&P",
    OddFooter:        "&C&F",
    EvenHeader:       "&L&P",
    EvenFooter:       "&L&D&R&T",
    FirstHeader:      "&C&B 数据报表\n&B&D",
})
```

例子中创建的页眉和页脚包含如下 8 项内容：

- 奇数和偶数页具有不同的页眉和页脚；
- 页眉和页脚选项中的 FirstHeader 属性声明首页有自己的页眉；
- 奇数页页眉右侧部分为当前页码；
- 奇数页页脚中心部分为当前工作簿文件名称；
- 偶数页页眉左侧部分为当前页码；
- 偶数页页脚左侧部分为当前日期，偶数页页脚右侧部分为当前时间；
- 首页中心部分的第一行上的文本为粗体模式的 "数据报表"，第二行为日期；
- 首页上没有页脚。

使用 Excel 打开生成的工作簿，在"页面布局"模式下可以看到使用 Excelize 为工作表 Sheet1 设置的页眉和页脚如图 8-13 所示。

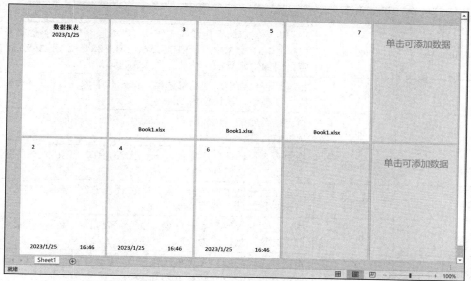

图 8-13 在"页面布局"模式下查看页眉和页脚

8.7.8 获取页眉和页脚

使用 Excelize 基础库提供的 GetHeaderFooter() 函数获取指定工作表的页眉和页脚，其函数签名为

```
func (f *File) GetHeaderFooter(sheet string) (*HeaderFooterOptions, error)
```

该函数具有两个返回值，第一个 *HeaderFooterOptions 类型的返回值代表工作表的页眉和页脚选项，其中各属性字段的含义与数据类型可参考表 8-8 中的说明；第二个返回值是 error 类型的异常。

8.8 保护工作表

如果我们希望仅允许其他人修改工作表中特定范围内的单元格，而不允许修改其他部分的内容，可以通过设置工作表保护来实现此目的。本节将介绍 Excelize 中用于设置和取消保护工作表的两项函数。

8.8.1 设置保护工作表

如果要防止其他用户意外或有意更改、移动或删除工作表中的数据，可以通过设置密码对工作表中的特定部分进行保护。需要注意的是，与文件加密不同，这不是一项安全性相关的功能，仅能阻止用户对锁定单元格的修改。锁定单元格是一种单元格格式，有关锁定单元格的设置，我们将在 11.1.5 节进行详细的讨论。使用 ProtectSheet() 函数对工作表进行保护，其函数签名为

```
func (f *File) ProtectSheet(sheet string, opts *SheetProtectionOptions) error
```

该函数的第一个参数是被保护的工作表名称，第二个参数为 *SheetProtectionOptions 类型的保护

工作表属性选项，Excelize 支持设置的保护工作表属性选项如表 8-10 所示。

表 8-10 Excelize 支持设置的保护工作表属性选项

属性	数据类型	描述
AlgorithmName	string	指定存储密码时采用的哈希算法，为可选参数，支持的算法有 XOR、MD4、MD5、SHA-1、SHA-256、SHA-384 或 SHA-512。如果未指定采用的哈希算法，默认使用 XOR 算法
AutoFilter	bool	指定是否允许用户使用筛选器，true 代表允许，false 代表不允许，为可选参数，默认值为 false
DeleteColumns	bool	指定是否允许用户删除列，true 代表允许，false 代表不允许，为可选参数，默认值为 false
DeleteRows	bool	指定是否允许用户删除行，true 代表允许，false 代表不允许，为可选参数，默认值为 false
EditObjects	bool	指定是否允许用户编辑对象，true 代表允许，false 代表不允许，为可选参数，默认值为 false
EditScenarios	bool	指定是否允许用户编辑方案，true 代表允许，false 代表不允许，为可选参数，默认值为 false
FormatCells	bool	指定是否允许用户设置单元格格式，true 代表允许，false 代表不允许，为可选参数，默认值为 false
FormatColumns	bool	指定是否允许用户设置列格式，true 代表允许，false 代表不允许，为可选参数，默认值为 false
FormatRows	bool	指定是否允许用户设置行格式，true 代表允许，false 代表不允许，为可选参数，默认值为 false
InsertColumns	bool	指定是否允许用户插入列，true 代表允许，false 代表不允许，为可选参数，默认值为 false
InsertHyperlinks	bool	指定是否允许用户插入超链接，true 代表允许，false 代表不允许，为可选参数，默认值为 false
InsertRows	bool	指定是否允许用户插入行，true 代表允许，false 代表不允许，为可选参数，默认值为 false
Password	string	指定密码，为可选参数，默认值为空
PivotTables	bool	指定是否允许用户使用数据透视表和数据透视图，true 代表允许，false 代表不允许，为可选参数，默认值为 false
SelectLockedCells	bool	指定是否允许用户选择锁定的单元格，true 代表允许，false 代表不允许，为可选参数，默认值为 false
SelectUnlockedCells	bool	指定是否允许用户选择未锁定的单元格，true 代表允许，false 代表不允许，为可选参数，默认值为 false
Sort	bool	指定是否允许用户使用排序功能，true 代表允许，false 代表不允许，为可选参数，默认值为 false

假设我们已经使用 Excelize 基础库创建或打开了某工作簿，得到了文档对象 f，接着编写如下代码，保护名为 Sheet1 的工作表，为其设置密码保护，密码为 password，同时允许用户选择锁定和未

锁定的单元格、编辑方案:

```
err := f.ProtectSheet("Sheet1", &excelize.SheetProtectionOptions{
    Password:            "password",
    SelectLockedCells:   true,
    SelectUnlockedCells: true,
    EditScenarios:       true,
})
```

以上代码相当于在 Excel 中,通过"审阅"菜单的"保护工作表"对话框进行图 8-14 所示的设置。

图 8-14　在 Excel 中设置保护工作表

保存代码后运行程序,使用 Excel 打开生成的工作簿,Sheet1 工作表上的单元格仅可被选中,但无法更改其内容,如果需要解除对其的保护,我们将在 8.8.2 节学习如何使用 Excelize 取消保护工作表。

8.8.2　取消保护工作表

对于已被保护的工作表,使用 Excelize 基础库提供的 UnprotectSheet()函数可取消保护,其函数签名为

```
func (f *File) UnprotectSheet(sheet string, password ...string) error
```

该函数的第一个形参代表要取消保护的工作表的名称,第二个形参为用于验证密码的可选参数,如果未指定该参数,即便工作表带有密码保护,依然会取消对其的保护;如果指定了验证密码参数,Excelize 将会验证给定的密码是否与保护工作表时所设置的相一致,通过给定的密码来取消对工作簿的保护,如果密码无法通过验证将会返回异常。

8.9　工作表已用区域

根据 OpenXML 标准,在每个工作表部件中,可选 XML 元素<dimension>用于表示当前工作表的已用区域的单元格范围。已用区域的单元格包括具有公式、文本内容和格式的单元格。通常对于使用电子表格应用创建的工作簿,在保存工作簿时会默认将每个工作表已经使用的范围记录在该元

素中，这样再次打开或使用其他应用程序打开该工作簿时，无须读取全部单元格的数据便可以根据该元素的值得知工作表的总行数和总列数。但需要注意，由于该元素为可选元素，元素的值是否能够准确表示工作表实际使用范围则取决于所使用的应用程序。

8.9.1　设置工作表已用区域

Excelize 基础库提供了用于设置或修改单工作表已用区域的 SetSheetDimension()函数，该函数能够根据给定的工作表名称和单元格坐标或单元格坐标区域设置或移除工作表的已用区域属性，其函数签名为

```
func (f *File) SetSheetDimension(sheet string, rangeRef string) error
```

当给定的单元格坐标区域为空字符时，将移除工作表的已用区域属性。你可以在完成对工作表的操作之后，使用该函数设置最终工作表中的已使用单元格范围，以便再次读取该工作表时能够再次使用该信息。例如，在使用 Excelize 基础库打开工作簿之后，你可以编写如下代码，将工作表 Sheet1 的已使用范围标记为 A1:D5：

```
err := f.SetSheetDimension("Sheet1", "A1:D5")
```

8.9.2　获取工作表已用区域

Excelize 基础库提供了用于获取工作表已用区域的单元格范围的 GetSheetDimension()函数，其函数签名为

```
func (f *File) GetSheetDimension(sheet string) (string, error)
```

例如，你可以编写如下代码，获取工作表 Sheet1 已用区域的单元格范围：

```
rangeRef, err := f.GetSheetDimension("Sheet1")
```

检查可能出现的异常，打印变量 rangeRef 的值，保存并运行程序。如果一切顺利，程序将会输出工作表 Sheet1 已用区域的单元格范围。

8.10　工作表背景

Excelize 提供了两个添加工作表背景的函数 SetSheetBackground()与 SetSheetBackgroundFromBytes()，这两个函数支持的图片格式类型为 BMP、EMF、EMZ、GIF、JPEG、JPG、PNG、SVG、TIF、TIFF、WMF 和 WMZ 等。SetSheetBackground()的函数签名为

```
func (f *File) SetSheetBackground(sheet, picture string) error
```

该函数的第一个形参为工作表名称，第二个形参为图片的路径。如果给定的工作表名称有误或使用了不被支持的图片格式，该函数将返回异常。

当用于工作表背景的图片并非来源于磁盘文件时，则可以使用 SetSheetBackgroundFromBytes()函数：

```
func (f *File) SetSheetBackgroundFromBytes(sheet, extension string, picture []byte) error
```

　　该函数的第一个形参同样为工作表名称，第二个形参用于声明工作表背景图片的格式，如 JPG、PNG 等，第三个形参是使用字节数组数据类型表示的图片数据。

　　添加工作表背景的函数也可以用于为工作表添加水印，将准备好的水印图片用作背景图片。例如，使用一张图 8-15 所示的名为 watermark.jpg 的文件作为水印图片，将其用作工作表 Sheet1 的背景水印。

图 8-15　带有字体旋转样式的水印图片

　　假设我们已经使用 Excelize 基础库创建或打开了某工作簿，得到了文档对象 f，接着编写如下代码：

```
if err := f.SetSheetBackground("Sheet1", "watermark.jpg"); err != nil {
    fmt.Println(err)
}
```

　　使用 Excel 打开生成的工作簿，可以看到通过添加工作表背景实现了平铺效果水印，如图 8-16 所示。

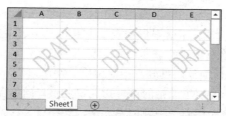

图 8-16　使用 Excelize 为工作表设置的水印

8.11　小结

　　工作表操作是处理电子表格文档时的常用操作之一，作为开发者，我们借助 Excelize 基础库提供的函数，通过 Go 语言轻松地对工作表进行管理，并对其名称、分组、可见性、属性、视图属性和页面布局等进行设置。使用本章介绍的这些工作表相关的处理函数，将会让管理工作表变得简单和高效，尤其是在应对大批量文档读写需求时，通过程序自动化地处理可以提高工作效率和工作产量。接下来第 9 章将继续介绍 Excelize 基础库的单元格操作系列函数。

第 9 章

单元格

作为构成工作表的最小单位，单元格承担了电子表格文档中基本数据的存储，数据的输入和修改经常在单元格中进行。此外，单元格还定义了呈现信息的类型，本章将详细讨论如何使用 Excelize 基础库对单元格进行处理。

首先我们来了解关于单元格引用的相关概念。1.4 节已经提到，工作表中的每个单元格都有一个参照位置，我们将这个参照位置称为单元格地址（Cell Address），也可称为单元格引用（Cell Reference）。引用的表示形式分为两种：A1 引用和 R1C1 引用。例如位于第 3 行第 2 列的单元格，使用 A1 引用形式表示为 B3，使用 R1C1 引用形式表示为 R3C2。Excelize 基础库的单元格系列函数中，默认使用 A1 引用形式对单元格引用进行表示。

按照种类对单元格引用进行划分，可分为相对引用、绝对引用和混合引用 3 类。

- 相对引用：使用相对于当前单元格的位置指向单元格，当包含相对引用的单元格被移动或复制时，引用将会被调整为指向一个新的单元格，其相对偏移量与最初引用的单元格相同。例如，A1 单元格的值为公式 "=B1"，该公式中的 B1 即使用了相对引用表示，当你将 A1 单元格的值复制至 A5 单元格时，A5 单元格的值将变为公式 "=B5"。
- 绝对引用：指向精确的单元格位置，当移动或者复制包含绝对引用公式的单元格时，引用不会改变。在 A1 引用形式下，绝对引用在行编号和列号前面有一个$符号。例如，A1 单元格的值为公式 "=$B$1"，该公式中的$B$1 即使用了绝对引用表示，当你将 A1 单元格的值复制到 A5 单元格时，A5 单元格的值仍然为公式 "=$B$1"。
- 混合引用：具有绝对行和相对列，或绝对列和相对行的单元格。例如，$A1 或者 A$1 即使用了混合引用表示。

9.1 单元格坐标处理

在编程过程中，有时我们需要将单元格坐标在 A1 引用与 R1C1 引用（行列编号）两种表示形式之间做转换；在 Excelize 基础库中，一些函数也要求给定的单元格坐标以 A1 形式表示。Excelize 已经为我们提供了用于在这两种表示形式之间转换的函数，不需要我们自己再编写转换函数，下面我们将讨论 4 种单元格坐标处理的方法。

9.1.1 行列编号转 A1 引用

使用 CoordinatesToCellName() 函数可将行列编号转换为由字母和数字组合而成的 A1 形式单元格坐标，或返回错误异常，其函数签名为

```
func CoordinatesToCellName(col, row int, abs ...bool) (string, error)
```

该函数的第一个参数是列编号，第二个参数是行编号，第三个参数是可选参数，表示是否使用绝对引用，默认值为 false，代表不使用绝对引用。例如，你可以编写如下代码，将位于第 26 列第 3 行单元格的坐标转换为字符串"Z3"：

```
cell, err := excelize.CoordinatesToCellName(26, 3)
```

或者编写如下代码，将位于第 26 列第 3 行单元格的坐标转换为使用绝对引用表示的单元格坐标字符串"$Z$3"：

```
cell, err := excelize.CoordinatesToCellName(26, 3, true)
```

当给定的行列编号超出工作表所能够容纳的最大范围时，CoordinatesToCellName() 函数将返回错误异常。

9.1.2 A1 引用转行列编号

使用 CellNameToCoordinates() 函数可将由字母和数字组合而成的 A1 形式单元格坐标转换为以 int 数据类型表示的单元格行列编号。该函数可视为 CoordinatesToCellName() 函数的逆向函数，其函数签名为

```
func CellNameToCoordinates(cell string) (int, int, error)
```

该函数的 3 个返回值按照顺序分别是列编号、行编号和错误异常。需要注意的是，行列编号与索引不同，它们的值是从 1 开始的。例如，你可以编写如下代码，将字符串"Z3"进行转换，得到列编号为 26，行编号为 3：

```
col, row, err := excelize.CellNameToCoordinates("Z3")
```

9.1.3 单元格坐标组合

在某些情况下，我们需要将由字母表示的列名称和以 int 数据类型表示的行编号组合成工作表的单元格坐标，这时可以使用 JoinCellName() 函数将二者组合成 A1 形式表示的单元格坐标，其函数签名为

```
func JoinCellName(col string, row int) (string, error)
```

例如，通过编写如下代码，将第 26 列的列名称 Z 和第 3 行的行编号 3 组合成单元格坐标"Z3"：

```
cell, err := excelize.JoinCellName("Z", 3)
```

9.1.4　单元格坐标切分

与 JoinCellName()函数的作用相反，SplitCellName()函数的作用是将 A1 形式表示的单元格坐标切分为两个部分，即以 string 数据类型表示的列名称和以 int 数据类型表示的行编号，其函数签名为

```
func SplitCellName(cell string) (string, int, error)
```

该函数的 3 个返回值依次是以字母表示的列名称、行编号和错误异常。例如，我们可以编写如下代码，将单元格坐标"Z3"切分为列名称"Z"和行编号"3"：

```
col, row, err := excelize.SplitCellName("Z3")
```

代码运行后变量 col 的值为"Z"，而变量 row 的值为"3"。本节介绍的 4 个单元格坐标处理函数覆盖了绝大多数单元格坐标转换场景，省去了开发者自行实现坐标处理的工作，简化了坐标处理的过程，避免了因单元格坐标越界或无效导致出现预期之外的异常情况。

9.2　单元格赋值

单元格赋值函数是十分常用的功能，本节将介绍 Excelize 提供的 7 个单元格赋值函数。

9.2.1　设置单元格的值

使用 Excelize 提供的 SetCellValue()函数设置单元格的值，其函数签名为

```
func (f *File) SetCellValue(sheet, cell string, value interface{}) error
```

该函数具有 3 个参数，第一个参数为工作表名称，第二个参数为单元格的坐标，第三个参数为接口类型的单元格的值，可以使用多种数据类型设置单元格的值，该函数所支持的单元格值的数据类型有 int、int8、int16、int32、int64、uint、uint8、uint16、uint32、uint64、float32、float64、string、[]byte、time.Duration、time.Time、bool 和 nil 等。该函数是并发安全的，这意味着你可以在不同的协程（Goroutine）中并发设置单元格的值。另外，在设置单元格的值时，需要注意以下 9 点。

- 当所设置的单元格的值为复数时，需要将其通过字符串数据类型表示进行赋值。
- 当使用 Go 语言的 time.Time 类型的值设置单元格时，Excelize 将自动为该单元格设置数字格式 m/d/yy h:mm，该默认格式可通过设置单元格格式的 SetCellStyle()函数进行更改。
- 若需要设置单元格的值为 Excel 中无法通过 Go 语言 time.Time 类型表示的 Excel 特殊日期，例如，对于 1900 年 1 月 0 日或 1900 年 2 月 29 日，需要先设置单元格的值为 0 或 60，再为其设置具有日期数字格式的样式。
- 当使用[]byte（字节数组）类型的值作为单元格的值时，Excelize 会自动将其类型转换为字符串类型。
- 对于文本类型单元格的值，Excelize 将其存储于工作簿共享字符串表中，以便具有相同值的单元格复用同一值，从而减小最终生成文档的体积。
- 对于不在单元格值数据类型支持列表中的数据类型，Excelize 将会以 Go 语言 fmt 标准库 Sprint 默认格式将其转换为文本作为单元格的值。
- 当设置的单元格值为 nil 时，将会清除指定单元格的内容和数据类型，但依然会保留单元格

原有的格式。

- 对于数值类型的单元格,当数值的长度过长无法完整显示其内容时,所生成的工作簿在电子表格应用中打开后,将会以一连串#表示,例如"######",如果想要避免出现这种情况,可参阅 10.6.3 节介绍的 SetColWidth()函数,将列的宽度调节至合适的大小。
- 对于开发者自定义的 Go 语言基本数据类型的别名类型,在使用 SetCellValue()函数前需要自行将其类型转换为该函数所支持的 Go 语言基本数据类型。

下面我们通过 5 个具体的案例来熟悉 SetCellValue()函数的使用:

例 1,为工作表 Sheet1 中的 A1 单元格设置布尔型的值 true:

```
err := f.SetCellValue("Sheet1", "A1", true)
```

例 2,为工作表 Sheet1 中的 A2 单元格设置复数 7+3i:

```
err := f.SetCellValue("Sheet1", "A2", "7+3i")
```

例 3,为工作表 Sheet1 中的 A3 单元格设置时间 2023 年 2 月 21 日 1 时 10 分 30 秒:

```
cellValue := time.Date(2023, time.Month(2), 21, 1, 10, 30, 0, time.UTC)
err := f.SetCellValue("Sheet1", "A3", cellValue)
```

例 4,为工作表 Sheet1 中的 A4 单元格设置 Excel 中的特殊日期 1900 年 1 月 0 日,并为单元格设置自定义数字格式 yyyy/mm/dd;@,使其在 Excel 中显示为 1900/01/00:

```
fmtCode := "yyyy/mm/dd;@"
styleID, err := f.NewStyle(&excelize.Style{CustomNumFmt: &fmtCode})
if err != nil {
    fmt.Println(err)
}
if err := f.SetCellValue("Sheet1", "A4", 0); err != nil {
    fmt.Println(err)
}
if err := f.SetCellStyle("Sheet1", "A4", "A4", styleID); err != nil {
    fmt.Println(err)
}
```

你可能已经发现,这段代码中用到了两个新的函数 NewStyle()和 SetCellStyle(),目前我们还没有介绍过这两个函数的用法,9.4.1 节将会详细介绍 SetCellStyle()函数,而用于创建样式的 NewStyle()函数,将会在 11.1 节中展开讨论。

例 5,使用[]byte 类型的值为工作表 Sheet1 中的 A5 单元格赋值:

```
err := f.SetCellValue("Sheet1", "A5", []byte{72, 101, 108, 108, 111})
```

在生成的文档中,A5 单元格的值将会显示为 Hello。

9.2.2 设置布尔型单元格的值

在能够预先明确所需单元格值的类型为布尔型的情况下,可使用 Excelize 基础库提供的 SetCellBool()函数设置单元格的值为布尔型,其函数签名为

```
func (f *File) SetCellBool(sheet, cell string, value bool) error
```

该函数的第一个参数为工作表名称，第二个参数为单元格坐标，第三个参数为布尔型单元格的值，可选值为 true 或 false。当单元格赋值出现异常时将返回 error 类型的异常。

9.2.3　设置单元格内联存储值

在介绍 SetCellDefault()函数之前，我们先来了解单元格在电子表格文档内是如何被表示和存储的。根据 OpenXML 文档格式标准，单元格的定义通过工作表 XML 部件中的<c>元素进行表示和存储，单元格的类型存储于<c>标签的 t 属性中。单元格值的存储方式分为两种：非内联式存储和内联式存储。

对于普通的数值类型单元格的值、字符串类型和富文本类型单元格的值，它们被存储于工作簿的共享字符串表部件中。每个值在共享字符串表中的索引，存储于<c>元素子元素<v>中。例如，A1 单元格在文档内部的工作表 XML 部件中的存储格式如下：

```
<c r="A1" t="s">
    <v>0</v>
</c>
```

其中，<c>元素中的 t 属性值为 s，代表该单元格的值为字符串类型，字符串存储于共享字符串表中；<c>元素的子元素<v>的值为 0，代表单元格的值在共享字符串表中的索引为 0。这种存储方式称为非内联式存储。

当属性 t 的值为 inlineStr 时，单元格的值将存储在<c>元素的子元素<is>中。例如，假设 A1 单元格的值为"Hello, world!"，其对应的 XML 元素如下：

```
<c r="A1" t="inlineStr">
    <is>
        <t>Hello, world!</t>
    </is>
</c>
```

单元格的值不再存储于共享字符串表中，而是跟随工作表部件一同存储，这种存储方式称为内联式存储。对于字符串类型单元格的值，可以使用 Excelize 基础库提供的 SetCellDefault()函数，将单元格的值以内联方式进行存储，其函数签名为

```
func (f *File) SetCellDefault(sheet, cell, value string) error
```

当给定单元格的值为空字符时，将清除指定单元格的内容和数据类型，但依然会保留其原有的格式。

9.2.4　设置有符号整型单元格的值

在能够预先明确所需设置单元格值的类型为 Go 语言有符号整型（int）的情况下，可使用 Excelize 基础库提供的 SetCellInt()函数设置单元格的值为整型，其函数签名为

```
func (f *File) SetCellInt(sheet, cell string, value int) error
```

该函数的第一个参数是工作表名称，第二个参数是单元格坐标，第三个参数是要设置有符号整型单元格的值，其值的最大范围区间是$-2^{63} \sim 2^{63}-1$。当单元格在赋值过程中出现异常时，该函数将返回 error 类型的异常。

9.2.5　设置无符号整型单元格的值

当我们要设置单元格的值类型为 Go 语言无符号整型（uint64）时，可使用 Excelize 基础库提供的 SetCellUint()函数设置单元格的值，其函数签名为

```
func (f *File) SetCellUint(sheet, cell string, value uint64) error
```

无符号整型单元格的值的最大范围区间是 $0 \sim 2^{64}-1$。

9.2.6　设置浮点型单元格的值

当所需设置的单元格的数据类型为 Go 语言浮点类型（float64）时，可使用 Excelize 基础库的 SetCellFloat()函数设置单元格的值，其函数签名为

```
func (f *File) SetCellFloat(sheet, cell string, value float64, precision, bitSize int) error
```

该函数具有 5 个参数，sheet 代表工作表名称、cell 代表单元格坐标、value 是要设置的浮点数、precision 用于控制浮点数尾数部分（即小数点后的部分）的精度，bitSize 用以表示浮点数类型，可选值为 32（代表 float32）和 64（代表 float64）。如果你对 Go 语言的 strconv 标准库比较熟悉的话，可能已经发现最后的两项参数与该标准库的 FormatFloat()函数的参数是相同的。当 precision 精度控制参数为-1 时，表示使用最少且必要的尾数位数来表示浮点数。

例如，假设使用如下代码设置名为 Sheet1 的工作表中 A1 单元格的值为浮点数，在单元格没有应用其他附加数字格式时，单元格的值为 123.456。

```
err := f.SetCellFloat("Sheet1", "A1", 123.456, -1, 64)
```

当指定 precision 参数的值为 2 时，将对浮点数尾数部分保留两位，单元格的值将被设置为 123.46。

```
err := f.SetCellFloat("Sheet1", "A1", 123.456, 2, 64)
```

9.2.7　设置字符串类型单元格的值

Excelize 基础库的 SetCellStr()函数是专门用于设置字符串类型单元格的函数，其函数签名为

```
func (f *File) SetCellStr(sheet, cell, value string) error
```

对于字符串类型单元格，每个单元格值的最大长度为 32 767 个字符，超出该限制的部分将会被舍弃。为了降低最终生成的文档大小，对具有相同值的单元格，它们的值都通过索引指向存储于工作簿共享字符串表部件中的同一字符串记录。

需要注意的是，如果你所设置的单元格需要参与计算或用于表示数值，那么在单元格赋值时必须使用 Go 语言的有符号整型、无符号整型、浮点型或时间类型（int、int8、int16、int32、int64、uint、uint8、uint16、uint32、uint64、float32、float64 等）设置数值类型单元格，而不能使用此函数将数值以字符串类型表示，否则将会在 Excel 中收到图 9-1 所示的提示。

当浮点数整数部分长度超过 14 位时，电子表格办公软件会自动以科学记数法显示单元格的值，所以如果你希望使用文本格式数字来表示电话号码、手机号码、身份号码等内容，

图 9-1　电子表格中文本格式的数字

则可以使用此函数设置单元格的值，将数字以文本格式表示。

9.3 读取单元格

当我们需要读取工作表中某个单元格的值或单元格的数据类型时，可使用 Excelize 提供的读取单元格相关函数来实现。本节将深入讨论用于读取单元格的两个函数。

9.3.1 读取单元格的值

使用 Excelize 基础库的 GetCellValue()函数读取指定单元格的值，其函数签名为

```
func (f *File) GetCellValue(sheet, cell string, opts ...Options) (string, error)
```

该函数的第一个参数为工作表名称，第二个参数为需要读取值的单元格坐标，第三个参数为可选参数，用来指定是否读取单元格的原始值。对于带有数字格式的单元格，默认情况下，如果该单元格的数字格式是被 Excelize 支持的，则将返回格式化之后的单元格的值，否则将返回单元格的原始值。不论对于何种数据类型的单元格，该函数都将以 Go 语言的字符串类型表示单元格的值，并将其作为结果返回。接下来我们通过 4 个例子来了解该函数的使用方法。

例 1，假设在名为 Sheet1 的工作表中，A1 单元格的值为整数 100，并且该单元格未设置任何数字格式，那么我们可以编写如下代码来读取该单元格的值：

```
value, err := f.GetCellValue("Sheet1", "A1")
```

上述代码定义变量 value 接收单元格的值。运行程序，如果一切顺利，你将会看到 A1 单元格的值 "100" 以字符串类型进行表示并输出。

例 2，假设在名为 Sheet1 的工作表中，A1 单元格的原始值为浮点数 123.456，该单元格设置了数字格式，将其以保留两位小数的格式进行格式化。当使用 GetCellValue()函数读取单元格的值时，在未指定可选参数的情况下，如果该单元格使用了 Excelize 所支持的数字格式代码，那么将会输出格式化之后的结果 "123.46"。如果 Excelize 尚未支持单元格所使用的数字格式代码，GetCellValue()函数将会返回单元格的原始值 "123.456"。有关数字格式的概念，在 4.3 节中曾做了简要的介绍，在第 11 章我们将会进一步探讨关于它的使用。

例 3，某些情况下，要读取的单元格的值在 Excel 中显示为日期或时间，但是这些日期或时间并非以所显示的文本内容存储，而是以数字序列的形式存储于单元格中，通过设置日期或时间类型的数字格式对数字序列进行格式化。其中用到的数字格式若是通过 Excel 中的 "设置单元格格式" 对话框进行设置的，那么需要注意的是，对话框上提供的这些预设备选日期或时间可选格式中（如图 9-2 所示），以星号（*）开头的日期或时间格式，将会受到操作系统特定的区域日期和时间设置的影响。

这意味着对于被设置了此类数字格式的单元格，在带有不同日期或时间格式设置的操作系统终端设备中打开后，单元格的值所呈现的结果可能会有所不同。"日期" 分类下数字格式列表中的两个带有星号的预设日期格式（如图 9-3 所示），分别会受到操作系统 "区域-格式" 设置中 "短日期" 和 "长日期" 格式的影响；而 "时间" 分类下的一个带有星号的预设时间格式，则会受到操作系统中 "长时间" 格式设置的影响。

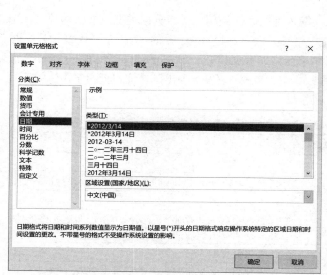

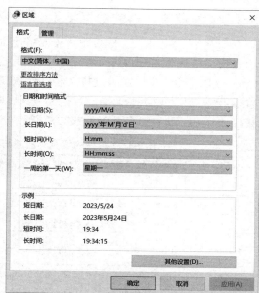

图 9-2　Excel 中的"设置单元格格式"对话框　　　　图 9-3　Windows 操作系统中的"区域-格式"设置

　　假设在一个名为 Book1 的工作簿中，Sheet1 工作表的 A1 单元格的值为 45070.8155，该单元格设置了图 9-2 所示的"*2012/3/14"格式的数字格式。在操作系统短日期格式为"yyyy/M/d"的情况下，Excel 中单元格的值将会显示为"2023/5/24"；但如果在操作系统短日期格式被设置为"M-d-yyyy"的情况下打开该工作簿，单元格的值将显示为"5-24-2023"。因此，为了能够准确地读取带有此类预设数字格式单元格的格式化结果，当使用 Excelize 打开或新建文档时，可在 Options 数据类型的文档选项中指定短日期、长日期和长时间的数字格式代码。例如，我们打开刚才所举例子中的工作簿时，可通过编写如下代码设置短日期格式为"yyyy/M/d"：

```
f, err := excelize.OpenFile("Book1.xlsx", excelize.Options{ShortDatePattern: "yyyy/M/d"})
```

　　这样设置后，在使用 GetCellValue()函数读取单元格的值时，读取到的 Sheet1 工作表中 A1 单元格的值为"2023/5/24"。如果在创建或打开工作簿时，未指定短日期、长日期或长时间的数字格式，Excelize 将会以默认数字格式进行自动格式化；如果给定的日期或时间格式无效或不受支持，将会在打开文档时返回错误异常。除此之外，部分预设数字格式还受到系统区域设置的影响，这些数字格式索引的范围为 27～81，表 11-11 和表 11-12 列出了这些数字格式的代码。使用 Excelize 打开或新建文档时，可通过 Options 数据类型的 CultureInfo 文档选项指定对应的区域格式，如果未指定任何区域格式，这些单元格将不会应用数字格式，在读取这些单元格时返回其原始值。

　　例 4，对于例 2 中的单元格，在使用 GetCellValue()函数读取 A1 单元格的值时，若在 Options 类型的可选参数中指定了 RawCellValue 的值为 true，Excelize 将不再尝试使用数字格式对单元格的值做格式化，而将会直接返回单元格的原始值。例如，编写如下代码：

```
value, err := f.GetCellValue("Sheet1", "A1", excelize.Options{RawCellValue: true})
```

　　通过这种方式读取带有数字格式的单元格 A1 的值，变量 value 的结果为 123.456。

9.3.2 读取单元格的数据类型

在 9.2.3 节，我们已经讨论了单元格在工作簿内部的存储结构。任何数据类型单元格的值，在电子表格文档内部均以文本形式存储。单元格的数据类型，通过<c>标签的 t 属性进行表示。根据 OpenXML 标准，t 属性的值共 7 种，代表 7 种单元格的数据类型。Excelize 基础库提供了 CellType 枚举类型，用来表示单元格的数据类型，枚举类型分为 8 种。表 9-1 列出了单元格元素 t 属性的值及其描述与 Excelize 中 CellType 枚举类型的对应关系。

表 9-1   t 属性的值及其描述与 Excelize 中 CellType 枚举类型的对应关系

t 属性值	缩写的全称	CellType 枚举类型	描述
b	Boolean	CellTypeBool	代表布尔型
d	Date	CellTypeDate	代表以 ISO 8601 国际标准日期格式表示的日期类型
e	Error	CellTypeError	代表错误类型
inlineStr	Inline String	CellTypeInlineString	代表使用内联式存储的富文本类型，即单元格的值并非存储在工作簿的共享字符串表部件中
n	Number	CellTypeNumber	代表数值类型
s	Shared String	CellTypeSharedString	代表使用了共享字符串表的字符串类型
str	String	CellTypeFormula	代表公式类型
		CellTypeUnset	代表单元格未设定 t 属性的值，单元格可能为空或数值类型

使用 GetCellType()函数读取指定工作表中单元格的数据类型，其函数签名为

```
func (f *File) GetCellType(sheet, cell string) (CellType, error)
```

例如，假设名为 Sheet1 的工作表中 A1 单元格的数据类型可能为布尔型或数值类型，你可以编写如下代码来读取数据类型，并结合所读取到的单元格的数据类型，将字符串类型单元格的值转换为相应的 Go 数据类型的值：

```
cellType, err := f.GetCellType("Sheet1", "A1")
if err != nil {
    // 此处进行异常处理
}
if cellType == excelize.CellTypeBool {
    // 将布尔型单元格的值转换为 Go 语言的布尔型的值
    boolCellValue, err := strconv.ParseBool(cellValue)
    if err != nil {
        // 此处进行异常处理
    }
    fmt.Println(boolCellValue)
}
if cellValue != "" &&
    cellType == excelize.CellTypeUnset ||
    cellType == excelize.CellTypeNumber {
    // 将字符串类型单元格的值转换为 float64 数据类型的值
    fmt.Println(strconv.ParseFloat(cellValue, 64))
}
```

可以看到，在得知单元格的数据类型后，便可以根据需要，将字符串类型的单元格的值转换为

其他数据类型的值。例子中使用了 Go 语言的 strconv 标准库对单元格的值进行数据类型转换。因为 CellTypeNumber 和 CellTypeUnset 类型都可能表示数值类型单元格，所以在做数值类型转换时，应该首先判断单元格的值是否为空，以避免类型转换时出现错误。

9.4 单元格格式

在制作电子表格时，为单元格设置好看的格式可以让版式更加清晰，也能够提高阅读和分析数据的效率。本节将讨论 Excelize 中与单元格格式相关的两个函数。

9.4.1 设置单元格格式

使用 Excelize 基础库的 SetCellStyle()函数设置单元格格式，该函数支持为指定区域内的单元格批量设置格式，其函数签名为

```
func (f *File) SetCellStyle(sheet, topLeftCell, bottomRightCell string, styleID int) error
```

该函数有 4 个参数，分别是工作表名称、单元格区域左上角单元格的坐标、单元格区域右下角单元格的坐标和格式索引。该函数是并发安全的，这意味着可以在多个协程中并发地对同一工作簿中的单元格进行格式设置。在使用此函数设置单元格格式之前，需要先通过 Excelize 的 NewStyle()函数创建所需的格式，并获得格式索引。关于 NewStyle()函数的使用，我们将会在第 11 章进行深入讨论。

当仅需设置一个单元格的格式时，将参数 topLeftCell 和 bottomRightCell 指定为相同的值即可。例如，假设我们已经创建了一个格式，并获得了值为 1 的格式索引，接着便可以通过编写如下代码，设置工作表 Sheet1 中 A1 单元格的格式索引为 1：

```
err := f.SetCellStyle("Sheet1", "A1", "A1", 1)
```

当需要设置一个区域内全部单元格的格式时，改变单元格区域坐标即可。例如，你可以编写如下代码，为工作表 Sheet1 中 B2:C3 区域内的 4 个单元格设置格式索引为 2 的格式：

```
err := f.SetCellStyle("Sheet1", "B2", "C3", 1)
```

需要注意的是，当使用该函数对单元格格式进行设置时，将会覆盖单元格的已有格式，而不会将新创建的格式与已有格式进行叠加或合并。例如，假设 A1 单元格原本具有 16 号字体格式，我们在创建样式时仅指定了单元格边框格式，而未指定字体格式，得到了值为 1 的格式索引，那么在设置单元格格式后，A1 单元格最终将会应用格式索引为 1 的格式，使用工作簿默认样式中的字号大小，此前 16 号字体格式设置将会被覆盖。

当需要设置整行或者整列单元格的格式时，为了方便地设置并提高批量单元格格式设置的性能，可通过 Excelize 提供的行、列样式函数进行设置。关于行、列样式设置的内容，我们将在第 10 章做进一步的介绍。

9.4.2 获取单元格格式索引

有时我们希望将某一单元格的格式复用于其他单元格上，而无须重复创建相同的格式，那么首先需要获取单元格的格式索引。通过 Excelize 基础库提供的 GetCellStyle()函数可以方便地获取指定单元格的格式索引，其函数签名为

```
func (f *File) GetCellStyle(sheet, cell string) (int, error)
```

该函数根据给定的工作表名称和单元格坐标，返回指定单元格的格式索引。返回的格式索引可以在设置单元格格式时，作为调用 SetCellStyle()函数的参数使用。例如，通过编写如下代码来获取工作表 Sheet1 上 A1 单元格的格式索引：

```
styleIdx, err := f.GetCellStyle("Sheet1", "A1")
```

GetCellStyle()函数返回的第一个值 styleIdx 即 A1 单元格的格式索引。如果我们需要在单元格已有格式基础上叠加新的格式，可以先使用 GetCellStyle()函数读取格式索引，然后使用 GetStyle()函数根据格式索引读取样式定义，在已有样式定义基础上添加或修改格式，接着使用 NewStyle()函数创建新的样式并得到新的样式索引，最后使用 SetCellStyle()函数设置新的单元格格式。关于用于创建样式的 NewStyle()函数和用于读取样式的 GetStyle()函数，第 11 章将深入讨论。

9.4.3 获取图片单元格

当我们需要知道工作表中有哪些单元格包含图片时，可以使用 Excelize 基础库提供的 GetPictureCells()函数获取工作表中全部图片单元格的坐标，其函数签名为

```
func (f *File) GetPictureCells(sheet string) ([]string, error)
```

图片单元格坐标是添加图片时图片所覆盖单元格区域左上角单元格的坐标，在得知图片单元格坐标之后，我们可以通过 13.2 节将要介绍的获取图片函数来实现对图片内容和格式的读取。

9.5 合并单元格

合并单元格是一项常用的功能，使用这项功能可使工作表中的数据更加清晰明了。例如，以合并单元格的方式在工作表中创建跨多列的表头，实现对数据的分类。本节将探讨 Excelize 中与合并单元格相关的 3 个函数。

9.5.1 设置合并单元格

合并单元格在设定版面、套打等领域有着十分重要的作用，当你需要设置合并单元格时，可以使用 Excelize 基础库提供的 MergeCell()函数，其函数签名为

```
func (f *File) MergeCell(sheet, topLeftCell, bottomRightCell string) error
```

可以看到，该函数有 3 个参数，分别是工作表名称、合并单元格区域左上角单元格的坐标和合并单元格区域右下角单元格的坐标。例如，你可以编写如下代码，合并工作表 Sheet1 中 D3:E9 区域内的 14 个单元格：

```
err := f.MergeCell("Sheet1", "D3", "E9")
```

在使用 MergeCell()函数合并单元格时，请注意以下 5 点。

- 如果在要合并单元格的区域内，有单元格的值不为空，将以左上角单元格的值作为合并后单元格的值，其他单元格的值将被忽略。例如，将 B2:C3 区域内的 4 个单元格合并，将使用

B2 单元格的值作为合并后单元格的值。

- 当使用 GetCellValue() 函数读取单元格的值时，处于合并单元格区域内的所有单元格的值均相同。例如，B2:C3 区域为合并单元格区域，那么读取到的 B2、C2、B3 和 C3 单元格的值均相同。

- 合并单元格时，将以合并单元格区域左上角单元格的格式作为合并单元格区域的最终格式，其他单元格的格式将被忽略。例如，将 B2:C3 区域内的 4 个单元格合并，将使用 B2 单元格的格式作为合并后单元格的格式。

- 使用 GetCellStyle() 函数获取单元格格式索引时，合并单元格区域内单元格的格式索引将被原样返回，这意味着合并单元格区域内单元格的格式索引可能并不是相同的。例如，B2:C3 区域为合并单元格区域，那么获取该区域内的单元格格式索引时，将返回 B2、C2、B3 和 C3 单元格被合并之前，各单元格原本的格式索引。通常我们将位于合并单元格区域左上角的单元格称为主单元格（Master Cell），如果你想要获取合并单元格所使用的格式索引，则要先获取主单元格的坐标，再根据坐标获取主单元格的格式索引。关于如何获取主单元格的坐标，我们将在 9.5.3 节进行介绍。

- 如果给定的合并单元格区域与已有的其他合并单元格相重叠，已有的合并单元格将会被删除，并扩展为新的合并单元格区域，这意味着最终的合并单元格区域可能和指定的合并单元格区域不同。例如，某张工作表上 C2:E6 区域内的单元格已经被合并，在此基础上通过 MergeCell() 函数将 B5:D9 区域内的单元格合并，如图 9-4 所示。

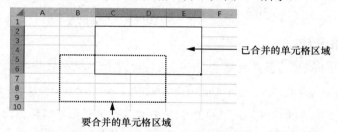

图 9-4　合并单元格时与已有合并单元格区域重叠

由于区域 C2:E6 与 B5:D9 存在重叠部分，Excelize 将会自动调节合并单元格区域，最终的合并单元格区域为 B2:E9，图 9-5 为合并后的结果。

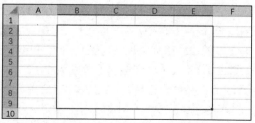

图 9-5　两个合并单元格区域重叠的合并结果

在合并单元格时，根据合并单元格区域位置的不同，产生重叠的情况存在多种，图 9-6 列举了 18 种典型的合并单元格区域出现重叠的情形。

在图 9-6 列举的 18 种区域重叠情形中，除了最后一种情形（即要合并的单元格区域在已合并的单元格区域内），其他 17 种重叠情形都将会导致最终合并单元格区域被扩大。

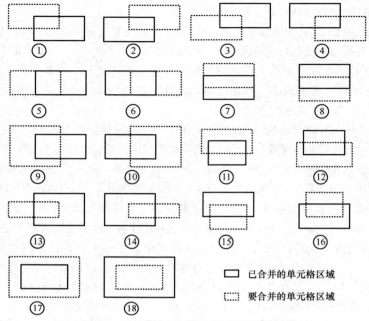

图 9-6   合并单元格区域出现重叠的情形

9.5.2   取消合并单元格

Excelize 提供了用于取消合并单元格的 UnmergeCell()函数，其函数签名为

```
func (f *File) UnmergeCell(sheet string, topLeftCell, bottomRightCell string) error
```

与合并单元格函数的参数相同，该函数的 3 个参数分别是工作表名称、合并单元格区域左上角单元格的坐标和右下角单元格的坐标。假设工作表 Sheet1 中 D3:E9 区域为合并单元格区域，那么你可以编写如下代码来取消对这个区域内单元格的合并：

```
err := f.UnmergeCell("Sheet1", "D3", "E9")
```

在使用该函数取消合并单元格时，需要注意以下两点。

- 对于合并单元格区域内的单元格，如果在合并单元格之前单元格的值不为空，那么在取消合并单元格后，将恢复该单元格的值。例如，B2:C3 区域为合并单元格区域，在该区域内的 4 个单元格被合并之前，B2、C2、B3 和 C3 单元格的值分别为 1、2、3、4，合并单元格的值为 1。在使用 UnmergeCell()函数取消合并单元格后，C2、B3 和 C3 单元格的值将分别恢复为 2、3、4。
- 如果给定的单元格坐标区域内存在多个合并单元格，或者与已有的其他合并单元格相重叠，那么这些合并单元格都将被取消合并。例如，某工作表中 C4:D5 和 D7:E8 为合并单元格区域，当使用 UnmergeCell()取消合并单元格时，设置的取消合并单元格区域为 B2:F10，该区域完全覆盖了两个单元格区域，那么最终两个合并单元格都将被取消合并；而如果设置的取消合并单元格区域为 C4:D7，由于该区域完全覆盖了 C4:D5，并与 D7:E8 产生了重叠，最终两个合并单元格也都会被取消合并。

9.5.3 获取合并单元格

在设置合并单元格、取消合并单元格或者获取单元格格式，以及需要知道工作表上有哪些合并单元格时，可以使用 GetMergeCells()函数来获取已经被合并的单元格的信息，其函数签名为

```
func (f *File) GetMergeCells(sheet string) ([]MergeCell, error)
```

该函数将根据给定的工作表名称获取全部合并单元格的坐标和值。GetMergeCells()函数有两个返回值，分别是[]MergeCell 类型的合并单元格数组和 error 类型的异常。数组中每个 MergeCell 类型的元素都代表工作表上一个合并单元格的信息，MergeCell 类型是[]string 数据类型的别名，数组中的第一个元素为合并单元格区域，第二个元素为合并单元格的值，不过你不需要编写访问数组元素的代码，通过调用实现 MergeCell 的方法函数，便可以获取这些信息。例如，在工作表 Sheet1 上，有两个合并单元格区域 C4:D5 和 D7:E8，你可以编写如下代码，获取并输出合并单元格区域坐标与单元格的值：

```
mergedCells, err := f.GetMergeCells("Sheet1")
if err != nil {
    // 此处进行异常处理
}
for _, mergedCell := range mergedCells {
    value := mergedCell.GetCellValue() // 获取合并单元格的值
    topLeftCell := mergedCell.GetStartAxis() // 获取合并单元格区域左上角单元格的坐标
    bottomRightCell := mergedCell.GetEndAxis() // 获取合并单元格区域右下角单元格的坐标
    fmt.Printf("The value of cell range %s:%s was \"%s\"\r\n", topLeftCell, bottomRightCell, value)
}
```

保存并运行代码，如果一切顺利，你将会看到程序输出了合并单元格区域坐标与单元格的值。

9.6 单元格公式

公式是电子表格中十分重要的一项功能，可以用于计算、处理信息、条件测试等操作。除了基本的数学运算，借助丰富的公式函数可以轻松实现复杂的数值计算。本节将介绍 Excelize 中与公式相关的一系列函数的用法。

9.6.1 设置单元格公式

使用 Excelize 提供的 SetCellFormula()函数可以为指定单元格设置公式，其函数签名为

```
func (f *File) SetCellFormula(sheet, cell, formula string, opts ...FormulaOpts) error
```

该函数有 4 项参数，前 3 项参数为必选参数，分别是工作表名称、单元格坐标和公式内容，第 4 项参数为 FormulaOpts 类型的可选参数，用于设置高级公式。

在电子表格文档中有以下 7 种类型的公式，下面我们分别来了解这些类型的公式，并通过示例学习如何使用 SetCellFormula()函数设置这些类型的公式。

- 普通公式，通常作用于一个单元格上，可以输入包含数值的单元格引用或数值本身、公式函数、数学运算符等内容。例如，你可以编写如下代码，为工作表 Sheet1 中的 A3 单元格设置普通公式=SUM(A1,B1)：

```
err := f.SetCellFormula("Sheet1", "A3", "=SUM(A1,B1)")
```

公式中使用了 SUM()函数进行求和计算，使 A3 单元格的计算结果为 A1 与 B1 单元格的值之和。

- 一维纵向常量数组（列数组）公式，属于一种数组公式。数组是指按一行、一列或多行多列排列的数据元素的集合。数据元素可以是单元格、数值、文本、日期、逻辑值、错误值等。如同 Go 语言中的数组概念，数组的维度指的是数组不同行列的个数，比如只有一行或一列，在单一方向上延伸的数组称为一维数组，同时带有多行多列的数组称为二维数组。常量数组公式是指直接在公式中声明数组元素，不依赖其他单元格引用，可直接参与计算的公式，所以常量数组公式中的每个常量元素不能再包含函数、公式和单元格引用。一维纵向常量数组公式是一种用花括号定义的，使用半角分号分隔常量元素的数组。例如，使用下面的代码为工作表 Sheet1 中的 A3 单元格设置一维纵向常量数组公式={1;2;3}：

```
err := f.SetCellFormula("Sheet1", "A3", "={1;2;3}")
```

- 一维横向常量数组（行数组）公式，它是一种用花括号定义的，使用半角逗号分隔常量元素的数组。例如，使用下面的代码为工作表 Sheet1 中的 A3 单元格设置一维横向常量数组（行数组）公式={"a","b","c"}：

```
err := f.SetCellFormula("Sheet1", "A3", "={\"a\",\"b\",\"c\"}")
```

- 二维常量数组公式，是一种带有多行多列的共享数组公式，每一行上的数组元素使用半角逗号分隔，每一列上的数组元素使用半角分号进行分隔。在使用 SetCellFormula()函数设置二维常量数组公式时，需要使用 FormulaOpts 类型的可选参数，该类型的参数包含两个属性 Ref 和 Type，分别用于设置共享公式单元格的范围和公式的类型。Excelize 提供了表示公式类型的 4 项常量 STCellFormulaTypeArray、STCellFormulaTypeDataTable、STCellFormulaTypeNormal 和 STCellFormulaTypeShared，它们分别代表数组公式、表格公式、普通公式和共享公式。因为二维常量数组公式既可以作用于单一单元格上，也可被指定区域内的单元格共享，所以在设置此类公式时，需要指定共享公式的范围。例如，你可以编写如下代码，为工作表 Sheet1 中的 A3:B4 单元格设置二维常量数组公式={1,2;"a","b"}：

```
formulaType, ref := excelize.STCellFormulaTypeArray, "A3:B4"
err := f.SetCellFormula("Sheet1", "A3", "={1,2;\"a\",\"b\"}",
    excelize.FormulaOpts{Ref: &ref, Type: &formulaType})
```

公式{1,2;"a","b"}定义了一个包含两行两列的数组，第一行数组内两个元素的值分别为 1 和 2，第二行数组内的两个元素分别为 a 和 b，上面的代码使用 ref 变量声明 Sheet1 工作表中 A3:B4 区域内的 4 个单元格共享该公式，并将该公式设置于 A3 单元格上。公式设置完毕后，A3、B3、A4、B4 单元格的值分别为 1、2、a、b。

需要注意的是，同一工作表中不同的共享公式范围不能重叠。在刚才的例子中，A3:B4 区域共享同一公式，那么将不能再为这一区域内的单元格设置其他公式，否则将会导致公式所作用的单元格范围产生冲突。

- 区域数组公式，是引用了区域数组（由有限范围内单元格的值构成的数组称为区域数组）的公式，它的维度与共享性质和常量数组公式的是相同的。例如，使用下面的代码为工作表

Sheet1 中 A3 单元格设置区域数组公式=A1:A2，并将其与 A4 单元格共享：

```
formulaType, ref := excelize.STCellFormulaTypeArray, "A3:A4"
err := f.SetCellFormula("Sheet1", "A3", "=A1:A2",
    excelize.FormulaOpts{Ref: &ref, Type: &formulaType})
```

公式=A1:A2 定义了由该区域内两个单元格构成的列数组，通过设置共享范围 A3:A4 将该公式与 A4 单元格共享，公式设置完毕后，A3 单元格的值将与 A1 单元格的值保持一致，A4 单元格的值将与 A2 单元格的值保持一致。

- 共享公式，是电子表格文档中为了减少大量公式对文档大小带来的影响而设计的优化存储方式，当使用单一单元格公式填充单元格范围时会产生共享公式。例如，你可以编写如下代码，为工作表 Sheet1 中 C1:C5 区域的单元格设置共享公式=A1+B1：

```
formulaType, ref := excelize.STCellFormulaTypeShared, "C1:C5"
err := f.SetCellFormula("Sheet1", "C1", "=A1+B1",
    excelize.FormulaOpts{Ref: &ref, Type: &formulaType})
```

这段代码为 C1 单元格设置共享公式，使 C1:C5 区域内的单元格共享该公式，其中 C1 单元格为主单元格，它的值为 A1 与 B1 单元格值之和。在公式=A1+B1 中，单元格坐标采用了相对引用的表示方法，这意味着在 C2:C5 区域内的单元格公式将会按照相对坐标位置进行设置，比如 C2 单元格的公式为=A2+B2，C3 单元格的公式为=A3+B3，以此类推。由此可见，仅需为主单元格设置共享公式，便可以实现共享公式范围内其他单元格的设置。在这个例子中，最终生成的文档内部 C2:C5 区域并未存储实际的公式内容，这种方式将会减少最终生成文件的大小。

- 表格公式，用于在工作表的表格中进行计算的公式。表格和工作表是不同的概念，表格是为了简化一组相关数据的管理和分析而基于工作表中有限范围单元格创建的表，也被称为 Excel 列表。假设在工作表 Sheet1 中已存在一个名为 Table1 的表格（如图 9-7 所示），该表格用于分析 4 种商品在全年的销量情况。

此时，假设你希望在 D2 单元格统计 4 类商品在全年的销量，便可以使用下面的代码在 D2 单元格设置表格公式来实现：

```
formulaType := excelize.STCellFormulaTypeDataTable
err := f.SetCellFormula("Sheet1", "D2", "=SUM(Table1[[上半年]:[下半年]])",
    excelize.FormulaOpts{Type: &formulaType})
```

公式中 Table1 为表格的名称，SUM()函数用于求和计算，计算范围通过表格名称和表格标题列名称定义，对"上半年"和"下半年"两列单元格中的数值进行求和计算，最终的计算结果如图 9-8 所示。

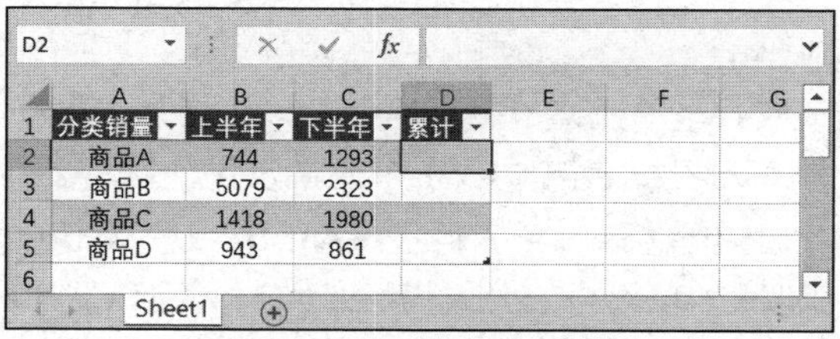

图 9-7　工作表中的表格

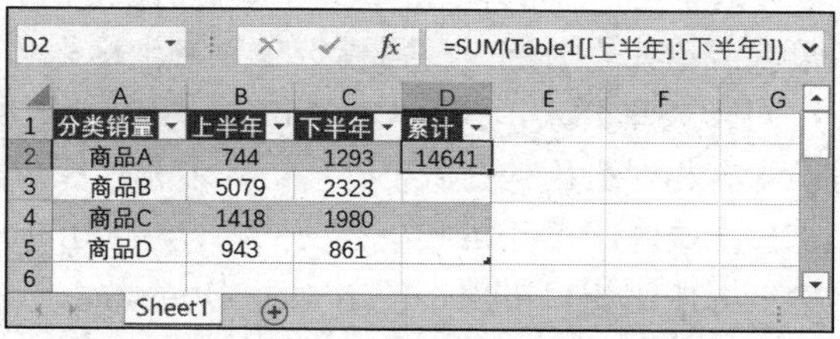

图 9-8　使用表格公式进行汇总求和计算

当然还可以使用普通公式=SUM(B2:C5)对单元格范围引用进行计算，但是如果使用这种方法，一旦表格内容扩展、行数增加时，就需要调整公式中单元格的引用范围，而使用表格公式则不需要这项操作，它会根据表格的行数自动进行计算范围的扩展或收缩，当你有很多列的数据需要统计时，这将会非常节省时间。

刚刚你已经了解了电子表格中 7 种类型的公式以及如何使用 Excelize 来创建它们，当中提及了 4 种数组公式，对于电子表格中的数组，还有内存数组和命名数组。内存数组指的是在公式计算过程中产生的数组，比如某公式计算结果构成的数组数据结构（例如，用于返回两个数组的矩阵积的 MMULT()公式函数），这种内存数组并未存储在单元格中，而是作为计算过程中的中间值，参与进一步的运算；命名数组是通过名称定义的数组，在 7.7 节对名称曾做了详细介绍，在公式中也可以使用名称对数组进行引用、参与运算。

当使用电子表格应用打开工作簿时，某些公式在不同操作系统语言设置下，公式名称将会以不同的语言显示。例如用于计算包含数字的单元格个数以及计算参数列表中数字个数的 COUNT()函数，在简体中文、繁体中文、英文等部分语言环境中显示为 COUNT，而在俄文版本的电子表格应用中将会显示为"СЧЁТ"。对于不同语言的电子表格文档，尽管打开时公式的名称显示可能会有所不同，但是在其内部，公式表示方式均以英文语言设置下的公式名称进行存储，所以不论你所创建的电子表格文档在何种语言环境中被查阅，你都应该使用英文语言设置下的公式名称进行设置。

使用 Excelize 设置单元格公式后，将生成的文档使用 Excel 或其他电子表格应用打开时，应用程序将会对公式进行计算，你会看到公式计算的结果。另外，你还可以使用 Excelize 基础库的 CalcCellValue()函数计算单元格公式，关于这项功能，我们将在 9.6.3 节详细讨论。

9.6.2　获取单元格公式

使用 Excelize 基础库提供的 GetCellFormula()函数可以根据给定的工作表名称和单元格坐标获取单元格公式，其函数签名为

```
func (f *File) GetCellFormula(sheet, cell string) (string, error)
```

例如，你可以编写如下代码来获取工作表 Sheet1 中 A3 单元格的公式：

```
formula, err := f.GetCellFormula("Sheet1", "A3")
```

如果 A3 单元格未设置公式，变量 formula 的值为空，但不会返回异常。在获取单元格公式之前，你还可以使用获取单元格数据类型的 GetCellType()函数，对单元格是否包含公式进行预先判断。

特别地，对于数组公式，仅当给定单元格坐标为主单元格时才会获取数组公式，如果给定的单元格是位于共享单元格范围中的其他单元格，所获取的单元格公式为空。例如，某工作表的 A3 单元格设置了区域数组公式，A3 单元格作为主单元格，A3:A4 区域内的单元格共享该公式，当使用 GetCellFormula()函数获取单元格公式时，需指定单元格坐标为 A3 而非 A4。

对于共享公式，使用 GetCellFormula()函数可以获取共享单元格范围内的任意单元格公式内容。对于带有相对引用的公式，将会得到带有计算后相对坐标的公式。例如，C1 单元格设置了共享公式，C1:C5 区域内的单元格共享该公式，其中 C1 单元格为主单元格，公式内容为=A1+B1，公式中的单元格坐标使用相对引用，使用 GetCellFormula()函数获取 C1 单元格的公式为=A1+B1，获取 C2 单元格的公式为=A2+B2。

9.6.3 计算单元格公式

Excelize 提供了对单元格公式进行计算的功能，v2.8.1 版本的 Excelize 基础库已经支持了数学与三角函数、财务函数、查找与引用函数、逻辑函数、文本函数、统计函数、工程函数、兼容性函数（兼容 Excel 2007 版本中的公式）、日期与时间函数、数据库函数、Web 函数、信息函数、加载项和自动化函数等分类下的累计 450 余项公式计算函数，但对隐式交集、显式交集、表格函数和其他部分函数尚未完全支持。使用 CalcCellValue() 函数计算单元格公式，其函数签名为

```
func (f *File) CalcCellValue(sheet, cell string, opts ...Options) (string, error)
```

该函数有 3 项参数，前两项分别为工作表名称和单元格坐标，第三项为 Options 类型的可选参数，其中的 RawCellValue 属性支持指定计算单元格值时是否应用计算结果原始值，默认值为 false（代表不返回原始值，而为其应用数字格式）。当你使用 CalcCellValue() 函数进行公式计算时，其内部首先会通过 Excel 公式语法分析程序（Excel Formula Parser，EFP）对单元格公式进行分析，将字符串类型的公式文本转换为抽象语法树（Abstract Syntax Tree，AST）；接着对语法树进行语法分析，在此过程中解析单元格引用，执行相应的数学运算并运行公式计算函数；最后输出公式计算的结果。

例如，假设在名为 Sheet1 的工作表中，A1 单元格的公式为=SUM(5,10/3)，并且 A1 单元格设置了保留两位小数的数字格式，那么你可以编写如下代码，得到 A1 单元格公式的计算结果：

```
value, err := f.CalcCellValue("Sheet1", "A1")
```

定义变量 value 存储 A1 单元格公式的计算结果，运行代码将得到单元格公式的计算结果 8.33。若要获得公式计算结果的原始值，修改代码，指定 Options 选项中 RawCellValue 属性的值为 true：

```
value, err := f.CalcCellValue("Sheet1", "A1", excelize.Options{RawCellValue: true})
```

因为电子表格文档中数据精度为 15 位，所以最终的计算结果为 8.33333333333333。

9.6.4 清除公式计算结果缓存

通过 9.2.3 节，我们已经知道一个普通的单元格在工作簿内部是如何存储的了，那么对于带有公式的单元格，在 XML 部件中又是如何表示的呢？假设在某工作表中 A1 单元格的公式为=SUM(A2,A3)，它将 A2 和 A3 单元格的值进行求和计算，根据 OpenXML 标准，A1 单元格的存储结构如下：

```
<c r="A1">
    <f>SUM(A2,A3)</f>
    <v>6</v>
</c>
```

单元格元素<c>的子元素 f 用于存储公式内容，一般情况下通过 Excel 等电子表格应用创建的工作簿会将公式的计算结果存储于<v>元素中。这个示例中<v>元素的值为 6，代表 A2 与 A3 单元格的和为 6。<v>元素的值作为一种公式计算结果缓存，并不能够保证是最新的计算结果，如果单元格公式中使用了易失性函数或使用其他程序修改了参与计算单元格的值，将可能导致<v>元素的内容与准确的计算结果不一致。有些情况下，当你使用 Excelize 更改某些单元格的公式，再使用电子表格应用打开生成的工作簿后，若发现新设置的公式并未得到预期的计算结果，或公式单元格的值未被重

新计算，就需要在使用 Excelize 保存工作簿之前，调用 UpdateLinkedValue()函数清除这些公式的计算结果缓存，使得生成的文档被电子表格应用打开时自动触发重新计算。UpdateLinkedValue()的函数签名为

```
func (f *File) UpdateLinkedValue() error
```

该函数会清除工作簿内所有工作表中公式单元格的计算结果缓存，也就是公式单元格中的\<v\>元素。这样我们在使用电子表格应用打开生成的工作簿时就能够看到所有公式最新的计算结果了，但是由于重新计算后工作簿发生了变化，并且可能将新的计算结果缓存数据存储于工作簿中，在关闭工作簿时，电子表格应用通常会提示是否保存工作簿。

9.7　单元格超链接

通过创建指向特定位置的单元格超链接，可以快速访问文件或网页的信息。本节将讨论如何利用 Excelize 设置和获取单元格超链接。

9.7.1　设置单元格超链接

如果你需要为单元格添加超链接，那么可以使用 Excelize 基础库的 SetCellHyperLink()函数，其函数签名为

```
func (f *File) SetCellHyperLink(sheet, cell, link, linkType string, opts ...HyperlinkOpts) error
```

该函数有 5 项参数，前 4 项参数为必选参数，分别为工作表名称、单元格坐标、超链接资源地址和超链接资源类型，第 5 项参数为 HyperlinkOpts 类型的可选参数，用于设置超链接的属性。

超链接资源类型分为外部超链接地址（External）和工作簿内部位置超链接地址（Location）两种。例如，要实现点击单元格链接到网页，则应该选择超链接资源类型为外部超链接地址；要实现点击单元格链接到另一个单元格，则应该选择超链接资源类型为内部位置超链接地址。

HyperlinkOpts 参数支持设置两种超链接属性：Display 属性用于设置超链接所显示的文字；Tooltip 属性用于设置屏幕提示文字。这两个属性均为字符串类型。

需要注意的是，每个工作表中能够容纳的最大超链接数量为 65 530 个，当添加的超链接数量超出该限制时，函数将会返回错误异常。SetCellHyperLink()函数仅用于设置单元格的超链接，而不会影响单元格的值，单元格的值需要使用单元格赋值函数单独设置。这意味着，如果单元格为空，仅使用该函数设置单元格超链接，生成的工作表中对应单元格将显示为空白。

通常情况下，通过电子表格办公应用创建的超链接带有浅蓝色的文字颜色和下画线格式。在使用 Excelize 基础库设置单元格超链接时，单元格格式需要通过创建样式函数 NewStyle()和设置单元格格式函数 SetCellStyle()来设置，目前我们还没有讨论关于创建样式函数的使用方法，关于这部分内容将在第 11 章做详细的探讨。下面我们通过两个例子来了解设置单元格超链接函数的使用。

例 1，编写如下代码，通过组合使用 SetCellHyperLink()、SetCellStyle()和 NewStyle()函数，为工作表 Sheet1 的 A3 单元格添加外部超链接地址：

```
URL, tooltip := "https://github.com/xuri/excelize", "Excelize on GitHub"
if err := f.SetCellHyperLink("Sheet1", "A3", URL, "External",
```

```
        excelize.HyperlinkOpts{
            Display: &URL,
            Tooltip: &tooltip,
        },
    ); err != nil {
        fmt.Println(err)
    }
// 设置单元格的值
if err := f.SetCellValue("Sheet1", "A3", "超链接"); err != nil {
    fmt.Println(err)
}
// 为单元格设置字体和下画线样式
style, err := f.NewStyle(&excelize.Style{
    Font: &excelize.Font{Color: "#1265BE", Underline: "single"},
})
if err != nil {
    fmt.Println(err)
}
// 为单元格设置样式
err = f.SetCellStyle("Sheet1", "A3", "A3", style)
```

生成的工作簿如图 9-9 所示，点击 A3 单元格时将会打
开外部超链接地址，如果鼠标指针悬停在超链接单元格上，
将会显示屏幕提示文字 "Excelize on GitHub"。

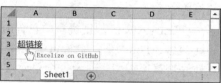

图 9-9　设置带有外部超链接
地址的超链接单元格

例 2，编写如下代码，为工作表 Sheet1 的 A3 单元格添
加内部位置超链接地址：

```
err := f.SetCellHyperLink("Sheet1", "A3", "Sheet1!A40", "Location")
```

上面的代码将 A3 单元格链接到了同一工作表中的 A40 单元格。当点击 A3 单元格时，将会跳转
到 A40 单元格。通过改变超链接资源地址，可以将单元格链接至其他工作表中的不同位置。

单元格超链接的作用范围是整个单元格，而非单元格值中的部分文字，所以如果需要为单元格
中的部分文字添加超链接，可以使用带有超链接的透明矩形形状，使其浮于要添加超链接的单元格
内文字上方来实现。目前我们还没有讨论关于添加形状函数 AddShape() 的使用，关于这部分内容将
在 13.4 节做详细讨论。

9.7.2　获取单元格超链接

GetCellHyperLink() 函数支持根据给定的工作表名称和单元格坐标获取单元格超链接，其函数签
名为

```
func (f *File) GetCellHyperLink(sheet, cell string) (bool, string, error)
```

该函数有 3 个返回值，分别表示给定的单元格是否设置有超链接、超链接资源地址和 error 类型的
异常。如果该单元格存在超链接，则返回 true 和超链接地址，否则将返回 false 和空的超链接地址。

例如，你可以编写如下代码，获取工作表 Sheet1 中 H6 单元格的超链接：

```
link, target, err := f.GetCellHyperLink("Sheet1", "H6")
```

如果 H6 单元格设置了超链接，则变量 link 的值为 true，变量 target 的值为超链接资源地址；否

则变量 link 的值为 false，变量 target 的值为空。

9.8　富文本单元格

相对于纯文本格式单元格，富文本格式（Rich Text Format）单元格允许一个单元格内的每个字符带有不同的颜色、字号、字体、粗体、下画线、删除线、斜体、角标（上标和下标）等格式。使用富文本格式可以增强单元格的格式，表达更丰富的内容。本节将讨论如何使用 Excelize 设置和获取富文本格式。

9.8.1　设置富文本格式

Excelize 基础库的 SetCellRichText()函数是用于设置富文本单元格的函数，其函数签名为

```
func (f *File) SetCellRichText(sheet, cell string, runs []RichTextRun) error
```

该函数有 3 项参数，分别是工作表名称、单元格坐标和[]RichTextRun 数据类型的一组富文本格式内容定义。

[]RichTextRun 数据类型中包含两个属性：用于定义字体样式的 Font 属性和用于指定文本内容的 Text 属性。Font 属性为*Font 数据类型，关于*Font 数据类型，我们将会在第 11 章详细讨论；Text 属性为字符串类型。对于一个单元格中的富文本内容，每段带有独立样式的富文本字符串，都需要使用[]RichTextRun 类型的数据结构来描述。

例如，你可以编写如下代码，在工作表 Sheet1 的 A1 单元格中，创建带有部分斜体文字的富文本格式内容：

```
err := f.SetCellRichText("Sheet1", "A1", []excelize.RichTextRun{
    {Text: "技术"},
    {Text: "卓越", Font: &excelize.Font{Italic: true}},
})
```

上述代码生成的电子表格文档，在 Excel 中打开的效果如图 9-10 所示。

A1 单元格的值为文本"技术卓越"，其中"卓越"二字设置了斜体格式。需要注意的是，在设置富文本单元格时，即便某一部分文本无须设置自定义样式，所有文本的内容均需要通过[]RichTextRun 类型的数据结构进行表示。例如，上

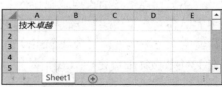

图 9-10　使用 Excelize 设置带有斜体文字的富文本格式单元格

述例子中的"技术"二字，并未设置自定义样式，但依然需要将其单独定义在一个 RichTextRun 类型的数组元素中表示。

除斜体格式之外，富文本单元格中字符串的其他格式都可在 Font 属性中进行定义。当富文本内容超出单元格所在列宽度时，超出列宽度的字符将会被隐藏，如果要使单元格展示完整的文本内容，则需要调整单元格所在列的宽度、所在行的高度或设置单元格换行。单元格换行样式需要通过 NewStyle()函数创建，关于创建样式的内容，我们将在 11.1 节做详细讨论。富文本单元格的数据与普通的字符串类型单元格数据的存储位置相同，它们都被存储于工作簿的共享字符串表部件中。富文本单元格最终呈现的格式由富文本格式、单元格格式、所在行列的格式叠加而成。

9.8.2 获取富文本格式

使用 Excelize 基础库提供的 GetCellRichText() 函数获取指定单元格的富文本内容和格式设置, 其函数签名为

```
func (f *File) GetCellRichText(sheet, cell string) ([]RichTextRun, error)
```

该函数有两项参数, 分别是字符串类型的工作表名称和单元格坐标。该函数的两个返回值分别是 []RichTextRun 类型的富文本格式和 error 类型的异常。如果使用该函数获取未设置富文本格式的单元格, 所返回的富文本格式定义数组的长度将为 0。

9.9 单元格批注

很多使用电子表格的用户在日常工作中都经常会用到批注, 例如使用批注来解释单元格中的公式、提醒自己或其他用户重要的事情。本节将介绍 Excelize 中用于管理单元格批注的 3 个函数。

9.9.1 设置单元格批注

使用 Excelize 基础库提供的 AddComment() 函数设置单元格批注, 其函数签名为

```
func (f *File) AddComment(sheet string, comment Comment) error
```

该函数具有两项参数, 分别是字符串类型的工作表名称和 Comment 数据类型的批注选项。表 9-2 展示了 Comment 数据类型中支持设置的单元格批注选项。

表 9-2 单元格批注选项

选项	数据类型	描述
Author	string	可选参数, 用于设置批注者名称, 不会显示在批注框中, 默认值为 Author
AuthorID	int	初始值为 0 的批注者 ID, 该选项仅用于获取单元格批注时作为返回值类型中的属性, 添加批注时, 同一批注者的 ID 相同
Cell	string	必选参数, 批注单元格坐标, 每个单元格仅能包含一个批注
Text	string	可选参数, 指定单元格批注中的纯文本格式内容
Height	unit	可选参数, 指定单元格批注框的高度, 默认值为 60
Width	unit	可选参数, 指定单元格批注框的宽度, 默认值为 140
Paragraph	[]RichTextRun	可选参数, 指定单元格批注中的富文本格式内容, 当同时指定了纯文本格式和富文本格式内容时, 将按照纯文本格式内容在前、富文本格式内容在后的顺序作为批注内容。关于富文本格式的设置详见 9.8.1 节的介绍

例如, 你可以编写如下代码, 在工作表 Sheet1 的 A3 单元格, 以"用户 A"的身份设置批注内容"这是一个批注":

```
err := f.AddComment("Sheet1", excelize.Comment{
    Cell:   "A3",
    Author: "用户 A",
    Text:   "这是一个批注",
})
```

这段代码生成的电子表格文档，在 Excel 中打开的效果如图 9-11 所示。

除此之外，你还可以设置带有富文本格式内容的批注。例如，编写如下代码，在工作表 Sheet1 的 A3 单元格中，以"用户 B"的身份设置批注"用户 B：这是一个批注"。其中为文本"用户 B："应用粗体富文本格式：

```go
err := f.AddComment("Sheet1", excelize.Comment{
    Cell:    "A3",
    Author: "用户 B",
    Paragraph: []excelize.RichTextRun{
        {Text: "用户 B: ", Font: &excelize.Font{Bold: true}},
        {Text: "这是一个批注"},
    },
})
```

在 Excel 中打开上述程序生成的工作簿，你将看到图 9-12 所示的批注。

图 9-11　使用 Excelize 设置纯文本格式单元格批注　　图 9-12　使用 Excelize 设置富文本格式单元格批注

9.9.2　获取单元格批注

使用 Excelize 基础库提供的 GetComments()函数可以获取指定工作表中全部批注单元格的坐标和批注内容，其函数签名为

```go
func (f *File) GetComments(sheet string) ([]Comment, error)
```

该函数有两项返回值，分别是批注列表和 error 类型的异常。例如，你可以编写如下代码来获取并输出工作表 Sheet1 中的全部批注：

```go
comments, err := f.GetComments("Sheet1")
if err != nil {
    // 此处进行异常处理
}
// 遍历工作表中的全部批注
for _, comment := range comments {
    // 获取纯文本格式批注内容
    text := comment.Text
    // 获取富文本格式批注内容
    for _, run := range comment.Paragraph {
        text += run.Text
    }
    // 输出单元格坐标和批注内容
    fmt.Printf("Sheet1!%s 单元格的批注内容为'%s'\r\n", comment.Cell, text)
}
```

假设工作表 Sheet1 中 A3 单元格存在批注"用户 B: 这是一个批注"，则这段程序的输出结果为"Sheet1!A3 单元格的批注内容为'用户 B: 这是一个批注'"。

9.9.3 删除单元格批注

DeleteComment()是用于删除单元格批注的函数，其函数签名为

```
func (f *File) DeleteComment(sheet, cell string) error
```

该函数通过给定的工作表名称和单元格坐标，删除指定单元格中的批注。例如，你可以使用如下代码，删除工作表 Sheet1 中 A1 单元格的批注：

```
err := f.DeleteComment("Sheet1", "A1")
```

9.10 搜索单元格

当你需要在工作表中搜索包含或匹配某些内容的单元格时，SearchSheet()函数非常有用，它提供了根据给定的工作表名称、单元格的值或正则表达式来获取匹配内容单元格坐标的功能，其函数签名为

```
func (f *File) SearchSheet(sheet, value string, reg ...bool) ([]string, error)
```

该函数有 3 项参数，前两项参数分别为要搜索的工作表名称和搜索的内容，第三项参数是 bool 类型的可选参数，用于表示是否将第二项参数的值作为正则表达式进行搜索，该参数的默认值为 false（表示关闭正则匹配模式，采用精确匹配）。SearchSheet()函数有两项返回值，分别是以 A1 形式表示的所匹配到的单元格坐标序列和搜索过程中的异常。需要注意的是，在使用该函数进行搜索时，搜索范围不包含带有公式的单元格的计算结果，也不包含带有不支持数字格式的单元格格式化结果。如果搜索结果是合并的单元格，将返回合并单元格区域左上角单元格的坐标。

接下来我们通过 3 个例子来了解该函数的使用方法。假设你已经使用 Excelize 基础库打开了图 9-13 所示的工作簿，得到了变量名为 f 的工作簿对象。

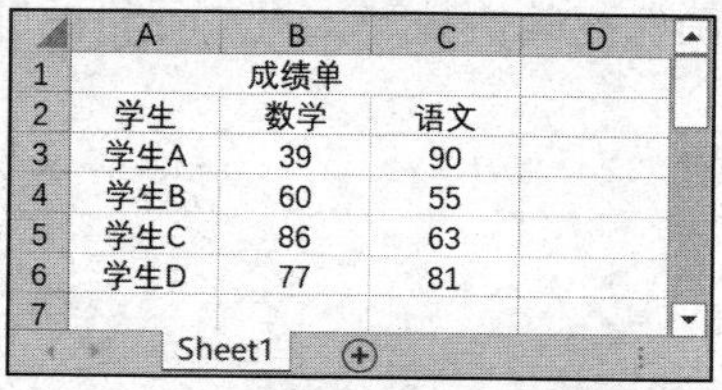

	A	B	C	D
1		成绩单		
2	学生	数学	语文	
3	学生A	39	90	
4	学生B	60	55	
5	学生C	86	63	
6	学生D	77	81	
7				

图 9-13 在学生成绩单中搜索

例 1，编写如下代码搜索值为“学生 A”的单元格：

```
cells, err := f.SearchSheet("Sheet1", "学生 A")
if err != nil {
    // 此处进行异常处理
}
fmt.Println("搜索结果:", strings.Join(cells, ","))
```

保存并运行程序，如果一切顺利，将看到程序输出“搜索结果: A3”。

例 2，改变调用搜索单元格函数的代码，使用正则表达式“^8”搜索学生成绩中以 8 为起始字符的单元格：

```
cells, err := f.SearchSheet("Sheet1", "^8", true)
```

程序运行后将会输出工作表中两个以 8 为起始字符的单元格，即"搜索结果: B5,C6"。

例 3，使用如下代码模糊搜索包含"成绩"二字的单元格：

```
cells, err := f.SearchSheet("Sheet1", "成绩", true)
```

在图 9-13 所示的工作表 Sheet1 中，值为"成绩单"的单元格为合并单元格，合并单元格的坐标区域为 A1:C1，所以搜索函数将以合并单元格区域左上角单元格的坐标作为结果，即"搜索结果: A1"。

在得到单元格坐标后，你便可以利用这些单元格坐标进行读取、替换修改等操作了。

9.11 小结

本章介绍了不少关于单元格操作的内容。现在，你应该对 Go 语言 Excelize 基础库的单元格读写、设置与获取格式、公式、超链接、富文本、批注，以及合并单元格等功能都比较熟悉了，也应该可以根据具体的场景选择适当的处理函数来编写代码了。

单元格处理相关的系列函数作为 Excelize 的核心功能，可以帮助你通过指定工作表名称和坐标，方便地对任意单元格进行读写，而无须承担复杂的数据精度处理、格式化解析等工作。除此之外，通过本章的介绍，你还了解到单元格的值、数据类型、公式、格式和富文本等内容在电子表格文档内部是如何被存储的，以及数据模型是怎样的，本章介绍的所有单元格处理函数都会修改与之对应的文档内存数据模型。

本章讨论的这些内容还有更多值得深入探讨的细节，第 11 章将会讨论如何定义和创建样式，当你需要为单元格设置自动换行等格式的时候，将需要定义并创建带有换行的格式，先得到格式索引，再使用本章介绍的设置单元格格式函数为单元格设置格式。接下来的第 10 章将会讨论如何对行和列中的单元格进行批量读写操作，以确保高效地处理大量单元格的数据。

第 10 章

行列处理

Excelize 基础库为我们提供了一系列非常有用的行列处理函数。使用单元格处理相关函数可以对每个单元格进行处理，但行列处理系列函数可以对工作表中行或列上的多个单元格进行批量处理，比如读取、赋值和设置格式等。在本章中，我们将会深入了解这些函数的使用方法和适用场景。

首先我们需要了解工作表中行和列的相关概念。在工作表中横向排列的连续单元格序列构成一行，每一行都有唯一的编号，称为行编号，行编号从 1 开始。对于符合 OpenXML 标准的电子表格文档，行编号的最大值为 1 048 576，即每张工作表最多能够容纳 2^{20} 行单元格，超出该范围的数据无效；在工作表中纵向排列的连续单元格序列构成一列，每一列也有唯一的编号或名称。当使用十进制数值方式表示列编号时，列编号从 1 开始，最大值为 16 384，即每张工作表最多能够容纳 2^{14} 列单元格。当使用 26 个字母表示列名称时，列名称从 A 开始，最后一列的列名称为 XFD。使用 Excelize 基础库处理电子表格文档时，也要遵循这些规范和限制。

10.1　列编号与列名称

某些情况下，例如，在循环体中批量处理多列数据时，我们需要将以数值表示的列编号转换为以字母表示的列名称。因此，在讨论各项行列处理函数之前，我们先来了解如何在列名称与列编号之间进行转换。

10.1.1　列编号转换为列名称

ColumnNumberToName()函数是用于将 int 类型的列编号转换为列名称的函数，其函数签名为

```
func ColumnNumberToName(num int) (string, error)
```

例如，你可以通过编写如下代码，将数值类型的 37 转换为对应的列名称 "AK"：

```
col, err := excelize.ColumnNumberToName(37)
```

请注意，列编号与索引不同，它是从 1 开始的 int 类型数值。当给定的列编号无法转换为有效的列名称时，ColumnNumberToName()函数将返回错误异常。

10.1.2　列名称转换为列编号

与 ColumnNumberToName()函数的功能相反，ColumnNameToNumber()函数是用于将列名称（不区分大小写）转换为列编号的函数，其函数签名为

```
func ColumnNameToNumber(name string) (int, error)
```

例如，你可以编写如下代码，通过该函数得到名称为 "AK" 的列所对应的列编号 37：

```
col, err := excelize.ColumnNameToNumber("AK")
```

有了 Excelize 基础库为我们提供的两个列名称与列编号转换函数，我们就不需要自己去实现转换过程了。在使用接下来所要讨论的各项行列处理函数时，我们可以根据需要，将这两个转换函数与它们配合使用。

10.2　单元格批量赋值

9.2 节讨论了关于单元格赋值的 7 个函数，除这些能够进行单一单元格赋值的函数之外，Excelize 还提供了用于批量单元格赋值的函数，本节将介绍这些函数。

10.2.1　按行赋值

Excelize 基础库提供的 SetSheetRow()函数可以帮助我们设置单行中横向排列的一系列单元格的值。当需要为一行上的多个单元格进行批量赋值时，使用该函数将会简化所需编写的代码，使得代码更简洁。其函数签名为

```
func (f *File) SetSheetRow(sheet, cell string, slice interface{}) error
```

该函数的前两项参数分别为工作表名称和赋值单元格范围内的首个单元格坐标（也称为起始单元格坐标），第三项参数为 Go 语言切片数据类型的引用，代表单元格值的序列。下面我们通过两个例子来熟悉该函数的使用方法。

例 1，你可以编写如下代码，在名为 Sheet1 的工作表上，以 B2 单元格为起始单元格，将第 2 行中 B2、C2、D2 单元格的值依次设置为 "技术卓越"、空值和数字 100：

```
err := f.SetSheetRow("Sheet1", "B2", &[]interface{}{"技术卓越", nil, 100})
```

因所需赋值的单元格是由字符串（string）、零值（nil）和整型（int）多种数据类型构成的混合类型数组，所以在声明单元格值的序列时，使用了接口类型的数组（[]interface），Excelize 将会根据数组中元素的数据类型自动推断并选择对应的单元格数据类型，最终生成的工作表内容如图 10-1 所示。

图 10-1　按行赋值

按行赋值时，如果所设置的单元格数据类型均一致，那么既可以使用接口类型的数组来声明单元格值的序列，也可以直接使用确定的数据类型数组表示。在刚刚的例子中，如果所设置的 3 个单元格的值为 10、50 和 100，那么使用整型数组（[]int）定义单元格值的序列即可：

```
err := f.SetSheetRow("Sheet1", "B2", &[]int{10, 50, 100})
```

例 2，如果在按行赋值的范围内，有已经存在的合并单元格，比如按行赋值之前在赋值区域进行

了合并单元格操作或为存在合并单元格的行赋值,那么在声明单元格值的序列时,应该为合并单元格区域内每个单元格声明对应的值,并以合并单元格范围内最右侧单元格的值作为合并单元格的值,合并单元格范围内的其他值将被忽略。例如,你可以编写如下代码,在按行赋值之前合并 B2:C2 区域内的两个单元格,接着为第 2 行中的 A2:D2 区域内的单元格进行赋值:

```
if err := f.MergeCell("Sheet1", "B2", "C2"); err != nil {
    // 此处进行异常处理
}
err := f.SetSheetRow("Sheet1", "A2", &[]interface{}{10, nil, 50, 100})
```

保存代码并运行程序后,所生成的工作表内容如图 10-2 所示。

因为工作表中 B2:C2 区域存在合并单元格,在按行赋值时,声明单元格值的数组应该包含该区域内的两个单元格,所以数组的长度为 4;由于合并单元格操作在按行赋值操作之前,最终会以合并单元格范围内最右侧单元格的值作为合

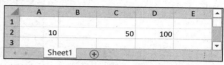

图 10-2　带有合并单元格的按行赋值

并单元格的值。在声明单元格值的数组中,索引为 1 和 2 的元素为 nil 和 50,分别对应合并单元格区域内 B2、C2 两个单元格的值,以合并单元格范围内最右侧 C2 单元格的值 50 作为最终合并单元格的值。如果按行赋值函数的调用先于合并单元格函数的,那么遵循合并单元格函数的规则,使用合并单元格区域左上角单元格的值作为最终合并单元格的值。例如,如下代码调整了单元格的值数组中元素的顺序,先按行赋值,再合并单元格:

```
err := f.SetSheetRow("Sheet1", "A2", &[]interface{}{10, 50, nil, 100})
if err != nil {
    // 此处进行异常处理
}
err := f.MergeCell("Sheet1", "B2", "C2")err := f.MergeCell("Sheet1", "B2", "C2")
```

保存这段代码,运行程序后所生成的工作表内容与图 10-2 所示的内容完全相同。

10.2.2　按列赋值

使用按列赋值 SetSheetCol() 函数可以批量设置单列上纵向排列的一系列单元格的值,其函数签名为

```
func (f *File) SetSheetCol(sheet, cell string, slice interface{}) error
```

与按行赋值函数相似,该函数的 3 项参数分别为工作表名称、赋值单元格范围内的首个单元格坐标(起始单元格坐标)和单元格值的序列。下面我们通过两个例子来熟悉该函数的使用方法。

例 1,你可以编写如下代码,在工作表 Sheet1 的 B 列上,以 B2 单元格作为起始单元格,设置 B2、B3 和 B4 这 3 个单元格的值分别为 10、50 和 100:

```
err := f.SetSheetCol("Sheet1", "B2", &[]int{10, 50, 100})
```

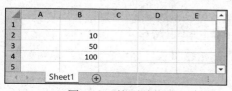

图 10-3　按列赋值

运行程序后生成的工作表内容如图 10-3 所示。

例 2,如果赋值单元格范围内存在合并单元格,比如按列赋值之前在赋值区域进行了合并单元格操作或为存在合并单元格的列赋值,那么在声明单元格值的序列时,应该为合并单元格区域内每个单元格声明对应的值,并以合并单元

格区域内最下方单元格的值作为合并单元格的值，合并单元格区域内的其他值将被忽略。例如，你可以编写如下代码，在按列赋值之前合并工作表 B 列中 B3:B4 区域内的两个单元格，接着为 B 列中的 B2:B5 区域内的单元格进行赋值：

```
if err := f.MergeCell("Sheet1", "B3", "B4"); err != nil {
// 此处进行异常处理
}
err := f.SetSheetCol("Sheet1", "B2", &[]interface{}{10, nil, 50, 100})
```

保存代码并运行程序，所生成的工作表内容如图 10-4 所示。

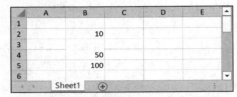

图 10-4　带有合并单元格的按列赋值

10.3　批量获取单元格

许多情况下我们需要以一定的顺序读取整张工作表中的单元格，Excelize 提供了用于批量读取单元格的按行或按列获取单元格的函数，本节将详细讨论两个函数的具体用法。

10.3.1　按行获取全部单元格的值

Excelize 基础库提供的 GetRows()函数支持根据给定的工作表名称，按行获取该工作表上全部单元格的值。当你需要批量获取工作表中全部单元格的值时，相较于使用 GetCellValue()函数逐一读取单元格，使用该函数将大幅减少所需编写的代码并提高单元格读取速度。GetRows()的函数签名为

```
func (f *File) GetRows(sheet string, opts ...Options) ([][]string, error)
```

该函数的第一项参数为工作表名称，第二项参数为可选参数，用来指定是否读取单元格的原始值。单元格的值将以[][]string 类型的二维数组返回。使用该函数对单元格的读取结果，与使用 GetCellValue()函数的读取结果完全一致。对于带有数字格式的单元格，默认情况下，如果基础库可以将单元格格式应用于单元格的值，则将返回格式化之后单元格的值，否则将返回单元格的原始值。不论对于何种数据类型的单元格，GetRows()函数都将以 Go 语言的字符串类型表示每个单元格的值。

使用该函数时，会将指定工作表中全部单元格的值加载至内存中，对于包含大规模数据的电子表格文档，将对内存产生较高的负载，因此该函数仅适用于读取小型或中等规模数据量的电子表格文档。数据规模的大小是相对而言的，程序对系统资源（CPU 计算资源、内存、磁盘存储资源）的使用情况以及性能表现，与设备硬件资源、单元格的数量、每个单元格中存储数据的长度以及用户的应用程序运行环境之间存在密切的关系。在 Excelize 的文档网站中，提供了在限定硬件设备和不同数据规模条件下，对 Excelize 基础库各项典型函数的性能评测数据报告。你可将该报告作为参考，结合实际应用场景判断在你的业务中是否适合使用此函数。

除此之外还需要注意的是，使用该函数时，工作表中行末连续为空的单元格将会被跳过，每行

中的单元格数目可能不同。假设在工作表 Sheet1 中，单元格分布情况如图 10-5 所示，图中阴影标记的部分为空单元格，这些单元格将被跳过，不会出现在返回结果中。

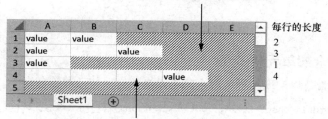

图 10-5　位于行末的连续空单元格

空单元格并非显示为空白的单元格，而是不包含任何值、公式和格式的单元格。之所以在按行获取全部单元格时跳过这些单元格，是因为可能出现在行末的大量空单元格会带来不必要的资源开销，对性能产生影响，而这些空单元格并不存储任何内容，所以忽略它们并不会影响读取工作表内容的数据完整性。

看到这里你可能会有疑问，Excelize 为何不以"表头"或工作表中长度最大的行作为基准，自动填充行末空单元格，使得返回值为一个稠密单元格矩阵呢？既然 GetRows() 返回的每行单元格长度并不固定，应该如何得知工作表中包含单元格最多的一行呢？针对这些问题，Excelize 在设计之初就根据实际的应用情况做了权衡，由于使用 Excelize 的每个开发者或者用户所面临的场景各有不同，"表头"的概念泛指表格的首行，而工作表中任意有限单元格的范围都可以构成一个"表"。基础库在读取工作表时应该以原样返回存储在工作表中的单元格数据，而不应做隐式的填充操作，有些情况下行的长度可能代表着某些特殊的含义，开发者可根据这一信息做出不同的处理，而自动填充将会造成这一信息的丢失。因此，为了避免访问 GetRows() 返回单元格数据时，索引越界导致程序发生出乎意料的错误（panic），当你访问 GetRows() 所返回二维数组中的每一行时，都需要首先判断每一行的长度。Excelize 基础库将是否为某一行单元格做填充、补齐的选择权交给用户，用户通过遍历并计算每一行所含单元格的个数，便可以得知最大行的长度，接着根据需要自行选择是否填充行末单元格。

图 10-6　学生成绩统计表

例如，对于图 10-6 所示的名为 Sheet1 的工作表，可以编写如下代码，按行获取并输出工作表中全部单元格的值：

```go
rows, err := f.GetRows("Sheet1")
if err != nil {
    // 此处进行异常处理
}
for _, row := range rows { // 遍历工作表的每一行
    for _, cell:= range row { // 遍历一行中的每个单元格
        fmt.Print(cell, "\t") // 使用制表符分隔各个单元格的值
    }
    fmt.Println() // 输出换行符
}
```

保存代码并运行程序,将会按行输出工作表 Sheet1 中全部单元格的内容:

```
学生        数学      语文
学生 A       39        90
学生 B       60        55
学生 C       86        63
学生 D       77        81
```

10.3.2 按列获取全部单元格的值

使用 GetCols()函数可以实现按列获取全部单元格的值,其函数签名为

```
func (f *File) GetCols(sheet string, opts ...Options) ([][]string, error)
```

该函数根据给定的工作表名称按列获取该工作表上全部单元格的值。函数的第一项参数为工作表名称,第二项参数为可选参数,用来指定是否读取单元格的原始值。单元格的值将以[][]string 类型的二维数组返回。使用 GetCols()函数对单元格的读取结果与使用 GetCellValue()函数的读取结果完全一致,GetCols()函数会将全部单元格的值加载至内存中。例如,你可以编写如下代码,按列获取图 10-6 所示的工作表 Sheet1 中全部单元格的值:

```
cols, err := f.GetCols("Sheet1")
if err != nil {
    // 此处进行异常处理
}
for _, col := range cols { // 遍历工作表的每一列
    for _, cell := range col { // 遍历一列中的每个单元格
        fmt.Print(cell, "\t") // 使用制表符分隔各个单元格的值
    }
    fmt.Println() // 输出换行符
}
```

保存代码并运行程序,将会按列输出工作表 Sheet1 中全部单元格的内容:

```
学生   学生 A   学生 B   学生 C   学生 D
数学   39       60       86       77
语文   90       55       63       81
```

借助 GetRows()和 GetCols()函数,可以方便地对工作表中单元格的值进行批量读取。在这两个函数的内部,是采用流式解析的方式对工作表中单元格的数据实现逐行或逐列读取的,在 17.1 节中,我们将会详细探讨有关行迭代器、列迭代器的内容。

10.4 插入与删除行列

向工作表中插入或删除行列,可能会引起工作表中公式、图表等资源所引用单元格坐标位置的更改。例如,某工作表中第 1～100 行包含数据,删除该工作表中的第 5 行,将会使得原本在第 6～100 行当中,共计 95 行的单元格的内容向上移动,调整为第 6～99 行,这些单元格的坐标位置也将会随之调整,而处于这一范围内的合并单元格、超链接、表格和引用了该范围内单元格的图表、数据透视表等内容都会受到不同程度的影响。如果该工作表包含任何引用值,在使用 Excelize 插入或删除行列后,使用 Excel 打开所生成的文档时将可能会出现文件错误。Excelize 目前仅对工作表中行

列样式、超链接、表格、合并单元格、自动筛选器、公式计算链等部分关联引用进行自动更新调整，因此在使用插入与删除行列函数时，需要谨慎考虑对工作表中其他内容的影响。

10.4.1 插入行

Excelize 基础库提供了用于批量插入行的 InsertRows()函数，可根据给定的工作表名称、基准行编号和要插入的行数，在指定行之前插入空白行，其函数签名为

```
func (f *File) InsertRows(sheet string, row, n int) error
```

例如，你可以编写如下代码，在名为 Sheet1 的工作表中的第 3 行之前插入两行空白行：

```
err := f.InsertRows("Sheet1", 3, 2)
```

需要注意的是，插入的空白行将使用默认的行样式，如果你希望插入的行样式与基准行的样式保持一致（即继承基准行的行样式），那么需要先获取基准行的样式索引，然后为插入的行设置行样式。

10.4.2 插入列

Excelize 基础库提供了用于批量插入列的 InsertCols()函数，可根据给定的工作表名称、基准列名称和要插入的列数，在指定列前插入空白列，其函数签名为

```
func (f *File) InsertCols(sheet, col string, n int) error
```

例如，你可以编写如下代码，在名为 Sheet1 的工作表中的 C 列之前插入两列空白列：

```
err := f.InsertCols("Sheet1", "C", 2)
```

正如插入行时对样式的处理方式那样，插入的空白列也将会使用默认的列样式。如果你希望插入的列样式与基准列的样式保持一致，那么需要先获取基准列的样式索引，然后为插入的列设置列样式。我们将在 11.3 节详细讨论如何设置行列样式和获取列样式索引。

10.4.3 删除行

当你需要删除整行单元格时，可以使用 Excelize 基础库提供的 RemoveRow()函数，根据给定的工作表名称和行编号删除指定行，其函数签名为

```
func (f *File) RemoveRow(sheet string, row int) error
```

例如，你可以编写如下代码，删除工作表 Sheet1 中的第 3 行：

```
err := f.RemoveRow("Sheet1", 3)
```

需要注意的是，该函数用于删除单行单元格，当需要删除多行时，请在循环中调用或多次调用该函数。

10.4.4 删除列

当你需要删除整列单元格时，可以使用 Excelize 基础库提供的 RemoveCol()函数，根据给定的工作表名称和列名称删除指定列，其函数签名为

```
func (f *File) RemoveCol(sheet, col string) error
```

例如，你可以编写如下代码，删除工作表 Sheet1 中的 C 列：

```
err := f.RemoveCol("Sheet1", "C")
```

需要注意的是，删除列函数与删除行函数类似，每次调用该函数时，仅可删除单列单元格，当需要删除多列时，在循环中调用或多次调用该函数即可。

10.5　复制行

Excelize 提供了两种用于复制整行单元格数据的方式：追加复制和普通复制。与插入或删除行操作对单元格引用所带来的影响相同，复制行操作也可能会引起工作表中公式、图表等资源所引用单元格坐标位置的更改。因此在使用复制行函数时，需要谨慎考虑对工作表中其他内容的影响。

10.5.1　追加复制行

追加复制行指的是：在被复制的行之后追加复制该行。使用 Excelize 基础库提供的 DuplicateRow() 函数进行追加复制，其函数签名为

```
func (f *File) DuplicateRow(sheet string, row int) error
```

该函数具有两项参数，分别是被复制行所在的工作表名称和被复制的行编号。Excelize 将会帮助我们在该行后追加复制，追加复制后的行将会继承被复制行的样式。例如，你可以编写如下程序，对工作表 Sheet1 中的第 2 行进行追加复制，将其复制到第 3 行：

```
err := f.DuplicateRow("Sheet1", 2)
```

上述代码将会在原本的第 3 行之前插入新的一行，原本第 3 行及第 3 行之后的全部行编号将会递增 1，追加复制后第 3 行的单元格与行样式与被复制的第 2 行的完全相同。

10.5.2　普通复制行

Excelize 提供了用于复制行的 DuplicateRowTo() 函数，允许将被复制的行复制到任意目标行，其函数签名为

```
func (f *File) DuplicateRowTo(sheet string, row, row2 int) error
```

该函数具有 3 项参数，分别是被复制行所在的工作表名称、被复制的行编号和要复制到的目标行行编号。该函数会将被复制的行复制到目标行上，而目标行与目标行之后的全部行编号将会递增 1。复制后的目标行将会继承被复制行的样式。例如，你可以使用如下代码，将工作表 Sheet1 的第 2 行复制到第 7 行：

```
err := f.DuplicateRowTo("Sheet1", 2, 7)
```

经过复制后，原本第 7 行及第 7 行之后的全部行编号将会递增 1，复制后第 7 行的行样式与被复制的第 2 行的行样式完全相同。

10.6　行高度与列宽度

工作表中各行或各列的宽度是可调的，当单元格的默认大小不足以显示其中的内容时，我们可

以将行高度或列宽度调整到合适的大小，以便更加清晰地展示工作表中的数据。本节将探讨如何利用 Excelize 设置和获取工作表中的行高度和列宽度。

10.6.1　设置行高度

当你需要增加或减少工作表中的行高度时，可以使用 Excelize 提供的 SetRowHeight()函数对行高度进行调节，其函数签名为

```
func (f *File) SetRowHeight(sheet string, row int, height float64) error
```

该函数的 3 项参数分别为工作表名称、行编号和要设置的行高度。行高度以点大小（Point Size，通常缩写为 pt）作为单位，这是一种用于印刷的长度单位，长度是 $\frac{1}{72}$ 英寸，约等于 0.353 毫米。在设置行高度时，设定值必须大于等于 1，并且小于等于 409，超出此范围的行高度无效，函数将返回错误提示信息。例如，可以编写如下代码，设置工作表 Sheet1 中首行的高度为 20.5 点：

```
err := f.SetRowHeight("Sheet1", 1, 20.5)
```

如果将行高度设置为-1，将清除自定义行高。如果将行高度设置为 0，将隐藏指定的行。此外，如果需要隐藏指定的行，可以使用设置行可见性的函数进行设置，10.7.1 节将详细讨论设置行可见性的函数。

10.6.2　获取行高度

使用 Excelize 基础库提供的 GetRowHeight()函数可根据给定的工作表名称和行编号获取工作表中指定行的高度，其函数签名为

```
func (f *File) GetRowHeight(sheet string, row int) (float64, error)
```

若给定行未设置自定义行高度，将返回默认的行高度 15.0。例如，你可以使用如下代码，获取工作表 Sheet1 中首行的高度：

```
height, err := f.GetRowHeight("Sheet1", 1)
```

10.6.3　设置列宽度

当你需要增加或减少工作表中列的宽度时，可以使用 Excelize 提供的 SetColWidth()函数对列的宽度进行调节，其函数签名为

```
func (f *File) SetColWidth(sheet, startCol, endCol string, width float64) error
```

该函数支持设置单列或多列的宽度，它的 4 项参数分别是工作表名称、列范围中的起始列名称、列范围中的终止列名称和列宽度。如果仅需改变单列的宽度，指定相同的起始列名称和终止列名称即可。该函数是并发安全的，这意味着你可以在不同的协程中并发设置列的宽度。在设置列宽度时，设定值必须大于等于 0，并且小于等于 255，超出此范围的列宽度是无效的，函数将返回错误提示信息。如果设置的列宽度为 0 则代表隐藏该列。注意，这里所说的列宽度，并非用户在电子表格应用界面中看到的列宽度，而是存储于文档中的列宽度。

OpenXML 标准的 18.3.1.13 节对存储于文档中的列宽度进行了定义。使用电子表格应用时，设

置的列宽度表示使一列中能够以默认字体样式呈现数字 0～9 的最大字符数。假设在应用中设置列的宽度为 8，意味着使该列能够以默认字体样式完整地显示 8 位数字，但是最终存储于文档中的值并非用户在应用中输入的值 8。由于存在其他因素影响最终的存储值，这其中涉及一系列计算：列的两侧与内容之间分别有 2 像素的内边距，列与网格线之间有 1 像素的内边距，这 5 像素加上内容的宽度共同组成了列的宽度。

通过电子表格应用界面所输入的宽度 N 和每个字符占据的像素宽度 p，计算最终存储在文档中的宽度 W 的公式为

$$W = \text{Truncate}\left(\frac{\dfrac{Np+5}{p} \cdot 256}{256}\right)①$$

假设某工作簿默认使用 11 号 Calibri 字体，在每英寸点数（Dots Per Inch，DPI）为 96 的显示设备中，每位数字占据 7 像素的宽度，如果你希望设置列宽度在电子表格应用界面中显示为 8，代入上述公式计算可得出存储于工作簿文档中的列宽度：Truncate((8×7+5)/7×256)/256=8.7109375。因此在使用 SetColWidth()函数时，需要指定列宽度的值为 8.7109375。下面我们通过两个例子来了解该函数的使用方法。

例 1，你可以编写如下代码，设置工作表 Sheet1 中 C 列的宽度为 8.7109375：

```
err := f.SetColWidth("Sheet1", "C", "C", 8.7109375)
```

例 2，使用如下代码，批量设置名为 Sheet1 的工作表中，A:H 列的宽度为 8.7109375：

```
err := f.SetColWidth("Sheet1", "A", "H", 8.7109375)
```

10.6.4　获取列宽度

使用 Excelize 基础库提供的 GetColWidth()函数，可根据给定的工作表名称和列名称获取工作表中指定列的宽度，该宽度并非电子表格应用界面中显示列的宽度，而是存储于文档中的列宽度。其函数签名为

```
func (f *File) GetColWidth(sheet, col string) (float64, error)
```

若用户指定的列未设置自定义列宽度，将返回默认的列宽度 9.140625。例如，你可以使用如下代码获取名为 Sheet1 的工作表中 C 列的宽度：

```
width, err := f.GetColWidth("Sheet1", "C")
```

我们已经知道，由于单元格中数字所采取的字体不同，受到显示设备 DPI 的影响，字体在不同的硬件设备、操作系统中所占像素数量也不尽相同，因此根据列宽度计算出的像素数值在不同操作系统、不同版本或不同设备中安装的电子表格应用打开后可能存在差异，换句话说，同样的列宽度在不同环境下的电子表格应用中打开时，界面上所显示的像素宽度并不完全相等。

通过最终存储在文档中的宽度 W 和每个字符占据的像素宽度 p，计算电子表格应用界面中显示的列宽度像素数 P 的公式为

---

① Truncate()函数的作用是取数值的整数位，不对小数位做四舍五入。

$$P = \text{Truncate}\left(\frac{256W + \text{Truncate}\left(\dfrac{128}{p}\right)}{256}p\right)$$

假设某工作簿默认使用 11 号 Calibri 字体，在 DPI 为 96 的显示设备中，每位数字占据 7 像素的宽度，使用 GetColWidth() 函数读取到某列的宽度值为 8.7109375，那么在电子表格应用中打开该工作簿时，该列所对应的像素宽度值为 Truncate(((256×8.7109375+Truncate(128/7))/256)×7)=61 像素。

10.7　行列可见性

有些情况下我们需要隐藏工作表中的行或列。例如，对带有重复数据的行进行筛选去重，或者是隐藏某些带有重要数据的单元格。本节将讨论 Excelize 中设置和获取行列可见性的相关函数。

10.7.1　设置行可见性

我们可以使用 Excelize 基础库提供的 SetRowVisible() 函数对工作表中行的可见性进行设置，其函数签名为

```
func (f *File) SetRowVisible(sheet string, row int, visible bool) error
```

该函数具有 3 项参数，分别是工作表名称、行编号和布尔型的行可见性参数。对于行可见性参数的值，true 代表可见（即取消隐藏行），false 代表不可见（即隐藏行）。例如，你可以编写如下代码，隐藏工作表 Sheet1 中的第 2 行：

```
err := f.SetRowVisible("Sheet1", 2, false)
```

10.7.2　获取行可见性

使用 Excelize 基础库提供了 GetRowVisible() 函数，可根据给定的工作表名称和行编号获取工作表中指定行的可见性，其函数签名为

```
func (f *File) GetRowVisible(sheet string, row int) (bool, error)
```

例如，你可以编写如下代码，获取工作表 Sheet1 中第 2 行的可见性：

```
visible, err := f.GetRowVisible("Sheet1", 2)
```

不要忘记检查变量 err 的值是否为 nil，保存代码并运行程序。如果未出现异常，变量 visible 的值为 true，代表第 2 行可见；否则 visible 的值为 false，表示第 2 行不可见。

10.7.3　设置列可见性

当你需要隐藏或取消隐藏工作表中的某列单元格时，可以使用 Excelize 提供的 SetColVisible() 函数设置列可见性，其函数签名为

```
func (f *File) SetColVisible(sheet, col string, visible bool) error
```

该函数的 3 项参数分别是工作表名称、列名称范围和布尔型的列可见性参数。该函数支持设置单列或多列可见性。若仅需设置单列可见性，列范围参数的值使用列名称即可。对于列可见性参数

的值，true 代表可见（即取消隐藏列），false 代表不可见（即隐藏列）。下面我们通过两个例子来了解该函数的具体使用方法。

例 1，你可以编写如下代码，隐藏工作表 Sheet1 中的 D 列（第 4 列）：

```
err := f.SetColVisible("Sheet1", "D", false)
```

例 2，使用如下代码，批量取消隐藏 Sheet1 工作表中的 D:F 列：

```
err := f.SetColVisible("Sheet1", "D:F", true)
```

10.7.4 获取列可见性

Excelize 基础库提供的 GetColVisible() 函数，可根据给定的工作表名称和列名称获取工作表中指定列的可见性，其函数签名为

```
func (f *File) GetColVisible(sheet, column string) (bool, error)
```

例如，你可以编写如下代码，获取工作表 Sheet1 中 D 列（第 4 列）的可见性：

```
visible, err := f.GetColVisible("Sheet1", "D")
```

保存代码并运行程序，如果变量 visible 的值为 true，代表 D 列可见；否则 visible 的值为 false，表示 D 列不可见。

10.8 组合行列

对工作表中行或列的组合操作也可称为创建行列分组或创建行列分级显示。这类操作通常用于对工作表中的数据进行汇总分组，创建组合行列可以将相关联的数据分为一组，使得数据层次更加清晰明了、方便查看和管理。行列分组最多支持 8 个级别，下面我们将讨论如何利用 Excelize 基础库创建和获取组合行列。

10.8.1 创建组合行

工作表中的创建组合行操作也可被称为创建行的分级显示或创建行分组。Excelize 提供了 SetRowOutlineLevel() 函数，用于创建组合行，其函数签名为

```
func (f *File) SetRowOutlineLevel(sheet string, row int, level uint8) error
```

该函数根据给定的工作表名称、行编号和分级参数创建组合行。其中分级参数 level 的取值范围是 1～8。该函数用于设置单行的分级，使用该函数对带有相同分级的连续行设置分级即可形成组合行。例如，在图 10-7 所示的工作表中，统计了某工厂两个生产车间的 4 种零件的产量情况，表中记录了每个月产量的明细数据，并按季度对产量做了汇总统计。

你可以编写如下代码，在工作表中按季度创建组合行。分别将工作表 Sheet1 中的第 3～6 行、第 7～10 行、第 11～14 行、第 15～18 行进行分组，并将行的分级设置为 1：

```
for _, rows := range [][]int{
    {3, 6}, {7, 10}, {11, 14}, {15, 18},
} {
```

```
for r := rows[0]; r < rows[1]; r++ {
    if err := f.SetRowOutlineLevel("Sheet1", r, 1); err != nil {
        // 此处进行异常处理
    }
}
}
```

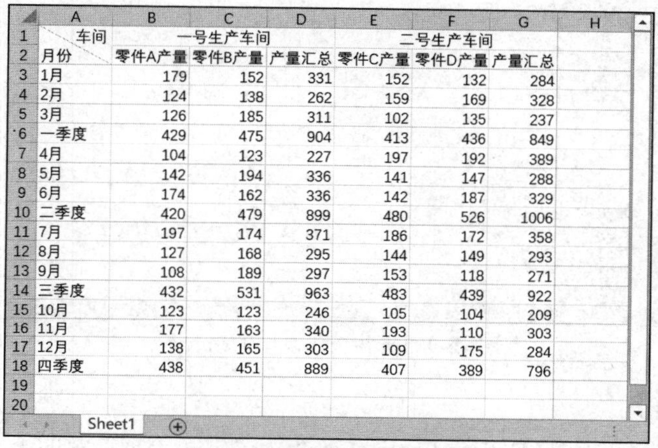

图 10-7　零件产量统计表

代码中首先声明并遍历用于定义 4 个组合行的起始行和终止行编号的数组。在变量名为 rows 的数组中，下标为 0 的元素代表组合行起始行编号，下标为 1 的元素代表组合行终止行编号。接着在循环中使用 SetRowOutlineLevel() 函数为分组范围内的行设置相同的分级。保存并运行这段程序，在 Excel 中打开生成的工作簿，可以看到图 10-8 所示的效果。

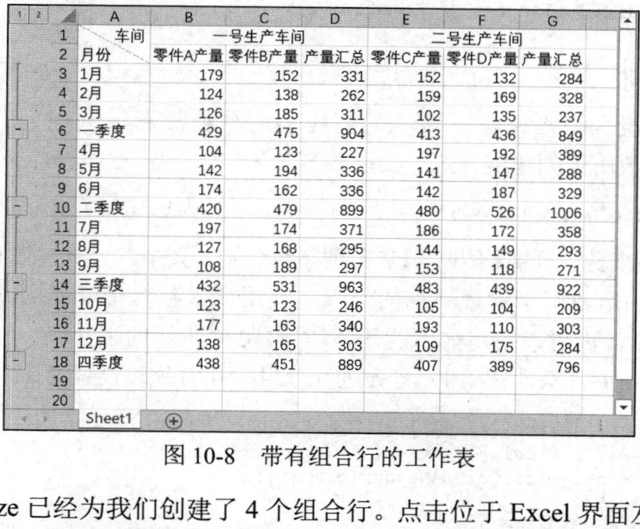

图 10-8　带有组合行的工作表

可以看到，Excelize 已经为我们创建了 4 个组合行。点击位于 Excel 界面左侧行编号之前的分组折叠按钮（ - 和 + ），可折叠或展开特定的行分组。此外，你还可以点击左上角的分级数按钮，折叠或展开特定分级中的行，使工作表中的数据层次分明，便于查阅和管理。例如，点击分级为 1 的按钮（1），将会折叠分级为 1 的组合行，如图 10-9 所示。

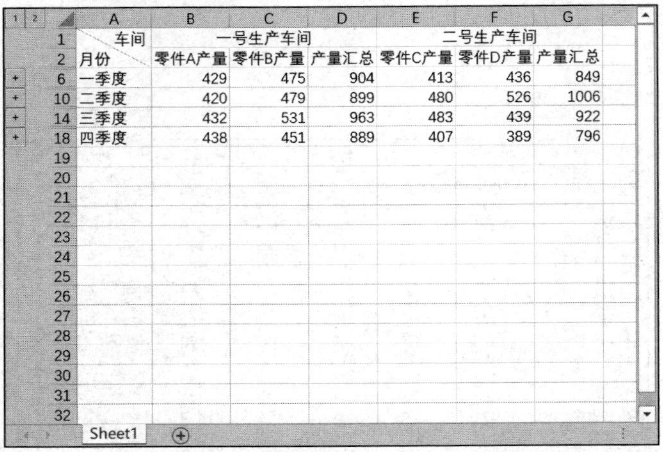

1 2		A	B	C	D	E	F	G
1		车间		一号生产车间			二号生产车间	
2		月份	零件A产量	零件B产量	产量汇总	零件C产量	零件D产量	产量汇总
6		一季度	429	475	904	413	436	849
10		二季度	420	479	899	480	526	1006
14		三季度	432	531	963	483	439	922
18		四季度	438	451	889	407	389	796

图 10-9　折叠工作表中的组合行

10.8.2　获取组合行

使用 Excelize 基础库提供的 GetRowOutlineLevel()函数，可根据给定的工作表名称和行编号获取工作表中指定行的分级显示，具有相同分级的连续行可被视为组合行。其函数签名为

```
func (f *File) GetRowOutlineLevel(sheet string, row int) (uint8, error)
```

若给定行未设置分级显示，将返回默认值 0。例如，你可以使用如下代码，获取工作表 Sheet1 中第 2 行的分级：

```
level, err := f.GetRowOutlineLevel("Sheet1", 2)
```

10.8.3　创建组合列

工作表中的创建组合列操作也可被称为创建列的分级显示或创建列分组。Excelize 提供了 SetColOutlineLevel()函数用于创建组合列，其函数签名为

```
func (f *File) SetColOutlineLevel(sheet, col string, level uint8) error
```

根据给定的工作表名称、列名称和分级参数创建组合列。其中，分级参数 level 的取值范围是 1～8。SetColOutlineLevel()函数用于设置单列的分级，使用该函数对带有相同分级的连续列设置分级即可形成组合列。例如，你可以编写如下代码，在图 10-7 所示的工作表中按车间创建组合列，按照 B:D（第 2～4 列）、E:G（第 5～7 列）将列进行分组，并将分级设置为 1：

```
for _, cols := range [][]int{{2, 4}, {5, 7}} {
    for c := cols[0]; c < cols[1]; c++ {
        col, err := excelize.ColumnNumberToName(c)
        if err != nil {
            // 此处进行异常处理
        }
        err = f.SetColOutlineLevel("Sheet1", col, 1)
        if err != nil {
```

```
        // 此处进行异常处理
      }
    }
  }
```

代码中首先声明并遍历用于定义 2 个组合列的起始列和终止列编号的数组，在变量名为 cols 的数组中，下标为 0 的元素代表组合列范围内起始列编号，下标为 1 的元素代表组合列范围内终止列编号，接着在循环中通过 ColumnNumberToName()函数将列编号转换为列名称，然后调用 SetColOutlineLevel()函数为分组范围内的每列设置相同的分级。保存并运行该程序，在 Excel 中打开生成的工作簿，可以看到图 10-10 所示的效果。

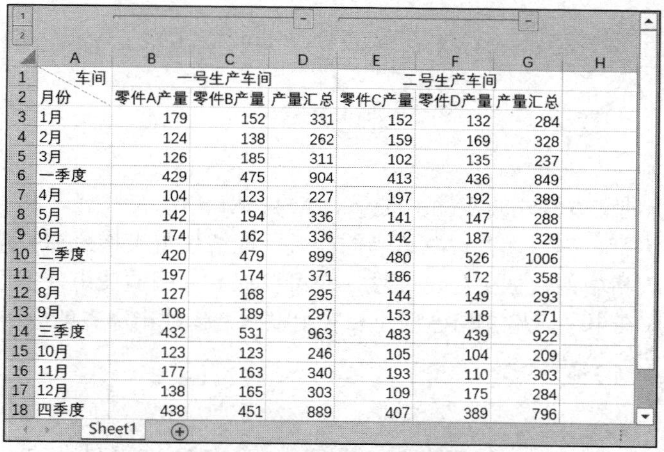

图 10-10　带有组合列的工作表

10.8.4　获取组合列

使用 Excelize 基础库提供的 GetColOutlineLevel()函数，可根据给定的工作表名称和列名称获取工作表中指定列的分级显示，具有相同分级的连续列可被视为组合列，其函数签名为

```
func (f *File) GetColOutlineLevel(sheet, col string) (uint8, error)
```

若给定列未设置分组，将返回默认值 0。例如，你可以编写如下代码，获取工作表 Sheet1 中 D 列（第 4 列）的分级：

```
level, err := f.GetColOutlineLevel("Sheet1", "D")
```

10.9　小结

Excelize 基础库中的行列处理功能可以帮助我们用更加简洁的代码，高效地处理单元格。现在，你应该对这些功能的使用和它们所适用的场景比较熟悉了，借助这些功能可以实现批量管理单元格数据、调整行列样式以及对行列进行分组等操作，使得工作表中的数据可读性更强、层次更加清晰。

在接下来的章节中，我们将会接触到电子表格中样式相关的内容，你将学习如何创建样式并将其应用到单元格、行、列、条件格式、图表、批注等内容当中。

第 11 章

样式

与 CSV、TSV 等纯文本格式的文件不同，XLAM、XLSX、XLTM 等格式的电子表格文档能够存储样式。为单元格、行、列等元素设置适当的样式，能够使得表格更加美观易用。为表格设置专业样式，不仅可以让表格中的数据更具可读性，还可以提高文档的使用效率。本章将会深入探讨如何使用 Excelize 基础库在电子表格文档中创建和应用样式，创建出漂亮的电子表格文档。

11.1 创建样式

在电子表格文档中，样式是一组定义的格式特征，其中的格式包括边框、填充、字体、数字格式等。我们常会通过创建指定的样式来代表特殊的含义，例如为工作表中重要的数据、需要备注的内容或存在异常的部分设置样式以进行标注。使用 Go 语言 Excelize 基础库提供的 NewStyle()函数可以方便地通过给定的格式定义创建样式，其函数签名为

```
func (f *File) NewStyle(style *Style) (int, error)
```

通过*Style 类型的参数声明样式，该函数会将格式定义存储于工作簿的样式表部件中。样式创建成功后将会返回格式定义在样式表中的索引。格式索引可用于为单元格、行、列等元素设置样式。需要注意的是，对一个工作簿而言，使用 NewStyle()函数能够创建不同的单元格格式的数量上限为 65 430 个，如果创建的格式数量超出该限制将返回异常。工作簿中每个格式索引都是唯一的，同一格式索引在不同的工作簿之间不可复用。表 11-1 展示了*Style 数据类型中支持设置的格式选项，表中每个格式选项都是可选的。

表 11-1　*Style 数据类型中支持设置的格式选项

选项	数据类型	描述
Border	[]Border	用于定义边框格式，默认不使用边框
Fill	Fill	用于定义填充格式，默认无填充
Font	*Font	用于定义字体格式，默认使用工作簿的全局默认字体

续表

选项	数据类型	描述
Alignment	*Alignment	用于定义对齐方式，默认为自动对齐，即对于文本类型单元格的值，采用水平方向靠左对齐，垂直方向靠下对齐；对于数值类型单元格的值，采用水平方向靠右对齐，垂直方向靠下对齐
Protection	*Protection	用于定义保护单元格相关的属性，默认关闭隐藏公式，开启单元格锁定。需要注意的是，只有开启了保护工作表，通过此选项设置的锁定单元格或隐藏公式才有效
NumFmt	int	用于指定预设的数字格式索引，默认值为 0，代表套用预设"常规"数字格式
DecimalPlaces	*int	当使用数字格式索引设置货币格式时，用于指定格式化十进制数值时保留的小数位数，默认值为 2，代表保留 2 位小数
CustomNumFmt	*string	用于设置自定义数字格式，默认不套用任何自定义数字格式
NegRed	bool	当使用数字格式索引设置货币格式时，用于指定是否为负数数值使用红色文本高亮格式，默认值为 false，代表不使用红色文本高亮格式

　　为了最大限度地减少格式重复定义导致生成文档大小的膨胀，当使用完全相同的格式定义创建样式时，NewStyle()函数将返回相同的格式索引。可以使用同一格式索引为不同的单元格、行、列等设置相同的样式，样式的复用在避免存储冗余格式的同时，还可以减少创建样式函数的调用次数，从而提高性能。接下来我们将逐一探讨如何定义构成样式的各种格式。

11.1.1　边框

　　Excelize 基础库支持在单元格或单元格区域周围添加边框，可以十分灵活地对边框的类型、线型和颜色进行设置。通过 Border 数据类型的数组可自定义多种类型的边框，表 11-2 展示了 Border 数据类型中支持设置的边框格式选项。

表 11-2　Border 数据类型中支持设置的边框格式选项

选项	数据类型	描述
Type	string	必选格式选项，用于指定边框的类型，6 项可选值及其对应的含义如下。 left：左侧边框。 top：顶部边框。 bottom：底部边框。 right：右侧边框。 diagonalDown：对角线向下。 diagonalUp：对角线向上
Color	string	以十六进制颜色码表示的边框颜色。例如 0000FF 表示蓝色边框
Style	int	用于设置边框线型的索引，取值范围是 0～13，分别对应 14 种预设边框线型，每个索引所代表的边框线型，详见表 11-3。该选项的默认值为 0，即无边框

　　我们可以通过设置 Border 数据类型中 Style 选项的值，选择不同的预设边框线型，这些预设边框线型和电子表格应用中的完全一致，包括不同线型和粗细程度。表 11-3 列出了边框线型索引与其代表的边框线型名称、线条粗细程度和预览效果。

表 11-3 边框线型索引与边框线型对照

边框线型索引	线型名称	粗细程度	预览效果
0	无	0	
1	连续线	1	——————
2	连续线	2	——————
3	短线	1	....
4	点线	1	....
5	连续线	3	——————
6	双线	3	══════
7	连续线	0	
8	短线	2	━ ━ ━ ━
9	短线与点间隔线	1	—·—·—·—
10	短线与点间隔线	2	—·—·—·—
11	短线与两个点一组重复线	1	—··—··—
12	短线与两个点一组重复线	2	—··—··—
13	斜线与点线	2	╱·╱·╱·

需要注意的是，在对同一单元格区域设置边框格式时，如果同时使用 diagonalDown 和 diagonalUp 设置了对角线向下和对角线向上类型的边框，那么在设置边框时，需要保持这两种类型的边框使用同一颜色与线型。

下面我们使用 NewStyle()函数来创建一个带有不同线型和颜色的边框格式。编写如下代码，定义边框格式并创建格式：

```
styleIdx, err := f.NewStyle(&excelize.Style{
    Border: []excelize.Border{
        {Type: "left", Color: "0000FF", Style: 3},
        {Type: "top", Color: "00FF00", Style: 4},
        {Type: "bottom", Color: "FFE600", Style: 5},
        {Type: "right", Color: "FF0000", Style: 6},
        {Type: "diagonalDown", Color: "A020F0", Style: 8},
        {Type: "diagonalUp", Color: "A020F0", Style: 8},
    },
})
if err != nil {
    fmt.Println(err)
}
```

代码中使用 NewStyle()函数创建边框格式，在[]Border 数据类型的参数中声明了 6 个元素，它们分别定义了左侧、顶部、底部、右侧、对角线向下和对角线向上 6 种类型的边框。对角线向下和对角线向上类型的边框使用相同的颜色，均为十六进制颜色码 A020F0，其余 4 种类型的边框使用不同的颜色。并且除了对角线向下和对角线向上类型的边框，其余 4 种类型的边框都使用了不同的样式。声明变量 styleIdx 和 err 接收 NewStyle()函数返回的格式索引和错误异常。检查可能出现的异常，接着继续编写如下代码，使用 SetCellStyle()函数（9.4.1 节详细介绍了该函数的使用方法）为工作表 Sheet1

中 B2 单元格设置刚刚创建的格式：

```
err = f.SetCellStyle("Sheet1", "B2", "B2", styleIdx)
```

保存代码并运行程序，使用 Excel 打开生成的工作簿。如果一切顺利，可以看到图 11-1 所示的单元格格式（见文前彩图）。

在图 11-1 中，B2 单元格左侧、顶部、底部、右侧边框的颜色分别为蓝色、浅绿色、中黄色和红色，对角线向下和对角线向上边框的颜色为紫色。通过这个例子，你应该已经了解如何设置具有不同格式的单元格边框了。在某些情况下，你可能需要在合并单元格中制作带有单斜线的表头，此时仅需在[]Border 数据类型的选项中指定对角线向下或对角线向上类型的边框即可。而对于带有多斜线的表头则可以通过插入图片或形状（Shape）的方式进行设置，有关在工作表中插入图片或形状的方法将在第 13 章进行讨论。

下面我们再来看一个设置多单元格边框格式的例子。假设我们想要为工作表 Sheet1 中 B2:E5 区域内的单元格设置图 11-2 所示的单元格边框格式。

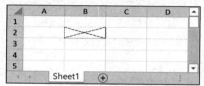

图 11-1　为单元格设置带有边框格式的样式

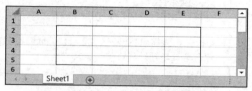

图 11-2　为多单元格设置边框格式

通过观察可以发现，图 11-2 中，B2:E5 区域内的单元格包含以下 9 种边框格式：

- 位于 B2:E5 区域内，C3:D4 区域内的 4 个单元格具有相同的边框格式，4 条边的边框类型均为虚线；
- 位于 B2:E5 区域内，左上角的 B2 单元格具有两类边框格式，左边和上边为实线边框，右边和下边为虚线边框；
- 位于 B2:E5 区域顶部，C2:D2 区域内的 2 个单元格具有相同的边框格式，除了上边框类型为实线，其余边框均为虚线；
- 位于 B2:E5 区域内，右上角的 E2 单元格具有两类边框格式，右边和上边为实线边框，左边和下边为虚线边框；
- 位于 B2:E5 区域左侧，B3:B4 区域内的 2 个单元格具有相同的边框格式，除了左边框类型为实线，其余边框均为虚线；
- 位于 B2:E5 区域右侧，E3:E4 区域内的 2 个单元格具有相同的边框格式，除了右边框类型为实线，其余边框均为虚线；
- 位于 B2:E5 区域内，左下角的 B5 单元格具有两类边框格式，左边和下边为实线边框，上边和右边为虚线边框；
- 位于 B2:E5 区域底部，C5:D5 区域内的 2 个单元格具有相同的边框格式，除了下边框类型为实线，其余边框均为虚线；
- 位于 B2:E5 区域内，右下角的 E5 单元格具有两类边框格式，右边和下边为实线边框，左边和上边为虚线边框。

另外所有边框的颜色均为黑色，在确定边框格式之后，我们就可以编写如下代码，创建并设置 B2:E5 区域内单元格的边框格式了：

```
styles := [][]interface{}{
    {"C3", "D4", 7, 7, 7, 7}, {"B2", "B2", 2, 2, 7, 7}, {"C2", "D2", 7, 2, 7, 7},
    {"E2", "E2", 7, 2, 7, 2}, {"B3", "B4", 2, 7, 7, 7}, {"E3", "E4", 7, 7, 7, 2},
    {"B5", "B5", 2, 7, 2, 7}, {"C5", "D5", 7, 7, 2, 7}, {"E5", "E5", 7, 7, 2, 2},
}
for _, style := range styles {
    styleIdx, err := f.NewStyle(&excelize.Style{
        Border: []excelize.Border{
            {Type: "left", Color: "000000", Style: style[2].(int)},
            {Type: "top", Color: "000000", Style: style[3].(int)},
            {Type: "bottom", Color: "000000", Style: style[4].(int)},
            {Type: "right", Color: "000000", Style: style[5].(int)},
        },
    })
    if err != nil {
        // 此处进行异常处理
    }
    if err = f.SetCellStyle("Sheet1", style[0].(string), style[1].(string), styleIdx); err != nil {
        // 此处进行异常处理
    }
}
```

上述代码首先声明二维数组类型变量 styles，用于定义 9 种不同类型边框格式所对应的单元格坐标范围和边框线型的索引。接着遍历该二维数组，同时调用 NewStyle()函数创建样式，声明变量 styleIdx 用于存储格式索引。最后使用 SetCellStyle()函数为单元格设置相应的格式。保存代码并运行程序，使用 Excel 打开生成的工作簿。如果一切顺利，你将看到工作表 Sheet1 中 B2:E5 区域内的单元格格式已经被设置好了。

通过以上两个例子，相信你已经熟悉了如何设置复杂边框格式。组合应用 Excelize 基础库的创建样式与设置单元格格式函数，便可以创建多种格式的边框，实现灵活设置边框格式。

11.1.2 填充

很多时候，我们需要为单元格设置背景颜色或图案填充，突出显示单元格中的数据或区分不同单元格中的内容。在使用 NewStyle()函数创建样式时，支持在 Fill 数据类型的选项中声明并创建自定义填充格式。表 11-4 列出了 Fill 数据类型中支持设置的填充格式选项。

表 11-4 Fill 数据类型中支持设置的填充格式选项

选项	数据类型	描述
Type	string	必选格式选项，用于指定填充的方式，该选项的两项可选值分别是： gradient（表示采用双色渐变填充）； pattern（表示采用单色或图案填充）
Pattern	int	可选格式选项，当填充方式为"单色或图案填充"时，该选项用于设置表示填充图案的索引，索引的取值范围是 0～18，对应 19 种预设填充图案，每个索引所代表的图案详见表 11-5。该选项的默认值为 0，即无图案

选项	数据类型	描述
Color	[]string	以十六进制颜色码表示的填充颜色序列； 当填充方式为"双色渐变填充"时，用于声明"颜色1"和"颜色2"； 当填充方式为"单色或图案填充"时，用于声明"背景颜色"或"图案颜色"
Shading	int	当填充方式为"双色渐变填充"时，用于设置表示底纹样式的索引，索引的取值范围是0～16，对应17种预设底纹和变形效果，每个索引所代表的底纹和变形效果详见表11-6。该选项的默认值为0，即采用水平底纹

当采用"单色或图案填充"方式时，可在 Fill 数据类型中设置 Pattern 选项指定填充图案的格式。表 11-5 列出了 19 种预设填充图案索引、图案样式名称和图案预览效果。

表 11-5　填充图案索引与预览效果对照

图案索引	图案样式名称	图案预览效果	图案索引	图案样式名称	图案预览效果
0	无		10	粗对角线剖面线	
1	实心		11	细水平条纹	
2	对角线剖面线		12	细垂直条纹	
3	50%灰色		13	细逆对角线条纹	
4	25%灰色		14	细对角线条纹	
5	水平条纹		15	细水平剖面线	
6	垂直条纹		16	细对角线剖面线	
7	逆对角线条纹		17	12.5%灰色	
8	对角线条纹		18	6.25%灰色	
9	75%灰色				

当采用"双色渐变填充"方式时，可在 Fill 数据结构中设置 Shading 选项来指定渐变填充底纹变形效果。表 11-6 列出了共 6 类 17 种预设底纹和变形效果索引、变形效果分类和变形预览效果。

表 11-6　渐变填充底纹变形效果对照

变形效果索引	变形效果分类	变形预览效果	变形效果索引	变形效果分类	变形预览效果
0	水平		9	斜下	
1	水平		10	斜下	
2	水平		11	斜下	
3	垂直		12	角部辐射	
4	垂直		13	角部辐射	
5	垂直		14	角部辐射	
6	斜上		15	角部辐射	
7	斜上		16	中心辐射	
8	斜上				

Excelize 通过以上这些选项，能够实现非常丰富和灵活的填充格式设置。下面我们通过两个具体的例子来学习使用 NewStyle()函数创建带有填充格式的样式。

例 1，你可以编写如下代码，定义填充格式并创建样式：

```
styleIdx, err := f.NewStyle(&excelize.Style{
    Fill: excelize.Fill{Type: "pattern", Color: []string{"E0EBF5"}, Pattern: 1},
})
if err != nil {
    // 此处进行异常处理
}
```

代码中使用 NewStyle()函数创建填充格式，在 Fill 数据类型的参数中声明 Type 的值为"pattern"，表示使用“单色或图案填充”。Pattern 选项的值为 1，代表使用实心样式图案填充。Color 数组中使用十六进制颜色码设置填充颜色为浅蓝色。定义变量 styleIdx 和 err 接收 NewStyle()函数返回的格式索引和错误异常，检查可能出现的异常。接着编写如下代码，使用 SetCellStyle()函数为工作表 Sheet1 中 B2:C4 区域内的 6 个单元格设置刚刚创建的填充格式：

```
err = f.SetCellStyle("Sheet1", "B2", "C4", styleIdx)
```

保存并运行代码后，使用 Excel 打开程序生成的工作簿。如图 11-3 所示（见文前彩图），B2:C4 区域内单元格的填充颜色已被设置成了浅蓝色。

例 2，在本例中，我们将会合并工作表 Sheet1 中 B2:C4 区域内的 6 个单元格，并为这个合并单元格设置带有水平渐变底纹变形效果的填充格式。编写如下代码，创建并设置单元格格式：

```
styleIdx, err := f.NewStyle(&excelize.Style{
    Fill: excelize.Fill{
        Type:    "gradient", // 指定填充方式为双色渐变填充
        Color:   []string{"FFFFFF", "E0EBF5"}, // 指定填充“颜色 1”和“颜色 2”
        Shading: 1, // 使用预设水平渐变填充底纹变形效果
    },
})
if err != nil {
    // 此处进行异常处理
}
if err = f.MergeCell("Sheet1", "B2", "C4"); err != nil {
    // 此处进行异常处理
}
err = f.SetCellStyle("Sheet1", "B2", "B2", styleIdx)
```

保存代码后运行程序，接着使用 Excel 打开程序生成的工作簿。如果一切顺利，工作表 Sheet1 中 B2:C4 区域内的 6 个单元格已经被合并，并具有由浅蓝色和白色构成的水平渐变填充格式，如图 11-4 所示（见文前彩图）。

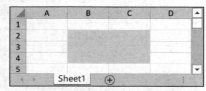

图 11-3　为单元格设置填充颜色

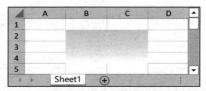

图 11-4　为合并单元格设置渐变填充格式

11.1.3 字体

为文本或者数字设置适当的字体格式可以使其更利于阅读。如果你希望为工作表中的单元格、富文本、形状或图表等元素中的文本内容设置字体格式，那么在使用 NewStyle() 函数创建样式时，可通过 *Font 数据类型选项设置你喜欢的字体格式。该选项支持更改文字的字体、字号、颜色、下画线等多种格式。表 11-7 列出了 *Font 数据类型中支持设置的各项字体格式选项，表中各选项均为可选格式选项。

表 11-7 *Font 数据类型中支持设置的字体格式选项

选项	数据类型	描述
Bold	bool	用于指定是否使用粗体，可选值为 true 或 false，默认值为 fasle，表示不使用粗体
Italic	bool	用于指定是否使用斜体，可选值为 true 或 false，默认值为 fasle，表示不使用斜体
Underline	string	用于指定下画线类型，该选项有以下 3 个可选值。 none 或者空：表示不使用下画线。 single：表示使用单下画线。 double：表示使用双下画线。 默认值为空，表示不使用下画线
Family	string	用于指定字体名称，如 "Arial" "宋体" 等，字体名称最长为 31 个字符。该选项不会将字体文件嵌入电子表格文档，所指定的字体是否能够正确地被显示，取决于打开工作簿所使用的应用程序或操作系统是否安装和支持所指定的字体。该选项的默认值为空，代表使用工作簿默认字体
Size	float64	用于指定字号（文字大小），取值范围是 1～409，字号步长为 0.5，即在取值区间内，字号以 0.5 作为单位间隔，如 12、12.5、13、13.5 等。使用 Excelize 基础库新建的空白工作簿默认字号为 11
Strike	bool	用于指定是否为文字应用删除线，可选值为 true 或 false，默认值为 false，表示不使用删除线
Color	string	以十六进制颜色码表示的字体颜色，如 0000FF 表示使用蓝色字体
ColorIndexed	int	以索引颜色索引表示的字体颜色。索引颜色是 OpenXML 国际标准中定义的一组预设颜色，索引的范围是 0～65，每个索引与所对应的颜色详见 11.1.7 节
ColorTheme	*int	以主题颜色索引表示的字体颜色。主题颜色又称自定义颜色方案，是用于自定义配色方案的颜色列表，每个颜色方案支持存储 12 种自定义颜色序列，索引的取值范围是 0～11。有关主题颜色的内容详见 11.1.7 节
ColorTint	float64	当使用主题颜色设置字体时，该选项用于设置应用于主题颜色的色调，取值范围是 -1.0～1.0，对应亮暗调节。例如，-0.1 代表将主题颜色加深 10%，0.1 代表将主题颜色亮度提高 10%，默认值为 0.0，表示不应用色调
VertAlign	string	用于声明上标或下标格式，该选项有 3 个可选值。 baseline 或空：普通格式。 superscript：上标格式。 subscript：下标格式。 默认值为空，表示使用普通格式

下面我们使用 NewStyle()函数来创建一个同时带有颜色、粗体和斜体的字体格式，并为工作表 Sheet1 中 B2 单元格应用该字体格式。编写如下代码，定义字体格式并创建样式：

```go
if err := f.SetCellValue("Sheet1", "B2", "Excel"); err != nil {
    // 此处进行异常处理
}
styleIdx, err := f.NewStyle(&excelize.Style{
    Font: &excelize.Font{
        Bold:   true,              // 设置使用粗体
        Italic: true,              // 设置使用斜体
        Family: "Times New Roman", // 设置字体名称
        Size:   36,                // 设置字号大小
        Color:  "777777",          // 设置字体颜色为灰色
    },
})
if err != nil {
    // 此处进行异常处理
}
err = f.SetCellStyle("Sheet1", "B2", "B2", styleIdx)
```

上述代码首先使用 SetCellValue()单元格赋值函数，将 B2 单元格的值设置为"Excel"，接着调用 NewStyle()函数创建所需的字体格式并得到格式索引，最后调用 SetCellStyle()函数为 B2 单元格设置格式。使用 Excel 打开这段代码生成的工作簿，可以看到图 11-5 所示的效果。

*Font 数据类型除了可以在创建单元格格式时定义字体格式，还可以用于设置富文本格式。在 9.8.1 节中，我们已经对 SetCellRichText()函数做了详细的介绍，下面我们再通过一个例子，学习自定义字体在设置富文本格式中的应用。假设我们希望创建一个图 11-6 所示的富文本单元格（见文前彩图）。

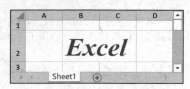
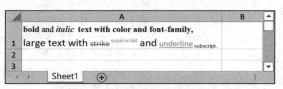

图 11-5　设置单元格字体格式　　　　图 11-6　带有多种字体格式的富文本单元格

图 11-6 中，工作表 Sheet1 的 A1 单元格是具有多种字体格式的富文本单元格，其中包含的字体格式有以下 8 种：

- 第一行中的文本"bold"和"text with color and font-family,"使用蓝色 Times New Roman 字体；
- 第一行中的文本"and"字体颜色为黑色，使用 Times New Roman 字体；
- 第一行中的文本"italic"使用红色 Times New Roman 斜体字；
- 第二行中的文本"large text with"和"and"的字号为 14，字体颜色为紫色；
- 第二行中的文本"strike"设置了删除线，字体颜色为橙色；
- 第二行中的文本"superscript"设置了上标格式，字体颜色为黄色；
- 第二行中的文本"underline"设置了单下画线格式，字体颜色为浅绿色；
- 第二行中的文本"subscript."设置了下标格式，字体颜色为绿色。

除了上述 8 种富文本中使用的字体格式，因为单元格中的文本内容带有换行，所以该单元格还具有换行格式，11.1.4 节将会详细讨论关于换行和对齐格式的设置。另外，为了能够使单元格

中的文本完整地显示，我们还要使用设置列宽度和行高度的函数调节单元格的大小。完整的代码
如下：

```go
package main

import (
    "fmt"

    "github.com/xuri/excelize/v2"
)

func main() {
    f := excelize.NewFile()
    defer func() {
        if err := f.Close(); err != nil {
            fmt.Println(err)
        }
    }()
    if err := f.SetRowHeight("Sheet1", 1, 35); err != nil {
        fmt.Println(err)
        return
    }
    if err := f.SetColWidth("Sheet1", "A", "A", 44); err != nil {
        fmt.Println(err)
        return
    }
    if err := f.SetCellRichText("Sheet1", "A1", []excelize.RichTextRun{
        {
            Text: "bold",
            Font: &excelize.Font{
                Bold: true, Color: "2354E8", Family: "Times New Roman",
            },
        },
        {
            Text: " and ",
            Font: &excelize.Font{
                Family: "Times New Roman",
            },
        },
        {
            Text: "italic ",
            Font: &excelize.Font{
                Bold: true, Color: "E83723", Italic: true, Family: "Times New Roman",
            },
        },
        {
            Text: "text with color and font-family,",
            Font: &excelize.Font{
                Bold: true, Color: "2354E8", Family: "Times New Roman",
            },
        },
        {
            Text: "\r\nlarge text with ",
            Font: &excelize.Font{
```

```
                    Size: 14, Color: "AD23E8",
                },
            },
            {
                Text: "strike",
                Font: &excelize.Font{
                    Color: "E89923", Strike: true,
                },
            },
            {
                Text: " superscript",
                Font: &excelize.Font{
                    Color:     "DBC21F",
                    VertAlign: "superscript",
                },
            },
            {
                Text: " and ",
                Font: &excelize.Font{
                    Size: 14, Color: "AD23E8", VertAlign: "baseline",
                },
            },
            {
                Text: "underline",
                Font: &excelize.Font{
                    Color: "23E833", Underline: "single",
                },
            },
            {
                Text: " subscript.",
                Font: &excelize.Font{
                    Color: "017505", VertAlign: "subscript",
                },
            },
        }); err != nil {
            fmt.Println(err)
            return
        }
    styleIdx, err := f.NewStyle(&excelize.Style{
        Alignment: &excelize.Alignment{
            WrapText: true,
        },
    })
    if err != nil {
        fmt.Println(err)
        return
    }
    if err := f.SetCellStyle("Sheet1", "A1", "A1", styleIdx); err != nil {
        fmt.Println(err)
        return
    }
    if err := f.SaveAs("Book1.xlsx"); err != nil {
        fmt.Println(err)
    }
}
```

11.1.4 对齐

在电子表格文档中，为了区分单元格值的数据类型，文本类型单元格的值默认采用左对齐方式，而对于数值类型单元格的值，则默认采用右对齐方式。在实际使用过程中，单元格的内容仅根据数据类型进行分类是不够的，有时候需要对默认的对齐方式进行调整，为了使工作表内容更加美观易读，让表格中的数据排版满足秩序、条理清晰，我们常会将相关联的一组元素或内容进行对齐排列。使用 Excelize 基础库创建样式时，可通过*Alignment 数据类型的选项声明对齐格式，表 11-8 列出了 Excelize 支持设置的对齐格式选项，表中每个选项都是可选的。

表 11-8 Excelize 支持设置的对齐格式选项

选项	数据类型	描述
Horizontal	string	用于设置水平对齐方式，该选项的 8 个可选值及其对应的含义如下。 空：常规。 left：靠左（缩进）。 center：居中。 right：靠右（缩进）。 fill：填充。 justify：两端对齐。 centerContinuous：跨列居中。 distributed：分散对齐（缩进）。 该选项的默认值为空，即使用常规对齐方式
Indent	int	当使用带有缩进的水平对齐方式时，该选项用于设置缩进字符数，取值是 0～250 的整数，默认值为 0
JustifyLastLine	bool	可选值为 true 或 false，用于指定是否为最后一行文本应用分散对齐格式，默认值为 false，代表不应用分散对齐格式
ReadingOrder	uint64	用于设置文字方向，该选项的 3 个可选值及其对应的含义如下。 0：根据内容自动设置（默认）。 1：总是从左到右。 2：总是从右到左
RelativeIndent	int	用于设置影响单元格缩进的空格数，默认值为 0
ShrinkToFit	bool	用于设置是否开启缩小字体填充，可选值为 true 或 false，默认值为 false，代表关闭。该设置仅适用于单元格中的单行文本，对于多行文本无效
TextRotation	int	用于设置文本方向旋转角度，取值是 0～360 的整数，默认值为 0
Vertical	string	用于设置垂直对齐方式，该选项的 5 个可选值及其对应的含义如下。 bottom 或空：靠下（底端对齐）。 top：靠上。 center：居中。 justify：两端对齐。 distributed：分散对齐。 该选项的默认值为空，即使用底端对齐方式
WrapText	bool	用于设置是否开启自动换行，可选值为 true 或 false，默认值为 false，代表关闭

现在，让我们通过创建一系列带有不同对齐格式的样式，学习如何为单元格设置对齐格式。我们将创建一个图 11-7 所示的工作簿。

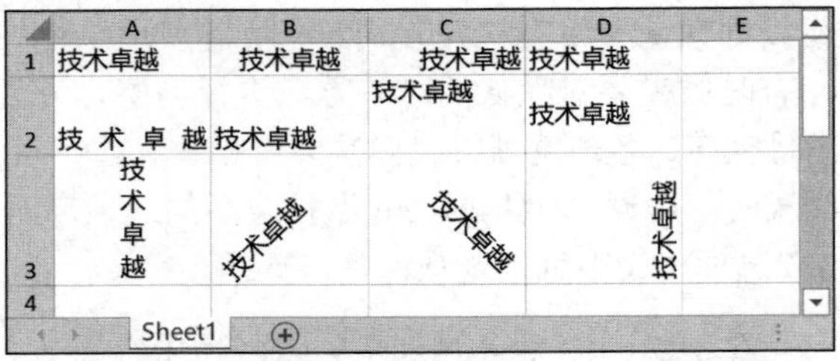

图 11-7 使用不同对齐格式的单元格

你可以编写如下代码，为工作表 Sheet1 中 A1:D3 区域内的 12 个单元格设置文本类型的值"技术卓越"，并为每个单元格设置不同的对齐格式：

```go
if err := f.SetRowHeight("Sheet1", 2, 35); err != nil {
    // 此处进行异常处理
}
if err := f.SetColWidth("Sheet1", "A", "D", 12); err != nil {
    // 此处进行异常处理
}
for cell, style := range map[string]*excelize.Style{
    "A1": {Alignment: &excelize.Alignment{Horizontal: "left"}},
    "B1": {Alignment: &excelize.Alignment{Horizontal: "center"}},
    "C1": {Alignment: &excelize.Alignment{Horizontal: "right"}},
    "D1": {Alignment: &excelize.Alignment{Horizontal: "justify"}},
    "A2": {Alignment: &excelize.Alignment{Horizontal: "distributed"}},
    "B2": {Alignment: &excelize.Alignment{Vertical: "bottom"}},
    "C2": {Alignment: &excelize.Alignment{Vertical: "top"}},
    "D2": {Alignment: &excelize.Alignment{Vertical: "center"}},
    "A3": {Alignment: &excelize.Alignment{TextRotation: 255}},
    "B3": {Alignment: &excelize.Alignment{TextRotation: 45}},
    "C3": {Alignment: &excelize.Alignment{TextRotation: 135}},
    "D3": {Alignment: &excelize.Alignment{TextRotation: 90}},
} {
    if err := f.SetCellValue("Sheet1", cell, "技术卓越"); err != nil {
        // 此处进行异常处理
    }
    styleIdx, err := f.NewStyle(style)
    if err != nil {
        // 此处进行异常处理
    }
    if err := f.SetCellStyle("Sheet1", cell, cell, styleIdx); err != nil {
        // 此处进行异常处理
    }
}
```

为了便于观察垂直对齐和水平对齐格式的设置效果，代码中先将工作表 Sheet1 第 2 行的行高度调整为 35，将 A:D 列的宽度调整为 12，然后定义以单元格坐标为键、以对齐格式为值的哈希表，遍历这个哈希表中的元素，为 A1:D3 区域内的每个单元格逐一赋值。接着为每个单元格创建不同的对齐格式，并使用 SetCellStyle() 函数设置单元格的格式，这样各个单元格的值和对齐格式就设置好了。

当你需要在单元格中创建带有换行格式的多行文本内容时，在单元格赋值时，要先使用换行符 "\r\n" 表示换行，然后使用 NewStyle() 函数创建带有换行格式的样式，得到格式索引后，再使用 SetCellStyle() 函数为单元格设置换行格式。例如，你可以编写如下代码，在工作表 Sheet1 中创建带有多行文本内容的单元格：

```go
if err := f.SetCellValue("Sheet1", "B2", "单元格\r\n内换行"); err != nil {
    // 此处进行异常处理
}
styleIdx, err := f.NewStyle(&excelize.Style{
    Alignment: &excelize.Alignment{WrapText: true},
})
if err != nil {
    // 此处进行异常处理
}
err = f.SetCellStyle("Sheet1", "B2", "B2", styleIdx)
```

保存代码并运行程序，然后使用 Excel 打开生成的工作簿。如果一切顺利，B2 单元格将会显示多行文本内容，如图 11-8 所示。

图 11-8　带有多行文本内容的单元格

11.1.5　保护

在创建样式时，可通过 Excelize 提供的 *Protection 数据类型的选项设置保护格式。表 11-9 列出了 *Protection 数据类型中支持设置的保护格式选项，表中的两个选项均为可选设置项。

表 11-9　*Protection 数据类型中支持设置的保护格式选项

选项	数据类型	描述
Hidden	bool	用于设置是否开启隐藏公式，开启该功能后，在电子表格应用的公式编辑栏中，将无法查看单元格公式内容。可选值为 true 或 false，默认值为 false，代表关闭隐藏公式
Locked	bool	用于设置是否开启锁定单元格，可选值为 true 或 false，默认值为 true，代表开启锁定单元格

需要注意的是，只有在工作表被保护的情况下，隐藏公式和锁定单元格的格式才会生效。有关使用 Excelize 基础库设置保护工作表的相关内容，可参阅 8.8.1 节。例如，你可以编写如下代码，为工作表 Sheet1 中的 A1 单元格设置公式和带有隐藏公式格式的样式：

```go
if err := f.SetCellFormula("Sheet1", "A1", "=SUM(B1,C1)"); err != nil {
    // 此处进行异常处理
}
styleIdx, err := f.NewStyle(&excelize.Style{
    Protection: &excelize.Protection{Hidden: true, Locked: false},
})
if err != nil {
    // 此处进行异常处理
}
if err = f.SetCellStyle("Sheet1", "A1", "A1", styleIdx); err != nil {
```

```
    // 此处进行异常处理
}
err = f.ProtectSheet("Sheet1", &excelize.SheetProtectionOptions{
    SelectLockedCells:    true,
    SelectUnlockedCells:  true,
    EditScenarios:        true,
})
```

代码中首先为工作表 Sheet1 中的 A1 单元格设置公式 "=SUM(B1,C1)"，接着使用 NewStyle() 函数创建带有保护格式的样式：关闭锁定单元格、开启隐藏公式。在得到格式索引 styleIdx 之后，调用 SetCellStyle() 函数为 A1 单元格设置格式，最后使用 ProtectSheet() 函数保护工作表，使单元格保护格式生效。保存并运行代码，使用电子表格应用打开生成的工作簿，当选中工作表 Sheet1 中的 A1 单元格时，单元格的公式内容将不会在编辑状态下或者公式编辑栏中显示；由于关闭了锁定单元格，用户可修改 A1 单元格的值或公式。

11.1.6　数字格式

电子表格文档中，数字格式是用于对数字进行格式化的一种方式。将一种以专用语法书写的数字格式代码作用于一个单元格的值上，单元格的值会以不同的形式显示。数字格式仅影响数字（包括日期和时间）的显示效果，而不会影响实际的值，也不会影响公式的计算。对于设置了数字格式的单元格，当单元格被选中后，其实际值显示在公式编辑栏中。在电子表格文档中有 3 类数字格式，它们分别是预设数字格式、预设特定区域数字格式和自定义数字格式。当使用 NewStyle() 函数创建样式时，在 Style 类型的参数中通过 NumFmt 选项设置预设数字格式和预设特定区域数字格式，通过 CustomNumFmt 选项设置自定义数字格式。

通过设置不同的数字格式，可以使单元格中的数字显示为数值、货币、日期、时间、百分比、分数、科学记数等格式。在电子表格应用中，对于部分货币和会计专用类型的数字格式，货币符号与操作系统的"国家/地区"设置有关；对于日期和时间类型的数字格式，其最终显示结果也会受到不同操作系统中时间、日期和区域格式设置的影响，这意味着对单元格的读取和设置会受到这些因素的影响。关于这些影响，在 9.3.1 节已经做了详细的介绍。接下来我们讨论在设置单元格数字格式时，需要了解哪些内容。

第一类数字格式为预设数字格式，假设某单元格的值为数字 42920.56789，表 11-10 列出了使用 NewStyle() 函数创建样式时，可用于 NumFmt 选项的 32 种预设数字格式所属分类、格式索引、其代表的数字格式代码和单元格的值被格式化之后的显示结果。

表 11-10　预设数字格式代码

分类	格式索引	数字格式代码	格式化结果
常规	0	General	42920.56789
数值	1	0	42921
数值	2	0.00	42920.57
数值	3	#,##0	42,921
数值	4	#,##0.00	42,920.57

续表

分类	格式索引	数字格式代码	格式化结果
百分比	9	0%	4292057%
百分比	10	0.00%	4292056.79%
科学记数	11	0.00E+00	4.29E+04
分数	12	# ?/?	42920 4/7
分数	13	# ??/??	42920 46/81
日期	14	m/d/yy	7/4/17
日期	15	d-mmm-yy	4-Jul-17
日期	16	d-mmm	4-Jul
日期	17	mmm-yy	Jul-17
时间	18	h:mm AM/PM	1:37 PM
时间	19	h:mm:ss AM/PM	1:37:46 PM
时间	20	hh:mm	13:37
时间	21	hh:mm:ss	13:37:46
日期	22	m/d/yy hh:mm	2017/7/4 13:37
数值	37	(#,##0);(#,##0)	42,921
数值	38	(#,##0);[red](#,##0)	42,921
数值	39	(#,##0.00);(#,##0.00)	42,920.57
数值	40	(#,##0.00);[red](#,##0.00)	42,920.57
会计专用	41	_(* #,##0_);_(* (#,##0);_(* "-"_);_(@_)	42,921
会计专用	42	_($* #,##0_);_($* (#,##0);_($* "-"_);_(@_)	¥42,921
会计专用	43	_(* #,##0.00_);_(* (#,##0.00);_(* "-"??_);_(@_)	42,920.57
会计专用	44	_($* #,##0.00_);_($* (#,##0.00);_($* "-"??_);_(@_)	¥42,920.57
时间	45	mm:ss	37:46
时间	46	[h]:mm:ss	1030093:37:46
时间	47	mmss.0	37:45.7
科学记数	48	##0.0E+0	42.9E+3
文本	49	@	42920.56789

其中，索引为 14 的日期类型预设数字格式，会受到操作系统日期格式中"短日期"设置的影响，其默认的数字格式代码为"m/d/yy"。例如，某操作系统中区域格式为"中文（简体，中国）"、区域格式设置中"短日期"格式为"yyyy/M/d"，在此设置下单元格的值将会被格式化为"2017/7/4"。如果操作系统中的区域格式为"英语（美国）"、区域格式设置中"短日期"格式为"m/dd/yy"，那么单元

格的值将会被格式化为"7/4/17"。与上述情况类似，索引为 22 的日期类型预设数字格式，会受到操作系统时间格式中"长日期"设置的影响；索引为 42 和 44 的会计专用类型预设数字格式，会受到操作系统区域设置的影响，根据区域设置决定货币符号，而其余预设数字格式则不受这些因素的影响。由此可见，使用预设数字格式的单元格，最终显示结果会因不同的系统设置而有所差异。如果你希望单元格的值设置数字格式后，格式化为固定结果，则需要选择不受这些因素影响的数字格式或使用自定义数字格式。

第二类数字格式为预设特定区域数字格式。OpenXML 文档格式标准中定义了简体中文（区域代码 zh-cn）、繁体中文（zh-tw）、日语（ja-jp）、韩语（ko-kr）和泰语（th-th）中用于时间和日期的预设特定区域数字格式。在创建样式时这些数字格式也可用于 NumFmt 选项中。表 11-11 列出了可用于 NumFmt 选项的 19 种简体中文、繁体中文和日语预设特定区域数字格式索引及其对应的数字格式代码。

表 11-11   用于简体中文、繁体中文和日语预设特定区域数字格式代码

数字格式索引	简体中文数字格式代码	繁体中文数字格式代码	日语数字格式代码
27	yyyy"年"m"月"	[$-404]e/m/d	[$-411]ge.m.d
28	m"月"d"日"	[$-404]e"年"m"月"d"日"	[$-411]ggge"年"m"月"d"日"
29	m"月"d"日"	[$-404]e"年"m"月"d"日"	[$-411]ggge"年"m"月"d"日"
30	m-d-yy	m/d/yy	m/d/y
31	yyyy"年"m"月"d"日"	yyyy"年"m"月"d"日"	yyyy"年"m"月"d"日"
32	h"时"mm"分"	hh"時"mm"分"	h"時"mm"分"
33	h"时"mm"分"ss"秒"	hh"時"mm"分"ss"秒"	h"時"mm"分"ss"秒"
34	上午/下午 h"时"mm"分"	上午/下午 hh"時"mm"分"	yyyy"年"m"月"
35	上午/下午 h"时"mm"分"ss"秒"	上午/下午 hh"時"mm"分"ss"秒"	m"月"d"日"
36	yyyy"年"m"月"	[$-404]e/m/d	[$-411]ge.m.d
50	yyyy"年"m"月"	[$-404]e/m/d	[$-411]ge.m.d
51	m"月"d"日"	[$-404]e"年"m"月"d"日"	[$-411]ggge"年"m"月"d"日"
52	yyyy"年"m"月"	上午/下午 hh"時"mm"分"	yyyy"年"m"月"
53	m"月"d"日"	上午/下午 hh"時"mm"分"ss"秒"	m"月"d"日"
54	m"月"d"日"	[$-404]e"年"m"月"d"日"	[$-411]ggge"年"m"月"d"日"
55	上午/下午 h"时"mm"分"	上午/下午 hh"時"mm"分"	yyyy"年"m"月"
56	上午/下午 h"时"mm"分"ss"秒"	上午/下午 hh"時"mm"分"ss"秒"	m"月"d"日"
57	yyyy"年"m"月"	[$-404]e/m/d	[$-411]ge.m.d
58	m"月"d"日"	[$-404]e"年"m"月"d"日"	[$-411]ggge"年"m"月"d"日"

表 11-12 列出了 19 种可用于 NumFmt 选项的，韩语和泰语相关的预设特定区域数字格式索引及其对应的数字格式代码。

表 11-12　用于韩语和泰语的预设数字格式代码

数字格式索引	韩语数字格式代码	数字格式索引	泰语数字格式代码
27	yyyy"年" mm"月" dd"日"	59	t
28	mm-dd	60	t0.0
29	mm-dd	61	t#,##
30	mm-dd-yy	62	t#,##0.0
31	yyyy"년" mm"월" dd"일"	67	t0
32	h"시" mm"분"	68	t0.00
33	h"시" mm"분" ss"초"	69	t# ?/
34	yyyy-mm-dd	70	t# ??/?
35	yyyy-mm-dd	71	ว/ด/ปปปป
36	yyyy"年" mm"月" dd"日"	72	ว-ดดด-ป
50	yyyy"年" mm"月" dd"日"	73	ว-ดด
51	mm-d	74	ดดด-ป
52	yyyy-mm-d	75	ช:น
53	yyyy-mm-d	76	ช:นน:ท
54	mm-d	77	ว/ด/ปปปป ช:น
55	yyyy-mm-d	78	นน:ท
56	yyyy-mm-d	79	[ช]:นน:ท
57	yyyy"年" mm"月" dd"日"	80	นน:ทท.
58	mm-dd	81	d/m/bb

当你需要为不同国家或地区的用户设置支持本地化的数字格式时，从上述两个数字格式代码表中选取合适的数字格式代码来创建样式即可。例如，我们先为工作表 Sheet1 中的 B2 单元格设置浮点数 42920.5，然后为其设置简体中文时间数字格式：

```go
if err := f.SetCellValue("Sheet1", "B2", 42920.5); err != nil {
    // 此处进行异常处理
}
if err := f.SetColWidth("Sheet1", "B", "B", 13); err != nil {
    // 此处进行异常处理
}
styleIdx, err := f.NewStyle(&excelize.Style{NumFmt: 34})
if err != nil {
    // 此处进行异常处理
}
err = f.SetCellStyle("Sheet1", "B2", "B2", styleIdx)
```

为了使 B2 单元格格式化之后的结果完整地显示，代码中使用 SetColWidth()函数将工作表 Sheet1 中 B 列的宽度调整为 13。保存代码后，在简体中文操作系统的默认设置下，使用 Excel 打开生成的工作簿，可以看到图 11-9 所示的效果，单元格的值 42920.5 已被格式化为时间"下午 12 时 00 分"。

　　带有预设特定区域数字格式的单元格，使用不同区域、语言环境系统中的办公应用打开后，单元格所呈现的结果也不尽相同，因此我们在选择使用此类数字格式时也需要充分考虑这一特性的影响，在读取带有此类数字格式的工作簿时，可在 Options 数据类型的文档选项中指定 CultureInfo，设置对应的区域格式。例如，使用 Excelize 打开这个例子中的工作簿时，可通过编写如下代码，设置使用简体中文语言环境：

```
f, err := excelize.OpenFile("Book1.xlsx", excelize.Options{CultureInfo: excelize.CultureNameZhCN})
```

　　当以上两类预设数字格式无法满足你对数字格式化的需求时，你还可以使用自己编写的数字格式代码。数字格式代码由 4 部分构成，如图 11-10 所示。

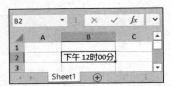

图 11-9　为单元格设置预设特定区域数字格式

正数的格式　　负数的格式　　零的格式　文本格式
#,##.00_);[Red](#.###.00);0.00;"Sales"@

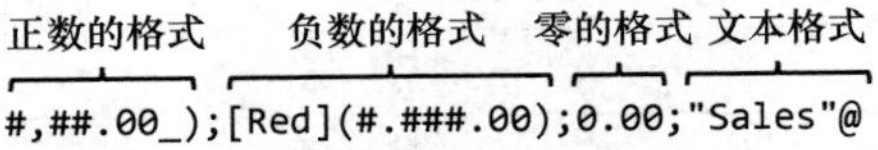

图 11-10　数字格式代码的构成

　　在"正数的格式""负数的格式""零的格式"和"文本格式" 4 个部分中，如果仅指定数字格式代码的一个部分，这部分中的代码将用所有数字。如果指定数字格式代码的两个部分，则第一部分代码用于正数和零，第二部分代码用于负数。跳过数字格式代码的某一部分时，必须使用一个分号代表被跳过的部分。本书不会展开讨论如何编写数字格式代码，有关内容可参阅相关图书或资料。当你编写好自定义数字格式代码后，在使用 NewStyle() 函数创建样式时，便可以将该代码用在 CustomNumFmt 选项中。例如，你可以编写如下代码，将工作表 Sheet1 中 B2 单元格的值设置为 12.34，并使用数字格式代码 0.0000 将单元格的值小数部分保留 4 位：

```
if err := f.SetCellValue("Sheet1", "B2", 12.34); err != nil {
    // 此处进行异常处理
}
customNumFmt := "0.0000"
styleIdx, err := f.NewStyle(&excelize.Style{CustomNumFmt: &customNumFmt})
if err != nil {
    // 此处进行异常处理
}
err = f.SetCellStyle("Sheet1", "B2", "B2", styleIdx)
```

　　在电子表格应用中打开由上述代码生成的工作簿，B2 单元格将被格式化为 12.3400。CustomNumFmt 选项支持设置任意符合语法规则的数字格式代码，为了能够方便地预览单元格的值被格式化的结果，在使用 Excelize 设置数字格式之前，你可以在电子表格应用的"设置单元格格式"对话框中，预先对所编写的数字格式代码进行预览和调试。

　　在我们处理带有金额的财务报表数据时，经常需要使用货币格式对单元格进行格式化，通过货币格式可以将单元格中的数值设置为带有不同国家/地区货币符号的货币值。在创建会计专用的数字格式时，可配合 DecimalPlaces 选项设置小数位数，使用 NegRed 选项将负数数值使用红色文本高亮。Excelize 基础库提供了 471 项预设国家/地区货币符号代码，与之前我们讨论的预设数字格式代码不同，这些代码并非 OpenXML 国际标准中的预设值，仅由 Excelize 基础库定义，并在 NumFmt 选项中使用。表 11-13

列出了 Excelize 支持设置的国家/地区货币符号代码在"中文（简体，中国）"系统设置下的数字格式代码和货币符号（同一数字格式代码在不同语言环境、不同操作系统、不同电子表格应用中所显示的货币符号所属国家/地区可能有所差异或无法显示，这类数字格式在表中通过星号*标注）。

表 11-13　数字格式代码与货币符号对照

代码	货币符号（国家/地区）	代码	货币符号（国家/地区）	代码	货币符号（国家/地区）
164	¥	194	¥日语	224	€法语（留尼旺岛）
165	$英语（美国）	195	¥彝语（中国）	225	€加利西亚语
166	$切罗基语（切罗基，美国）	196	¥藏语（中国）	226	€德语（奥地利）
167	$中文（简体，新加坡）	197	¥维吾尔语（中国）	227	€德语（德国）
168	$中文（繁体，中国台湾）	198	֏亚美尼亚语	228	€德语（卢森堡）
169	$英语（澳大利亚）	199	؋普什图语*	229	€希腊语
170	$英语（伯利兹）	200	؋达里语*	230	€伊那里萨米语（芬兰）
171	$英语（加拿大）	201	৳孟加拉语（孟加拉）	231	€爱尔兰语
172	$英语（牙买加）	202	៛高棉语	232	€意大利语（意大利）
173	$英语（新西兰）	203	₡西班牙语（哥斯达黎加）	233	€英语（爱尔兰）*
174	$英语（新加坡）	204	₦豪撒语	234	€塞尔维亚语（拉丁语，黑山）
175	$英语（特立尼达岛和多巴哥）	205	₦伊博语	235	€拉脱维亚语
176	$英语（加勒比海）*	206	₩朝鲜语	236	€立陶宛语
177	$中文（新加坡）*	207	₪希伯来语	237	€下索布语
178	$法语（加拿大）	208	₫越南语	238	€卢森堡语
179	$夏威夷语*	209	€巴斯克语	239	€马耳他语
180	$马来语（文莱达鲁萨兰国）	210	€布列塔尼语	240	€北萨米语（芬兰）
181	$克丘亚语（厄瓜多尔）	211	€加泰罗尼亚语	241	€奥克西唐语
182	$西班牙语（智利）	212	€科西嘉语	242	€葡萄牙语（葡萄牙）
183	$西班牙语（哥伦比亚）	213	€荷兰语（比利时）	243	€塞尔维亚语（西里尔文，黑山）
184	$西班牙语（厄瓜多尔）	214	€荷兰语（荷兰）	244	€斯科特萨米语（芬兰）
185	$西班牙语（萨尔瓦多）	215	€英语（爱尔兰）	245	€斯洛伐克语
186	$西班牙语（墨西哥）	216	€爱沙尼亚语	246	€斯洛文尼亚语
187	$西班牙语（波多黎各）	217	€欧元（€123）	247	€西班牙语（西班牙）
188	$西班牙语（美国）	218	€欧元（€123）	248	€瑞典语（芬兰）
189	$西班牙语（乌拉圭）	219	€芬兰语	249	€阿尔萨斯语（法国）
190	£英语（英国）*	220	€法语（比利时）	250	€上索布语
191	£苏格兰盖尔语（英国）	221	€法语（法国）	251	€西弗里西亚语
192	£威尔士语	222	€法语（卢森堡）	252	₭老挝语
193	¥中文（简体，中国大陆）	223	€法语（摩纳哥）	253	₮蒙古语（蒙古）

续表

代码	货币符号（国家/地区）	代码	货币符号（国家/地区）	代码	货币符号（国家/地区）
254	₮蒙古语（蒙古）	282	Br 奥罗莫语	310	HK$中文（繁体，中国香港特别行政区）
255	₱英语（菲律宾）	283	Br 白俄罗斯语	311	HK$英语（中国香港特别行政区）
256	₱菲律宾语	284	Br 白俄罗斯语*	312	HRK 克罗地亚语（克罗地亚）*
257	₴乌克兰语	285	Bs 克丘亚语（玻利维亚）	313	IDR 英语（印度尼西亚）
258	₸哈萨克语	286	Bs 西班牙语（玻利维亚）	314	IQD 阿拉伯语、中库尔德语（伊拉克）*
259	₨克什米尔语（阿拉伯文）	287	BS.克丘亚语（玻利维亚）*	315	ISK 冰岛语
260	₹英语（印度）	288	BWP 茨瓦纳语（博茨瓦纳）*	316	K 缅甸语
261	₹古吉拉特语	289	C$西班牙语（尼加拉瓜）*	317	Kč 捷克语
262	₹印地语	290	CA$因纽特语（拉丁语，加拿大）*	318	KM 波斯尼亚语（拉丁语）
263	₹埃纳德语	291	CA$莫霍克语（加拿大）*	319	KM 克罗地亚语（波斯尼亚和黑塞哥维那）
264	₹克什米尔语	292	CA$因纽特语（加拿大）*	320	KM 塞尔维亚语（拉丁语，波斯尼亚和黑塞哥维那）
265	₹孔卡尼语	293	CFA 法语（马里）*	321	Kr 法罗语
266	₹曼尼普尔语	294	CFA 法语（塞内加尔）*	322	Kr 北萨米语（挪威）
267	₹马拉地语	295	CFA 富拉语（塞内加尔）*	323	kr 北萨米语（瑞典）
268	₹尼泊尔语（印度）	296	CFA 沃洛夫语（塞内加尔）*	324	Kr 挪威语（博克马尔语）
269	₹奥里亚语	297	CHF 法语（瑞士）	325	Kr 挪威语（尼诺斯克语）
270	₹旁遮普语（印度）	298	CHF 德语（列支敦士登）	326	kr 瑞典语（瑞典）
271	₹梵语	299	CHF 标准德语（瑞士）	327	kr.丹麦语
272	₹信德语（梵文）	300	CHF 意大利语（瑞士）	328	kr.格陵兰语
273	₹泰米尔语（印度）	301	CHF 罗曼什语	329	Ksh 斯瓦希里语
274	₹乌尔都语（印度）	302	CLP 马普切语（智利）*	330	L 罗马尼亚语（摩尔多瓦）
275	₺土耳其语（土耳其）	303	CN¥蒙古语（中国）*	331	L 俄语（摩尔多瓦）
276	₼阿塞拜疆语（拉丁语）	304	DZD 中阿特斯柏林语（拉丁文，阿尔及利亚）	332	L 西班牙语（洪都拉斯）
277	₼阿塞拜疆语（西里尔文）	305	FCFA 法语（喀麦隆）	333	Lekë 阿尔巴尼亚语
278	₽俄语	306	Ft 匈牙利语	334	MAD 中阿特拉斯柏柏尔语（提夫纳语，摩洛哥）
279	₽萨哈语	307	G 法语（海地）	335	MAD 法语（摩洛哥）
280	₾格鲁吉亚语	308	Gs.西班牙语（巴拉圭）	336	MAD 标准摩洛哥柏柏尔语（提夫纳语，摩洛哥）
281	B/.西班牙语（巴拿马）	309	GTQ 基切语	337	MOP$中文（繁体，中国澳门特别行政区）

代码	货币符号（国家/地区）	代码	货币符号（国家/地区）	代码	货币符号（国家/地区）
338	MVR 迪维希语（马尔代夫）*	369	SEK 南萨米语（瑞典）	400	ر.旁遮普语（巴基斯坦）*
339	Nfk 提格里尼亚语（厄立特里亚省）	370	so'm 乌兹别克语（拉丁语）	401	ر.س.阿拉伯语（沙特阿拉伯）
340	NGN 克瓦语（埃多人说的克瓦语）	371	so'm 乌兹别克语（拉丁语）	402	ر.ع.阿拉伯语（阿曼）
341	NGN 卡努里语*	372	SYP 叙利亚语（叙利亚）*	403	ر.ق.阿拉伯语（卡塔尔）
342	NGN 伊比比奥语（尼日利亚）	373	THB 泰语（泰国）*	404	ر.ي.阿拉伯语（也门）
343	NGN 卡努里语*	374	TMT 土库曼语	405	ريال波斯语（伊朗）
344	NOK 律勒欧萨米语（挪威）	375	US$英语（津巴布韦）	406	ل.س.阿拉伯语（叙利亚）
345	NOK 南萨米语（挪威）	376	ZAR 北索托语（南非）*	407	ل.ل.阿拉伯语（黎巴嫩）
346	NZ$毛利语（新西兰）*	377	ZAR 南索托语（南非）*	408	ᎤᏣ阿姆哈拉语
347	PKR 信德语（巴基斯坦）*	378	ZAR 特松加语（南非）*	409	₨尼泊尔语
348	PYG 瓜拉尼语（巴拉圭）*	379	ZAR 茨瓦纳语（南非）*	410	රු僧伽罗语
349	Q 西班牙语（危地马拉）	380	ZAR 文达语（南非）*	411	ADP
350	R 南非荷兰语	381	ZAR 科萨语（南非）*	412	AED
351	R 英语（南非）	382	zł 波兰语	413	AFA
352	R 祖鲁语	383	ден 马其顿语（马其顿）*	414	AFN
353	R$葡萄牙语（巴西）	384	KM 波斯尼亚语（西里尔文）	415	ALL
354	RD$西班牙语（多米尼加共和国）	385	KM 塞尔维亚语（西里尔文、波斯尼亚和黑塞哥维那）	416	AMD
355	RF 卢旺达语	386	лв.保加利亚语	417	ANG
356	RM 英语（马来西亚）	387	p.白俄罗斯语（白俄罗斯）*	418	AOA
357	RM 马来语（马来西亚）	388	сом 吉尔吉斯语	419	ARS
358	RON 罗马尼亚语	389	сом 吉尔吉斯语	420	ATS
359	Rp 印度尼西亚语	390	ج.م.阿拉伯语（埃及）	421	AUD
360	Rs 乌尔都语（巴基斯坦）	391	د.ا.阿拉伯语（约旦）	422	AWG
361	Rs.泰米尔语（斯里兰卡）	392	د.ا.阿拉伯语（阿拉伯联合酋长国）	423	AZM
362	RSD 塞尔维亚语（拉丁语，塞尔维亚和黑山（前））	393	د.ب.阿拉伯语（巴林）	424	AZN
363	RSD 塞尔维亚语（西里尔文，塞尔维亚和黑山（前））	394	د.ت.阿拉伯语（突尼斯）	425	BAM
364	RUB 巴什基尔语（俄罗斯）	395	د.ج.阿拉伯语（阿尔及利亚）	426	BBD
365	RUB 鞑靼语（俄罗斯）*	396	د.ع.阿拉伯语（伊拉克）	427	BDT
366	S/.盖丘亚语（秘鲁）*	397	د.ك.阿拉伯语（科威特）	428	BEF
367	S/.西班牙语（秘鲁）*	398	ل.د.阿拉伯语（利比亚）	429	BGL
368	SEK 律勒欧萨米语（瑞典）	399	د.م.阿拉伯语（摩洛哥）	430	BGN

代码	货币符号（国家/地区）	代码	货币符号（国家/地区）	代码	货币符号（国家/地区）
431	BHD	466	EEK	501	JPY
432	BIF	467	EGP	502	KAF
433	BMD	468	ERN	503	KES
434	BND	469	ESP	504	KGS
435	BOB	470	ETB	505	KHR
436	BOV	471	EUR	506	KMF
437	BRL	472	FIM	507	KPW
438	BSD	473	FJD	508	KRW
439	BTN	474	FKP	509	KWD
440	BWP	475	FRF	510	KYD
441	BYR	476	GBP	511	KZT
442	BZD	477	GEL	512	LAK
443	CAD	478	GHC	513	LBP
444	CDF	479	GHS	514	LKR
445	CHE	480	GIP	515	LRD
446	CHF	481	GMD	516	LSL
447	CHW	482	GNF	517	LTL
448	CLF	483	GRD	518	LUF
449	CLP	484	GTQ	519	LVL
450	CNY	485	GYD	520	LYD
451	COP	486	HKD	521	MAD
452	COU	487	HNL	522	MDL
453	CRC	488	HRK	523	MGA
454	CSD	489	HTG	524	MGF
455	CUC	490	HUF	525	MKD
456	CVE	491	IDR	526	MMK
457	CYP	492	IEP	527	MNT
458	CZK	493	ILS	528	MOP
459	DEM	494	INR	529	MRO
460	DJF	495	IQD	530	MTL
461	DKK	496	IRR	531	MUR
462	DOP	497	ISK	532	MVR
463	DZD	498	ITL	533	MWK
464	ECS	499	JMD	534	MXN
465	ECV	500	JOD	535	MXV

代码	货币符号（国家/地区）	代码	货币符号（国家/地区）	代码	货币符号（国家/地区）
536	MYR	569	SEK	602	UZS
537	MZM	570	SGD	603	VEB
538	MZN	571	SHP	604	VEF
539	NAD	572	SIT	605	VND
540	NGN	573	SKK	606	VUV
541	NIO	574	SLL	607	WST
542	NLG	575	SOS	608	XAF
543	NOK	576	SPL	609	XAG
544	NPR	577	SRD	610	XAU
545	NTD	578	SRG	611	XB5
546	NZD	579	STD	612	XBA
547	OMR	580	SVC	613	XBB
548	PAB	581	SYP	614	XBC
549	PEN	582	SZL	615	XBD
550	PGK	583	THB	616	XCD
551	PHP	584	TJR	617	XDR
552	PKR	585	TJS	618	XFO
553	PLN	586	TMM	619	XFU
554	PTE	587	TMT	620	XOF
555	PYG	588	TND	621	XPD
556	QAR	589	TOP	622	XPF
557	ROL	590	TRL	623	XPT
558	RON	591	TRY	624	XTS
559	RSD	592	TTD	625	XXX
560	RUB	593	TWD	626	YER
561	RUR	594	TZS	627	YUM
562	RWF	595	UAH	628	ZAR
563	SAR	596	UGX	629	ZMK
564	SBD	597	USD	630	ZMW
565	SCR	598	USN	631	ZWD
566	SDD	599	USS	632	ZWL
567	SDG	600	UYI	633	ZWN
568	SDP	601	UYU	634	ZWR

下面我们通过一个例子来学习如何为单元格设置货币格式。你可以编写如下代码，先为工作表 Sheet1 中的 A1 单元格设置数值 "−12.34"，再为其设置带有 "欧元格式，使用红色字体高亮负数数值，并保留 4 位小数" 的货币格式：

```
if err := f.SetCellValue("Sheet1", "A1", -12.34); err != nil {
    // 此处进行异常处理
}
decimalPlaces := 4
styleIdx, err := f.NewStyle(&excelize.Style{
    NumFmt: 217, DecimalPlaces: &decimalPlaces, NegRed: true,
})
if err != nil {
    // 此处进行异常处理
}
err = f.SetCellStyle("Sheet1", "A1", "A1", styleIdx)
```

通过表 11-13 中的数字格式代码可知，欧元货币符号对应的数字格式代码为 217，所以代码中将其作为 NumFmt 选项的值。保存并运行程序后，打开生成的工作簿。A1 单元格将显示为 "€ 12.3400"，文本颜色为红色。上述代码所创建的数字格式等同于 Excel 中对单元格格式的设置，如图 11-11 所示。

图 11-11　为单元格设置带有货币符号的数字格式

11.1.7　索引颜色与主题颜色

在 11.1.3 节中，我们曾提到过索引颜色与主题颜色的概念。索引颜色是指 OpenXML 标准中定义的 66 种预设颜色，为了保证向后兼容，其中值为 0～7、8～15 的索引颜色是重复的。索引颜色值的范围是 0～65。Excelize 基础库提供了导出变量 IndexedColorMapping，该变量定义了每个索引颜色值和十六进制颜色码的映射关系，我们可以根据该变量得到索引颜色值代表的颜色。表 11-14 列出了索引颜色值和对应的十六进制颜色码（见文前彩图）。

表 11-14　电子表格中的预设索引颜色对照

索引	颜色	颜色码	索引	颜色	颜色码	索引	颜色	颜色码	索引	颜色	颜色码
0 和 8		000000	23		808080	38		008080	53		FF6600
1 和 9		FFFFFF	24		9999FF	39		0000FF	54		666699
2 和 10		FF0000	25		993366	40		00CCFF	55		969696
3 和 11		00FF00	26		FFFFCC	41		CCFFFF	56		003366
4 和 12		0000FF	27		CCFFFF	42		CCFFCC	57		339966
5 和 13		FFFF00	28		660066	43		FFFF99	58		003300
6 和 14		FF00FF	29		FF8080	44		99CCFF	59		333300
7 和 15		00FFFF	30		0066CC	45		FF99CC	60		993300
16		800000	31		CCCCFF	46		CC99FF	61		993366
17		008000	32		000080	47		FFCC99	62		333399
18		000080	33		FF00FF	48		3366FF	63		333333
19		808000	34		FFFF00	49		33CCCC	64		000000
20		800080	35		00FFFF	50		99CC00	65		FFFFFF
21		008080	36		800080	51		FFCC00			
22		C0C0C0	37		800000	52		FF9900			

　　主题颜色是用于工作簿主题的一组颜色序列，使用预设主题或创建自定义主题，可以改变工作表中元素的颜色、字体效果。主题存储于每个工作簿的主题部件中，每个主题允许设置包含 12 项元素的配色方案，Excelize 基础库中的以下 ColorMappingType 类型枚举值，依次对应主题配色方案中的这 12 项元素。

- 文字/背景-浅色 1：ColorMappingTypeLight1。
- 文字/背景-深色 1：ColorMappingTypeDark1。
- 文字/背景-浅色 2：ColorMappingTypeLight2。
- 文字/背景-深色 2：ColorMappingTypeDark2。
- 着色 1：ColorMappingTypeAccent1。
- 着色 2：ColorMappingTypeAccent2。
- 着色 3：ColorMappingTypeAccent3。
- 着色 4：ColorMappingTypeAccent4。
- 着色 5：ColorMappingTypeAccent5。
- 着色 6：ColorMappingTypeAccent6。
- 超链接：ColorMappingTypeHyperlink。
- 已访问的超链接：ColorMappingTypeFollowedHyperlink。

　　在使用 NewStyle()函数创建样式时，可在 ColorTheme 选项中通过 ColorMappingType 枚举值选择不同的主题颜色，被设置主题颜色的工作表元素，将会跟随主题颜色的切换而变化。假设某工作簿所使用的主题配色表中，"着色 1"的主题颜色为绿色，那么你可以编写如下代码，采用该主题颜

色为工作表 Sheet1 中的单元格 A1 设置字体颜色:

```
color := int(excelize.ColorMappingTypeAccent1)
styleIdx, err := f.NewStyle(&excelize.Style{
    Font: &excelize.Font{ColorTheme: &color},
})
if err != nil {
    // 此处进行异常处理
}
err = f.SetCellStyle("Sheet1", "A1", "A1", styleIdx)
```

在这段代码生成的工作簿中,Sheet1 工作表的 A1 单元格颜色将跟随主题颜色的变化而改变。

11.2 读取样式

Excelize 基础库提供了用于根据指定样式索引读取样式定义的 GetStyle()函数,其函数签名为

```
func (f *File) GetStyle(idx int) (*Style, error)
```

样式定义将以*Style 数据类型的值返回,关于*Style 数据类型中支持设置的各项格式选项可参阅表 11-1。如果给定的样式索引不存在,函数将返回错误异常。例如,通过编写如下代码,读取样式索引为 6 的样式定义,并可从中得知字体是否带有粗体格式:

```
style, err := f.GetStyle(6)
if err != nil {
    // 此处进行异常处理
}
bold := false
if style.Font != nil {
    isBold = style.Font.Bold
}
fmt.Printf("bold font style: %t\r\n", bold)
```

11.3 行列样式

9.4 节讨论了用于设置单元格格式的相关函数,Excelize 还支持按行或按列批量设置单元格格式,本节将讨论 Excelize 中与行列样式处理相关的几个函数。

11.3.1 设置行样式

如果你需要为工作表中的一整行或多行设置统一样式,无须逐个设置这些行中的单元格格式,使用 Excelize 基础库提供的 SetRowStyle()函数便可快速地批量设置多行样式,其函数签名为

```
func (f *File) SetRowStyle(sheet string, start, end, styleIdx int) error
```

该函数的第一个参数是工作表名称,第二个参数是要设置样式的起始行编号,第三个参数是要设置样式的终止行编号,最后一个参数是格式索引,该格式索引可通过用于创建样式的 NewStyle() 函数获得。如果仅需设置单行样式,指定相同的起始行和终止行编号即可。例如,你可以通过编写如下代码,为工作表 Sheet1 中的第 1~5 行设置带有浅蓝色背景颜色的单元格格式:

```
styleIdx, err := f.NewStyle(&excelize.Style{
    Fill: excelize.Fill{Type: "pattern", Color: []string{"E0EBF5"}, Pattern: 1},
})
if err != nil {
    // 此处进行异常处理
}
err = f.SetRowStyle("Sheet1", 1, 5, styleIdx)
```

保存代码后运行程序，如果一切顺利的话，使用 Excel 打开生成的工作簿，可以看到图 11-12 所示的效果（见文前彩图）。

需要注意的是，在使用该函数设置行样式之前，如果第 1～5 行中的某些单元格已被设置了其他格式，那么设置行样式之后，将会以新的样式覆盖这些单元格的原有格式。

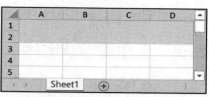

图 11-12　为工作表中的多行设置样式

11.3.2　设置列样式

当我们需要为工作表中的一整列或者多列设置样式时，可以使用 Excelize 基础库提供的 SetColStyle() 函数，其函数签名为

```
func (f *File) SetColStyle(sheet, columns string, styleIdx int) error
```

该函数的第一个参数是工作表名称，第二个参数是由起始列名称和终止列名称构成的列范围，第三个参数是格式索引。与设置行样式函数的用法类似，我们需要先创建或获取格式索引，然后通过格式索引为指定列设置样式。例如，你可以编写如下代码，为工作表 Sheet1 中 B:C 列的全部单元格设置红色单线底边框：

```
styleIdx, err := f.NewStyle(&excelize.Style{
    Border: []excelize.Border{
        {Type: "bottom", Color: "FF0000", Style: 1},
    },
})
if err != nil {
    // 此处进行异常处理
}
err = f.SetColStyle("Sheet1", "B:C", styleIdx)
```

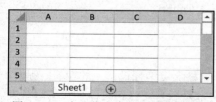

图 11-13　为工作表中的多列设置样式

保存代码后运行程序，使用 Excel 打开生成的工作簿，可以看到图 11-13 所示的效果（见文前彩图）。

如果你只需要为工作表中的某一列单独设置列样式，那么在第二个列范围参数中，仅指定起始列名称即可。例如，通过编写如下代码，为工作表 Sheet1 中的第 5 列设置样式：

```
err = f.SetColStyle("Sheet1", "E", styleIdx)
```

在使用 SetColStyle() 函数设置列样式之前，如果列中的某些单元格已被设置了其他格式，那么设置列样式之后，将会以新的样式覆盖这些单元格的原有格式。

11.3.3　获取列样式索引

Excelize 基础库提供了 GetColStyle() 函数，可根据给定的列名称，获取指定列的样式索引，得到

的样式索引可用于为其他行、列或单元格设置相同样式。其函数签名为

```
func (f *File) GetColStyle(sheet, col string) (int, error)
```

该函数是并发安全的，这意味着你可以在不同的协程中调用它。例如，你可以编写如下代码，获取工作表 Sheet1 中 C 列的样式索引：

```
styleIdx, err := f.GetColStyle("Sheet1", "C")
```

11.4　工作簿默认字体

在工作表、页眉和页脚、文本框等处输入文字时，默认将使用工作簿的默认字体。每个工作簿的默认字体设置存储于文档内部，本节将讨论如何利用 Excelize 设置和获取默认字体。

11.4.1　设置工作簿默认字体

有些时候，我们需要改变工作簿中全部单元格的默认字体，如果为每个单元格逐一设置字体格式，将会非常耗时。这时我们可以使用 SetDefaultFont() 函数来设置工作簿的默认字体，其函数签名为

```
func (f *File) SetDefaultFont(fontName string)
```

设置默认字体后，工作簿中所有现存工作表，以及后续新建工作表都将会使用该默认字体。使用 SetDefaultFont() 函数设置默认字体时，字体名称最长为 31 个字符，该函数不会将字体文件嵌入电子表格文档，字体是否能够正确显示，取决于打开工作簿所使用的操作系统和应用程序是否安装了并支持所设置的字体。例如，你可以编写如下代码，设置工作簿的默认字体为"宋体"：

```
err = f.SetDefaultFont("宋体")
```

11.4.2　获取工作簿默认字体

使用 Excelize 基础库提供的 GetDefaultFont() 函数，可获取工作簿的默认字体，其函数签名为

```
func (f *File) GetDefaultFont() string
```

使用 Excelize 基础库创建的空白工作簿，所使用的默认字体是 Calibri。

11.5　条件格式

在电子表格文档中，条件格式是一种能使满足特定条件的单元格显示为预设格式的功能。例如，我们可以通过设置条件格式，让某一范围内数值最大的单元格文本显示为红色。条件格式是电子表格应用中的一项常用功能，通过设置数据条、色阶、图标集等不同的格式，让符合条件的单元格突出显示来达到强调特定数据的目的。接下来我们将讨论使用 Excelize 基础库进行条件格式相关的 5 类操作。

11.5.1　创建条件格式

在设置格式规则之前，需要先使用 NewConditionalStyle() 函数创建对应的条件格式，其函数签名为

```
func (f *File) NewConditionalStyle(style *Style) (int, error)
```

　　使用该函数时需传入的格式参数，与使用 NewStyle()函数创建样式时所需的格式选项完全一致，详见表 11-1。函数的两个返回值分别是条件格式索引和 error 类型的异常。

11.5.2　获取条件格式

　　Excelize 基础库提供了用于读取条件格式定义的 GetConditionalStyle()函数，其函数签名为

```
func (f *File) GetConditionalStyle(idx int) (*Style, error)
```

　　根据指定条件格式索引读取条件格式定义，条件格式定义将以*Style 数据类型的值返回，关于 *Style 数据类型表示的各项格式可参阅表 11-1。

11.5.3　设置条件格式规则

　　成功创建条件格式后，便可以调用 SetConditionalFormat()函数设置条件格式规则了，其函数签名为

```
func (f *File) SetConditionalFormat(sheet, rangeRef string, opts []ConditionalFormatOptions) error
```

　　该函数的 3 个参数分别是工作表名称、单元格引用范围和条件格式规则选项。其中，条件格式规则选项为[]ConditionalFormatOptions 数据类型的数组，数组中的每一项元素代表一个条件格式规则，规则的优先级按照数组中元素下标的顺序依次降低。需要注意的是，条件格式规则将叠加在现有单元格格式之上，且并非所有单元格的格式属性都可以叠加显示。无法通过条件格式规则做修改的单元格格式包括字体名称、字体大小、上标、下标、对角线边框、所有对齐属性和所有保护属性。表 11-15 列出了[]ConditionalFormatOptions 数据类型中支持设置的条件格式规则选项。

表 11-15　[]ConditionalFormatOptions 数据类型中支持设置的条件格式规则选项

选项	数据类型	描述
Type	string	必选项，用于指定条件格式规则的类型，该选项的 17 个可选值及其对应的含义如下。 cell：只为包含"单元格值"内容的单元格设置格式。 time_period：只为包含"发生日期"内容的单元格设置格式。 text：只为包含"特定文本"内容的单元格设置格式。 average：仅对高于或低于平均值的数值设置格式。 duplicate：仅对重复值设置格式。 unique：仅对唯一值设置格式。 top：对排名靠前的数值设置格式。 bottom：对排名靠后的数值设置格式。 blanks：对"空值"单元格设置格式。 no_blanks：对"无空值"单元格设置格式。 error：对"错误"单元格设置格式。 no_error：对"无错误"单元格设置格式。 2_color_scale：设置双色刻度格式。 3_color_scale：设置三色刻度格式。 data_bar：设置数据条格式。 icon_set：设置图标集格式。 formula：为符合给定公式的值设置格式。 此表格中，以下各个选项是否可用和选项 Type 的值有关

续表

选项	数据类型	描述
AboveAverage	bool	当 Type 选项的值为 average 时，该选项用于指定"高于"选定范围的平均值
Percent	bool	当 Type 选项的值为 top 或 bottom 时，该选项用于指定"所选范围的百分比"
Format	*int	可选项，用于设置条件格式的格式索引
Criteria	string	当 Type 选项的值为 cell、text、average、top、bottom 或 formula 时，该选项用于设置单元格数据的条件格式运算符，所支持的 8 种条件对应的含义、条件描述关键词和部分对应的符号表示如下。 介于：between（无符号表示）。 未介于：not between（无符号表示）。 等于：equal to（==）。 不等于：not equal to（!==）。 大于：greater than（>）。 小于：less than（<）。 大于或等于：greater than or equal to（>=）。 小于或等于：less than or equal to（<=）
Value	string	当 Type 选项的值为 cell、time_period、text、top 或 formula 时，该选项常与 Criteria 选项搭配使用，用于设置固定值作为判定条件的条件值
MinType	string	当 Type 选项的值为 2_color_scale、3_color_scale 或 data_bar 时，该选项用于指定条件的最小值类型，该选项的 5 个可选值及其所表示的含义分别如下。 min：最低值。 num：数字。 percent：百分比。 percentile：百分点值。 formula：公式
MidType	string	当 Type 选项的值为 3_color_scale 时，该选项用于指定条件的中间值类型，该选项的 4 个可选值及其所表示的含义分别如下。 num：数字。 percent：百分比。 percentile：百分点值。 formula：公式
MaxType	string	当 Type 选项的值为 2_color_scale、3_color_scaler 或 data_bar 时，该选项用于指定条件的最大值类型，该选项的 5 个可选值及其所表示的含义分别如下。 num：数字。 percent：百分比。 percentile：百分点值。 formula：公式。 max：最高值
MinValue	string	当 Type 选项的值为 cell、2_color_scale、3_color_scale 或 data_bar 时，该选项用于指定条件的最小值（下限）
MidValue	string	当 Type 选项的值为 3_color_scale 时，该选项用于指定条件的中间值

选项	数据类型	描述
MaxValue	string	当 Type 选项的值为 cell、2_color_scale、3_color_scale 或 data_bar 时，该选项用于指定条件的最大值（上限）
MinColor	string	当 Type 选项的值为 2_color_scale、3_color_scale 或 data_bar 时，该选项用于指定条件的最小值颜色
MidColor	string	当 Type 选项的值为 3_color_scale 或 data_bar 时，该选项用于指定条件的中间值颜色
MaxColor	string	当 Type 选项的值为 2_color_scale、3_color_scale 或 data_bar 时，该选项用于指定条件的最大值颜色
BarColor	string	当 Type 选项的值为 data_bar 时，该选项用于设置条形图单色填充颜色
BarBorderColor	string	当 Type 选项的值为 data_bar 时，该选项用于设置条形图实心边框颜色，默认值为空，代表无边框。这项设置仅在 Excel 2010 及更高版本中生效
BarDirection	string	当 Type 选项的值为 data_bar 时，该选项用于设置条形图方向，该选项的 3 个可选值分别如下。 context：上下文（默认）。 leftToRight：从左到右。 rightToLeft：从右到左。 这项设置仅在 Excel 2010 及更高版本中生效
BarOnly	bool	当 Type 选项的值为 data_bar 时，该选项用于设置是否开启"仅显示数据条"，默认值为 false，代表关闭
BarSolid	bool	当 Type 选项的值为 data_bar 时，该选项用于设置是否开启"单色填充"，若关闭则使用"渐变填充"。默认值为 false，代表关闭。这项设置仅在 Excel 2010 及更高版本中生效
IconStyle	string	当 Type 选项的值为 icon-set 时，该选项用于设置图标样式，选项的 17 个可选值及其对应的图标含义如下。 3Arrows：三向箭头（彩色）。 3ArrowsGray：三向箭头（灰色）。 3Flags：三色旗。 3Signs：三标志。 3Symbols：3 个符号（有圆圈）。 3Symbols2：3 个符号（无圆圈）。 3TrafficLights1：三色交通灯（无边框）。 3TrafficLights2：三色交通灯（有边框）。 4Arrows：四向箭头（彩色）。 4ArrowsGray：四向箭头（灰色）。 4Rating：四等级。 4RedToBlack：红-黑渐变。 4TrafficLights：四色交通灯。 5Arrows：五向箭头（彩色）。 5ArrowsGray：五向箭头（灰色）。 5Quarters：五象限图。 5Rating：五等级

续表

选项	数据类型	描述
ReverseIcons	bool	当 Type 选项的值为 icon-set 时，该选项用于设置是否开启“反转图标次序”，默认值为 false，代表关闭
IconsOnly	bool	当 Type 选项的值为 icon-set 时，该选项用于设置是否开启“仅显示图标”，默认值为 false，代表关闭
StopIfTrue	bool	该选项不受 Type 选项的值影响，用于设置是否为规则开启“如果为真则停止”匹配，当某条件格式规则被应用于一个或多个单元格时，如果开启此设置，一旦找到匹配规则的一个单元格，将不会继续查找后续单元格是否匹配。默认值为 false，代表关闭

下面我们通过 6 个例子来了解如何创建一些常用的条件格式规则。

例 1，还记得在 7.7.1 节中，我们曾举过一个“学生成绩统计表”的例子吗？下面我们就使用那个工作簿，根据学生成绩为单元格设置不同的条件格式。Excel 中预设了多种单元格格式，我们先使用 NewConditionalStyle()函数创建其中的 3 种条件格式，然后按照 80 分及以上、60～79 分和 60 分以下 3 个条件，分别将对应这 3 个条件的单元格设置为带有深绿色、深黄色和深红色文本以及背景颜色的格式，最终效果如图 11-14 所示（见文前彩图）。

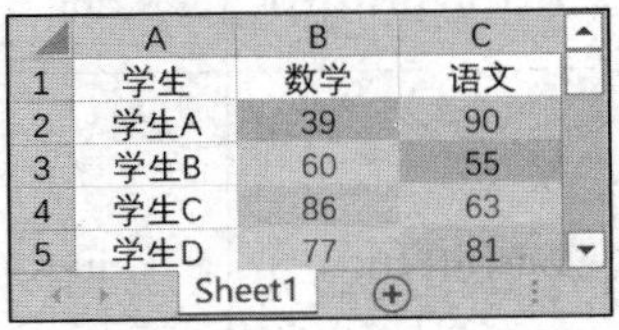

	A	B	C
1	学生	数学	语文
2	学生A	39	90
3	学生B	60	55
4	学生C	86	63
5	学生D	77	81

图 11-14　设置了 3 种条件格式的工作表

使用 Excelize 基础库打开那个工作簿之后，可通过如下代码创建并设置条件格式规则：

```
// 使用浅红色填充色与深红色文本代表较差
bad, err := f.NewConditionalStyle(
    &excelize.Style{
        Font: &excelize.Font{Color: "9A0511"},
        Fill: excelize.Fill{
            Type: "pattern", Color: []string{"FEC7CE"}, Pattern: 1,
        },
    },
)
if err != nil {
    // 此处进行异常处理
}
// 使用黄色填充色与深黄色文本代表一般
neutral, err := f.NewConditionalStyle(
    &excelize.Style{
        Font: &excelize.Font{Color: "9B5713"},
        Fill: excelize.Fill{
            Type: "pattern", Color: []string{"FEEAA0"}, Pattern: 1,
        },
    },
)
if err != nil {
    // 此处进行异常处理
}
// 使用绿色填充色与深绿色文本代表较好
good, err := f.NewConditionalStyle(
    &excelize.Style{
        Font: &excelize.Font{Color: "09600B"},
        Fill: excelize.Fill{
```

```
                Type: "pattern", Color: []string{"C7EECF"}, Pattern: 1,
            },
        },
    )
    if err != nil {
        // 此处进行异常处理
    }
    if err := f.SetConditionalFormat("Sheet1", "B2:C5",
        []excelize.ConditionalFormatOptions{
            // 设置大于等于 80 分的单元格条件格式规则
            {Type: "cell", Criteria: ">", Format: &good, Value: "79"},
            // 设置 60~79 分的单元格条件格式规则
            {Type: "cell", Criteria: "between", Format: &neutral,
             MaxValue: "79", MinValue: "60"},
            // 设置低于 60 分单元格的条件格式规则
            {Type: "cell", Criteria: "<", Format: &bad, Value: "60"},
        },
    ); err != nil {
        // 此处进行异常处理
    }
```

接着编写用于保存或另存为工作簿的代码，保存并运行程序后，使用电子表格应用打开生成的工作簿。如果一切顺利，将看到单元格的值已经按照预期那样被高亮显示了。通过这个例子我们能够了解如何声明条件格式、在条件格式规则中使用条件格式运算符，以及如何指定条件区间上限与下限的值。

例 2，接下来我们基于"学生成绩统计表"中的数据，使用刚才程序代码中 good 和 bad 变量所代表的两种颜色，分别为高于平均值和低于平均值的单元格设置条件格式，目标效果如图 11-15 所示（见文前彩图）。

通过编写如下代码，为工作表 Sheet1 中 B2:C5 区域内的单元格创建条件格式规则：

```
err := f.SetConditionalFormat("Sheet1", "B2:C5",
    []excelize.ConditionalFormatOptions{
        {Type: "average", Criteria: "=", Format: &good, AboveAverage: true},
        {Type: "average", Criteria: "=", Format: &bad, AboveAverage: false},
    },
)
```

这段代码为高于或低于平均值的单元格创建了一组条件格式规则，将高于平均值的单元格使用绿色高亮、低于平均值的单元格使用红色高亮。

例 3，除了可以将不同的填充效果用于条件格式规则，我们还可以使用数据条来反映单元格中值的大小或进度。接下来，我们就在"学生成绩统计表"中，使用数据条来表示学生成绩的高低，创建图 11-16 所示的工作簿（见文前彩图）。

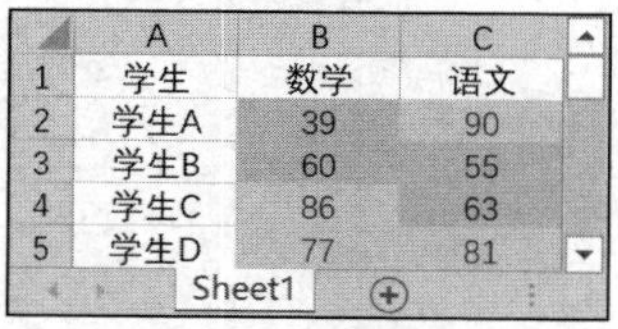

图 11-15　设置了两种条件格式的工作表 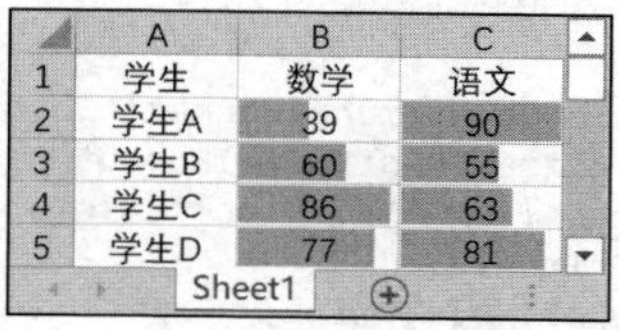　图 11-16　带有数据条的条件格式规则

通过编写如下代码，创建带有数据条的条件格式规则。其中，使用 BarColor 选项设置数据条的填充颜色，使用 BarSolid 选项设置数据条的填充效果为"单色填充"：

```
err := f.SetConditionalFormat("Sheet1", "B2:C5",
    []excelize.ConditionalFormatOptions{{
        Type:     "data_bar",
        BarColor: "A9D08E",
        Criteria: "=",
        MinType:  "min",
        MaxType:  "max",
        BarSolid: true,
    }},
)
```

例 4，下面我们为"学生成绩统计表"设置图 11-17 所示的带有双色刻度格式的条件格式规则（见文前彩图），使得随着单元格的值由低到高，单元格的背景颜色从深绿色渐变至浅绿色。

编写如下代码即可创建该条件格式规则，代码中设置条件格式规则类型为"2_color_scale"表示双色刻度格式，并通过 MinColor 和 MaxColor 设置颜色渐变的范围：

```
err := f.SetConditionalFormat("Sheet1", "B2:C5",
    []excelize.ConditionalFormatOptions{{
        Type:     "2_color_scale",
        Criteria: "=",
        MinType:  "min",
        MaxType:  "max",
        MinColor: "63BE7B",
        MaxColor: "E4EEDC",
    }},
)
```

例 5，在熟悉双色刻度格式后，我们再创建一个带有三色刻度格式的条件格式规则。我们在三色刻度中使用 3 种颜色：红色、白色和蓝色。单元格的值越低，红色越深；反之蓝色越深；越接近中间值，单元格的颜色越接近白色。设置效果如图 11-18 所示（见文前彩图）。

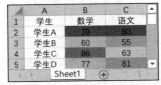

图 11-17　带有双色刻度格式的条件格式规则　　图 11-18　带有三色刻度格式的条件格式规则

我们根据表 11-15 中对条件格式规则选项的说明可以得知，若创建三色刻度格式，可使用 MidType 和 MidColor 选项设置中间值的类型和颜色。通过编写如下代码，在工作表 Sheet1 中创建带有三色刻度格式的条件格式规则：

```
err := f.SetConditionalFormat("Sheet1", "B2:C5",
    []excelize.ConditionalFormatOptions{{
        Type:     "3_color_scale",
        Criteria: "=",
        MinType:  "min",
        MidType:  "percentile",
        MaxType:  "max",
        MinColor: "F8696B",
        MidColor: "FFFFFF",
        MaxColor: "5A8AC6",
```

```
    }},
)
```

例 6，这是最后一个设置条件格式规则的例子。我们将在"学生成绩统计表"中创建带有"三色旗"图标的条件格式，根据成绩将区间 0～100 三等分，并按照区间设置旗子的颜色，设置效果如图 11-19 所示（见文前彩图）。

我们可以编写如下代码，为 B2:C5 区域设置带有图标集的条件格式规则：

图 11-19　带有图标集的
条件格式规则

```
err := f.SetConditionalFormat("Sheet1", "B2:C5",
    []excelize.ConditionalFormatOptions{{
        Type:        "icon_set", IconStyle: "3Flags",
    }},
)
```

11.5.4　获取条件格式规则

Excelize 基础库提供了用于获取给定工作表中条件格式规则的 GetConditionalFormats()函数，其函数签名为

```
func (f *File) GetConditionalFormats(sheet string) (map[string][]ConditionalFormatOptions, error)
```

该函数有两个返回值，第一个返回值是由单元格坐标范围和条件格式规则数组构成的哈希表，第二个返回值是 error 类型的异常。例如，你可以编写如下代码，获取工作表 Sheet1 中的全部条件格式规则：

```
condFmts, err := f.GetConditionalFormats("Sheet1")
```

11.5.5　删除条件格式规则

如果你需要删除作用于某一单元格坐标范围内的条件格式规则，可以使用 UnsetConditionalFormat()函数，其函数签名为

```
func (f *File) UnsetConditionalFormat(sheet, rangeRef string) error
```

该函数的两个参数分别为工作表名称和单元格坐标范围。需要注意的是，当删除条件格式规则时，需要使用与设置条件格式规则时完全相同的单元格坐标范围，否则将无法删除相应的条件格式规则。

11.6　小结

Excelize 基础库提供了灵活且丰富的样式控制功能，即便要创建十分复杂的样式，我们也能够通过组合各种格式来定义风格多样的样式。为了能够方便地创建样式，并尽可能以简洁的数据结构描述格式的定义，Excelize 基础库中预设了多种常见的格式索引，它们与电子表格应用图形操作界面中的预设格式相对应。本章通过表格的形式详细描述了这些格式索引的含义，在实际使用过程中，我们可以根据需要查阅表格中的内容进行样式的创作。

相信通过对本章的学习，你将能够使用 Excelize 生成带有漂亮样式的工作表。美观的样式能够提高工作表数据的可读性，从而提升工作效率，而图表作为数据可视化的一种方式，能够帮助我们更加直观地理解和分析数据，我们将会在第 12 章学习有关图表的内容。让我们继续前进吧！

第 12 章

图表

图表是一种可以用来直观、形象地展示数据的图形结构。选择恰当的图表对数据统计结果进行展示，可以使数据背后的价值更容易被挖掘和感受，通过这种有效的数据可视化手段，能够在视觉上传达更多的信息。按照图表的布局划分，图表主要由绘图区、标签、坐标轴和背景 4 部分构成，不同类型的图表在绘图区以不同的形态呈现，其中标签部分包括图表标题、坐标轴标题、图例、数据标签和模拟运算表；坐标轴部分包括横、纵方向上的坐标轴和网格线；背景部分包括绘图区的背景格式、图表基底和立体效果等内容。每一个构成图表的元素都有其独特的意义和应用场景，在实际使用中并不需要将全部元素都展示出来，根据具体情况合理选择图表中的元素即可。本章将会深入探讨如何使用 Excelize 基础库，在电子表格文档中创建能够跟随数据源联动的原生图表，并根据需要灵活控制图表元素。通过学习本章的内容，你将创建出精美的图表，让沉闷的数据栩栩如生。

12.1　创建图表

使用 Excelize 基础库提供的 AddChart()函数可以在电子表格文档中添加图表，AddChart()函数支持创建 55 种类型的图表，并能够创建由多种类型图表构成的组合图表，设置图表的数据源，此外还能够精细地调节图表布局和样式。AddChart()函数的签名为

```
func (f *File) AddChart(sheet, cell string, chart *Chart, combo ...*Chart) error
```

该函数的前 3 项参数为必选参数，它们分别是工作表名称、图表区域左上角单元格的坐标和 *Chart 数据类型的图表参数，该函数的第 4 项参数是用于创建组合图表的可选参数。表 12-1 列出了 *Chart 数据类型中支持设置的图表格式选项。

表 12-1　*Chart 数据类型中支持设置的图表格式选项

选项	数据类型	描述
Type	ChartType	必选项，用于设置图表的类型，该选项的 55 个枚举值及其代表的含义如下。 Area：二维面积图。 AreaStacked：二维堆积面积图。 AreaPercentStacked：二维百分比堆积面积图。

续表

选项	数据类型	描述
Type	ChartType	Area3D：三维面积图。 Area3DStacked：三维堆积面积图。 Area3DPercentStacked：三维百分比堆积面积图。 Bar：二维簇状条形图。 BarStacked：二维堆积条形图。 BarPercentStacked：二维百分比堆积条形图。 Bar3DClustered：三维簇状条形图。 Bar3DStacked：三维堆积条形图。 Bar3DPercentStacked：三维百分比堆积条形图。 Bar3DConeClustered：三维簇状水平圆锥图。 Bar3DConeStacked：三维堆积水平圆锥图。 Bar3DConePercentStacked：三维堆积百分比水平圆锥图。 Bar3DPyramidClustered：三维簇状水平棱锥图。 Bar3DPyramidStacked：三维堆积水平棱锥图。 Bar3DPyramidPercentStacked：三维堆积百分比水平棱锥图。 Bar3DCylinderClustered：三维簇状水平圆柱图。 Bar3DCylinderStacked：三维堆积水平圆柱图。 Bar3DCylinderPercentStacked：三维堆积百分比水平圆柱图。 Col：二维簇状柱形图。 ColStacked：二维堆积柱形图。 ColPercentStacked：二维百分比堆积柱形图。 Col3D：三维柱形图。 Col3DClustered：三维簇状柱形图。 Col3DStacked：三维堆积柱形图。 Col3DPercentStacked：三维百分比堆积柱形图。 Col3DCone：三维圆锥图。 Col3DConeClustered：三维簇状圆锥图。 Col3DConeStacked：三维堆积圆锥图。 Col3DConePercentStacked：三维百分比堆积圆锥图。 Col3DPyramid：三维棱锥图。 Col3DPyramidClustered：三维簇状棱锥图。 Col3DPyramidStacked：三维堆积棱锥图。 Col3DPyramidPercentStacked：三维百分比堆积棱锥图。 Col3DCylinder：三维圆柱图。 Col3DCylinderClustered：三维簇状圆柱图。 Col3DCylinderStacked：三维堆积圆柱图。 Col3DCylinderPercentStacked：三维百分比堆积圆柱图。 Doughnut：圆环图。 Line：折线图。 Line3D：三维折线图。 Pie：饼图。 Pie3D：三维饼图。 PieOfPie：子母饼图。 BarOfPie：复合条饼图。 Radar：雷达图。

续表

选项	数据类型	描述
Type	ChartType	Scatter：散点图。 Surface3D：三维曲面图。 WireframeSurface3D：三维线框曲面图。 Contour：二维曲面图。 WireframeContour：线框曲面图（俯视框架图）。 Bubble：气泡图。 Bubble3D：三维气泡图
Series	[]ChartSeries	必选项，用于设置图表数据源中的数据系列，数据源选项详见表 12-2
Format	GraphicOptions	可选项，用于设置图表的大小和属性，包括图表缩放比例和位置等属性。该选项中的各项设置详见表 12-5
Dimension	ChartDimension	可选项，用于设置图表的大小，其中包含 Width 和 Height 两个设置项
Legend	ChartLegend	可选项，用于设置图表的图例格式，该选项中的各项设置详见表 12-6
Title	[]RichTextRun	可选项，用于设置图表的标题，关于富文本格式的设置详见 9.8.1 节
VaryColors	*bool	可选项，用于设置是否开启图表数据系列格式为自动填充颜色。可选值为 true 或 false，默认值为 true，代表开启
XAxis	ChartAxis	可选项，用于设置图表的横坐标轴格式，该选项中的各项设置详见表 12-7
YAxis	ChartAxis	可选项，用于设置图表的纵坐标轴格式，该选项中的各项设置详见表 12-7
PlotArea	ChartPlotArea	可选项，用于设置图表的绘图区格式，该选项中的各项设置详见表 12-8
Fill	Fill	可选项，用于设置图表区填充格式，该选项中的各项设置详见表 11-4
Border	ChartLine	可选项，用于设置图表的边框，该选项的 3 个 ChartLineType 类型枚举值及其代表的含义如下。 ChartLineSolid：实线边框。 ChartLineNone：无边框。 ChartLineAutomatic：自动
ShowBlanksAs	string	可选项，用于对"隐藏和空单元格"的设置，该选项的 3 个可选值及其对应的含义如下。 gap：空距。 span：用直线连接数据点。 zero：零值。 默认值为 gap，即代表将空单元格显示为"空距"
BuzzleSize	int	可选项，当图表类型被设置为气泡图或三维气泡图时，该选项用于设置气泡的大小，取值范围是 1～300，默认值为 100
HoleSize	int	可选项，当图表类型被设置为 Doughnut 时，该选项用于设置圆环图的内径大小。取值范围是 1～90，默认值为 75

在使用 AddChart() 函数创建图表时，Excelize 基础库内部将会经历以下 5 个主要处理步骤。

（1）进入图形处理子系统（Drawing SubSystem），通过相应的图形文档关系部件类型创建图形部件 drawings/drawing%d.xml。在图形部件中存储图表的位置、大小等信息。

（2）根据指定图表文档关系部件类型，计算要生成的图表部件名（PartUri："chart%d.xml"）。

（3）在工作簿内容部件[Content_Types].xml 中注册图形部件 ID，并根据需要添加默认扩展名和 URI。

（4）通过图表模块生成图表部件 charts/chart%d.xml，该部件用于存储图表的类型、数据源、属性等信息。

（5）图表部件（Part:XML）生成完毕后，AddChart()函数会将工作表与图形关系部件进行关联，这样根据该关联关系，即可读取工作表中对应的图形部件，再通过图形关系部件进一步读取图表部件，就能够完整地表示图表的数据了。

在上述图表创建流程中，这些步骤的执行顺序如时序图 12-1 所示。

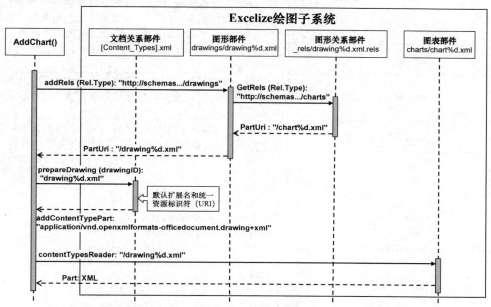

图 12-1　创建图表时 Excelize 基础库内部关键处理步骤时序图

AddChart()函数支持丰富的图表类型，不同的图表类型所适用的图表参数有所不同，接下来我们将会展开讨论各项图表格式选项的使用方法。

12.1.1　数据源

数据源的选择在创建图表时尤为重要，选择恰当的数据源将会使图表最终呈现的效果更加直观。如同在电子表格应用中创建图表，Excelize 将会根据用户所选择的数据区域自动为图表设置分类和数据系列（图例项）。在*Chart 数据类型的图表参数中，Series 选项是用于设置图表数据源中数据系列所引用单元格区域的选项，在使用该选项设置数据系列时，需要用[]ChartSeries 数据类型的数组声明数据系列与其对应的格式，其中[]ChartSeries 数据类型中支持设置的数据系列选项如表 12-2 所示。

表 12-2　[]ChartSeries 数据类型中支持设置的数据系列选项

选项	数据类型	描述
Name	string	可选项，用于设置图表的图例项，支持以文本、名称、公式或单元格引用形式进行表示，如"Sheet1!$A$1"。若该选项的值为空，默认将使用形如"Series 1""Series 2"…"Series N"的序列为数据系列自动分配名称
Categories	string	可选项，用于设置水平（分类）轴标签区域，支持以文本、名称、公式或单元格引用形式进行表示。若该选项的值为空，默认将使用形如"1""2"…"N"的连续序列为分类自动分配名称

续表

选项	数据类型	描述
Fill	Fill	可选项，用于设置图表数据系列的填充格式，默认无填充格式。填充格式的设置详见表 11-4
Values	string	必选项，这是 Series 选项中最重要也是唯一的必选参数，它用于设置数据系列的值，连接图表与其引用的单元格数据，支持以文本、名称、公式或单元格引用形式进行表示
Sizes	string	可选项，在创建气泡图或三维气泡图时，该选项用于设置数据系列中气泡的大小
Line	ChartLine	可选项，在创建折线图时，该选项用于设置折线图的线条格式，如果未指定该选项，将使用默认格式，详细的折线图格式选项详见表 12-3
Marker	ChartMarker	可选项，在创建折线图或散点图时，该选项用于设置数据系列线型和线端类型。该选项中支持设置的详细参数详见表 12-4
DataLabelPosition	ChartDataLabelPositionType	可选项，用于设置图表中每个数据系列的数据标签的位置。该选项的 10 个 ChartDataLabelPositionType 类型枚举值及其对应的含义如下。 ChartDataLabelsPositionUnset：未指定。 ChartDataLabelsPositionBestFit：最佳匹配。 ChartDataLabelsPositionBelow：靠下。 ChartDataLabelsPositionCenter：居中。 ChartDataLabelsPositionInsideBase：轴内侧。 ChartDataLabelsPositionInsideEnd：数据标签内。 ChartDataLabelsPositionLeft：靠左。 ChartDataLabelsPositionOutsideEnd：数据标签外。 ChartDataLabelsPositionRight：靠右。 ChartDataLabelsPositionAbove：靠上

现在让我们来创建一张图表吧。我们既可以先使用本书此前介绍过的单元格赋值、按行赋值等函数，在工作表中准备好图表所要引用的单元格数据，再创建图表；也可以打开一份已经存在的工作簿，基于其中已有的单元格数据创建图表。为了便于理解，下面的例子中，我们将基于已有工作簿中的单元格数据创建图表。在工作表 Sheet1 中记录了 A、B 两项会议在 2016～2023 年每年的出席人数，如图 12-2 所示。

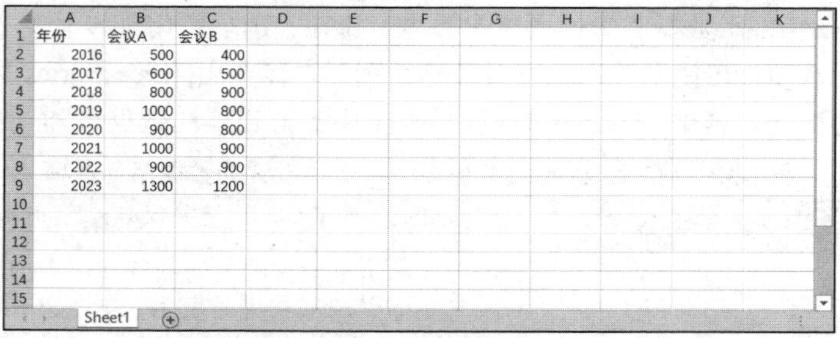

年份	会议A	会议B
2016	500	400
2017	600	500
2018	800	900
2019	1000	800
2020	900	800
2021	1000	900
2022	900	900
2023	1300	1200

图 12-2 两项会议出席人数统计表

由于折线图能够更好地反映事物随时间而变化的趋势，为了对比两项会议在各个年份的出席人数情况，我们编写如下代码，基于工作表 Sheet1 中 A1:C9 区域内的单元格数据，以 D1 单元格为基准位置创建一张折线图：

```
err := f.AddChart("Sheet1", "D1", &excelize.Chart{
    Type: excelize.Line,
    Series: []excelize.ChartSeries{
        {
            Name:       "Sheet1!$B$1",
            Categories: "Sheet1!$A$2:$A$9",
            Values:     "Sheet1!$B$2:$B$9",
        },
        {
            Name:       "Sheet1!$C$1",
            Categories: "Sheet1!$A$2:$A$9",
            Values:     "Sheet1!$C$2:$C$9",
        },
    },
})
```

上述代码首先根据表 12-1 列举的图表类型枚举值，设置图表类型 Type 选项的值为 excelize.Line。接着在 Series 选项中通过单元格坐标引用的方式设置数据系列名称（Name），Sheet1!$B$1、Sheet1!$C$1 分别对应会议名称"会议 A"和"会议 B"。水平（分类）轴标签和系列值也使用单元格范围引用的方式进行表示，由于两个数据系列均以"年份"所在区域作为水平轴，因此两个数据系列中 Categories 选项的值均设置为 Sheet1!$A$2:$A$9。保存代码后运行程序，使用 Excel 打开生成的工作簿，你将会看到图 12-3 所示的折线图。

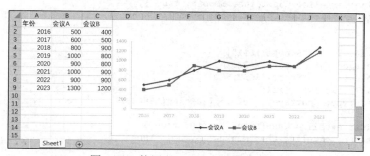

图 12-3　使用 Excelize 创建的折线图

我们刚刚创建了一张带有默认格式的折线图，除此之外，还可根据需要在此基础之上对图表做一些修饰。通过在 Series 选项中添加 ChartLine 数据类型的 Line 选项设置，可以改变折线图的线条格式。ChartLine 数据类型中支持设置的线条格式如表 12-3 所示，表中的两个选项都是可选的。

表 12-3　ChartLine 数据类型中支持设置的线条格式

选项	数据类型	描述
Smooth	bool	用于设置是否开启平滑线，可选值为 true 或 false，默认值为 false，代表关闭
Width	float64	用于设置线条的宽度，单位为 pt（点），取值范围是 0.25～999，如果未指定该选项的值或者指定的值超出限定的取值范围，将使用默认值 2

在使用 AddChart()函数创建图表时，除了可以自定义线条格式，还可以通过 ChartMarker 数据类型的选项，调节数据点标记的格式。表 12-4 列出了 ChartMarker 数据类型中支持设置的数据点标记格式选项，表中的两个选项都是可选的。

表 12-4　ChartMarker 数据类型中支持设置的数据点标记格式选项

选项	数据类型	描述
Fill	Fill	用于设置数据点标记的填充格式，该选项中的各项设置详见表 11-4
Symbol	string	用于设置数据点标记的类型，该选项的 11 个可选值及其对应的含义分别为 none（无）、auto（自动）、circle（●）、dash（—）、diamond（◆）、dot（－）、plus（＋）、square（■）、star（＊）、triangle（▲）、x（×）。该选项的默认值为 auto，表示自动设置数据标记点类型
Size	int	用于设置预设数据点标记的大小，取值范围是 2～72，默认值为 5

下面我们在刚刚所编写的代码基础上稍加修改，为折线图中的两条折线添加格式设置。修改后的代码如下：

```go
err := f.AddChart("Sheet1", "D1", &excelize.Chart{
    Type: excelize.Line,
    Series: []excelize.ChartSeries{
        {
            Name:       "Sheet1!$B$1",
            Categories: "Sheet1!$A$2:$A$9",
            Values:     "Sheet1!$B$2:$B$9",
            Fill: excelize.Fill{
                Type: "pattern", Color: []string{"60ACFC"}, Pattern: 1,
            },
            Line: excelize.ChartLine{ Smooth: true },
            Marker: excelize.ChartMarker{ Symbol: "none" },
        },
        {
            Name:       "Sheet1!$C$1",
            Categories: "Sheet1!$A$2:$A$9",
            Values:     "Sheet1!$C$2:$C$9",
            Fill: excelize.Fill{
                Type: "pattern", Color: []string{"5BC49F"}, Pattern: 1,
            },
            Line: excelize.ChartLine{ Smooth: true },
            Marker: excelize.ChartMarker{ Symbol: "none" },
        },
    },
})
```

代码中利用 Fill、Line 和 Marker 这 3 个参数，为不同数据系列的折线设置了自定义的线条颜色、开启了平滑线，同时关闭了线条上数据点标记的图形。保存代码后重新运行程序，使用 Excel 打开生成的工作簿，你将会看到图 12-4 所示的折线图。

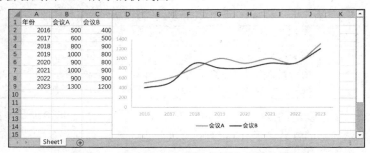

图 12-4　带有自定义数据系列格式的折线图

12.1.2 图形属性

如果我们需要调节所创建图表的位置和属性，那么在使用 AddChart()函数创建图表时，可以在*Chart 数据类型的图表参数中通过 Format 选项设置图表的图形属性。Format 选项的值为 GraphicOptions 数据类型，该类型中支持设置的图形格式选项如表 12-5 所示，表中的每个选项都是可选的。

表 12-5　GraphicOptions 数据类型中支持设置的图形格式选项

选项	数据类型	描述
PrintObject	*bool	用于设置是否开启打印对象，可选值为 true 或 false。关闭打印对象后，虽然在电子表格应用的"分页预览"和"页面布局"模式下可以显示图形，但是在打印时将会忽略图形元素，该选项的默认值为 true，代表开启
Locked	*bool	用于设置是否开启锁定对象，可选值为 true 或 false，默认值为 false，代表关闭。需要注意的是，只有开启了保护工作表，锁定对象设置才会生效
LockAspectRatio	bool	用于设置是否开启图片的锁定纵横比，可选值为 true 或 false，默认值为 false，代表关闭
AutoFit	bool	用于设置是否使图片的大小自动适应单元格，可选值为 true 或 false，默认值为 false，代表关闭
OffsetX	int	用于设置图形与插入该图形时基准单元格在水平方向的偏移量，默认值为 0
OffsetY	int	用于设置图形与插入该图形时基准单元格在垂直方向的偏移量，默认值为 0
ScaleX	float64	用于设置图形在水平方向的缩放比例，默认值为 1.0，表示 100%
ScaleY	float64	用于设置图形在垂直方向的缩放比例，默认值为 1.0，表示 100%
Hyperlink	string	用于设置图形的超链接资源地址。该选项仅对图片有效
HyperlinkType	string	用于设置图片的超链接资源类型。该选项的使用方式与设置单元格超链接时，所要设置的超链接资源类型相同：超链接资源类型分为 External（外部链接地址）和 Location（工作簿内部位置链接）两种。如果希望点击单元格链接到网页，那么要将超链接资源类型设置为 External；如果需要实现点击单元格链接到另一个单元格，则需要将超链接资源类型设置为 Location。当选择使用 Location 资源类型设置内部位置链接时，链接位置单元格坐标需要以#开始，如 "#Sheet2!D8"
Positioning	string	用于设置图形的属性，该选项的 3 个可选值及其对应的含义如下。 twoCell：随单元格改变位置和大小。该设置下，当图形所覆盖单元格范围内，有插入或删除行列、调节行高和列宽等操作时，图形的位置和大小将跟随变化。 oneCell：随单元格改变位置，但不改变大小。该设置下，当图形所覆盖单元格范围内，有插入或删除行列、调节行高和列宽等操作时，图形的位置会受到影响，但是大小不会改变。 absolute：不随单元格改变位置和大小。 该选项的默认值为 twoCell，表示随单元格改变图形的位置和大小

GraphicOptions 数据类型的图形选项不仅可以用于图表中，还可以将其用于图片和形状的格式设置，我们将在第 13 章中讨论这些内容。现在我们继续以 12.1.1 节创建的折线图为例，对创建折线图时所用到的代码做进一步修改：在*Chart 数据类型的图表参数中，添加如下代码，通过 Format 选项固定图表的大小和位置，并将图表宽度缩小至原本的 85%，设置图表的位置横向偏移 40 个单位：

```
err := f.AddChart("Sheet1", "D1", &excelize.Chart{
    // 保持其他图表参数不变，添加如下代码
Format: excelize.GraphicOptions{
        ScaleX: 0.85, OffsetX: 40, Positioning: "absolute",
    },
})
```

保存并运行程序后，使用 Excel 打开生成的工作簿。如果一切顺利的话，我们将看到图 12-5 所示的图表。

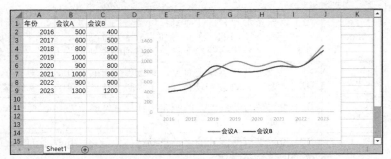

图 12-5　带有缩放和偏移格式的图表

在使用 AddChart() 函数添加图表时，我们还可以通过设置 *Chart 数据类型图表参数中的 Dimension 选项，改变图表的大小，该选项的值为 ChartDimension 数据类型。在 ChartDimension 数据类型中，有两个 uint 类型的可选属性 Width 和 Height，它们分别用于设置图表的宽度和高度，如果未指定宽度和高度，将会使用默认值，Width 选项的默认值为 480，Height 选项的默认值为 260。下面，我们在刚才所编写的代码中添加 Dimension 选项，设置图表的宽度为 500、高度为 340：

```
err := f.AddChart("Sheet1", "D1", &excelize.Chart{
    // 保持其他图表参数不变，添加如下代码
    Dimension: excelize.ChartDimension{Width: 500, Height: 340},
})
```

保存代码后重新运行程序，再次打开生成的工作簿，可以看到图 12-6 所示的图表。

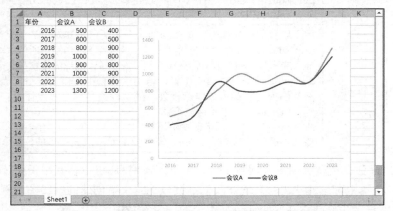

图 12-6　带有自定义大小、位置和缩放格式的图表

由于图表在水平方向上做了缩放设置，在叠加自定义的图表宽度后，最终图表的宽度为 Width×ScaleX。

12.1.3 图例

图例是用于标识图表中数据系列或分类的标记说明，使用 Excelize 基础库创建图表时，会默认为图表添加图例，如果默认的图例格式不能满足需求，可在图表参数中设置 Legend 选项来改变默认图例的格式。Legend 选项的数据类型为 ChartLegend，该数据类型中支持设置的图例格式选项如表 12-6 所示，表中的两个选项都是可选的。

表 12-6　ChartLegend 数据类型中支持设置的图例格式选项

选项	数据类型	描述
Position	string	用于设置图表中图例的位置，该选项的 6 个可选值及其对应的含义如下。 none：关闭图例。 bottom：底部。 left：左侧。 right：右侧。 top：顶部。. top_right：右上。 默认值为 bottom，即在图表的底部显示图例
ShowLegendKey	bool	当开启数据标签时，用于设置数据标签是否包括"图例项标示"，可选值为 true 或 false，默认值为 false，代表不包括

12.1.4 图表标题

图表标题是显示在图表顶部的标题文本，创建图表时，可以在*Chart 数据类型的图表参数中使用 Title 选项设置图表的标题。Title 选项的数据类型为[]RichTextRun，RichTextRun 类型中的 Text 字段用于设置图表的标题文本。接下来，我们对 12.1.2 节中编写的用于创建折线图的代码做进一步修改，在*Chart 类型的图表参数中，添加如下代码，为图表设置标题"参会人数统计图"：

```
err := f.AddChart("Sheet1", "D1", &excelize.Chart{
    // 保持其他图表参数不变，添加如下代码
    Title: []excelize.RichTextRun{{Text: "参会人数统计图"}},
})
```

保存代码并重新运行程序，使用 Excel 中打开生成的工作簿。如果一切顺利，将会看到图 12-7 所示的图表。

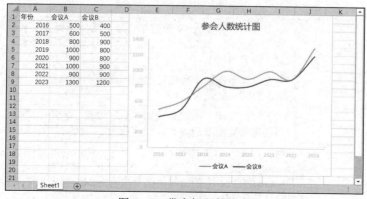

图 12-7　带有标题的图表

12.1.5 坐标轴格式

在有些情况下，我们需要对图表的坐标轴格式进行调整，例如设置显示或隐藏横纵坐标、为图表打开刻度线或者设置坐标轴刻度的间距。在创建图表时，*Chart 数据类型的参数中，XAxis 和 YAxis 是分别用于设置横纵坐标轴格式的选项，这两个选项的数据类型都是 ChartAxis。表 12-7 列出了该数据类型中支持设置的坐标轴格式选项，表中的各个选项都是可选的。

表 12-7　ChartAxis 数据类型中支持设置的坐标轴格式选项

选项	数据类型	描述
None	bool	用于设置是否关闭图表中的"主要坐标轴"，可选值为 true 或 false，默认值为 false，代表开启。在图表参数的 XAxis 设置中，该选项影响"主要横坐标轴"；在 YAxis 设置中，该选项影响"主要纵坐标轴"
MajorGridLines	bool	用于设置是否开启图表中的"主轴主要网格线"，可选值为 true 或 false，默认值为 false，代表关闭。在图表参数的 XAxis 设置中，该选项影响"主轴主要水平网格线"，在 YAxis 设置中，该选项影响"主轴主要垂直网格线"
MinorGridLines	bool	用于设置是否开启图表中的"主轴次要网格线"，可选值为 true 或 false，默认值为 false，代表关闭
MajorUnit	float64	用于设置坐标轴最大单位，默认值为 0，代表自动。该选项仅适用于图表参数的 YAxis 设置中，数值越大刻度越密集。当同时开启了"主轴主要网格线"时，网格线也随之更加密集
Secondary	bool	用于设置次坐标轴，默认值为 false，代表关闭。该选项仅在图表参数的 YAxis 设置中适用，当创建组合图表时，开启该选项后可将对应的数据系列在次坐标轴显示，使图表以双纵坐标轴方式更直观地呈现两种数据系列的值
TickLabelSkip	int	用于设置坐标轴标签间隔的间隔单位，默认值为 0，代表自动。该选项仅适用于图表参数的 XAxis 设置中，数值越大数据标签越稀疏
ReverseOrder	bool	用于设置是否开启"逆序"，可选值为 true 或 false，默认值为 false，代表关闭。在图表参数的 XAxis 设置中，该选项影响"逆序类别"，在 YAxis 设置中，该选项影响"逆序刻度值"
Maximum	*float64	在图表参数的 XAxis 设置中，该选项用于设置"数据标签最大数量"；在 YAxis 设置中，该选项用于设置"坐标轴边界最大值"。该选项的默认值为 nil，代表自动
Minimum	*float64	在图表参数的 XAxis 设置中，该选项用于设置"数据标签最小数量"；在 YAxis 设置中，该选项用于设置"坐标轴边界最小值"。该选项的默认值为 nil，代表自动
Font	Font	用于设置坐标轴中数据标签或刻度的字体格式，支持的选项详见表 11-7 列出的字体格式选项
LogBase	float64	该选项仅适用于图表参数的 YAxis 设置中，用于开启坐标轴"对数刻度"，并设置对数刻度的底数。默认值为 0，代表关闭
NumFmt	ChartNumFmt	用于设置坐标轴的数字格式。其中，CustomNumFmt 选项值的数据类型为 string，用于设置自定义数字格式代码，默认值为空代表使用"常规类型"。SourceLinked 选项值的数据类型为 bool，用于设置是否开启"链接到源"，默认值为 false，代表关闭

下面，我们继续以"参会人数统计图"为例，在创建该图表的代码中添加如下代码，为图表设置横纵坐标轴格式：

```
min := 200.0
err := f.AddChart("Sheet1", "D1", &excelize.Chart{
    // 保持其他图表参数不变，添加如下代码
    XAxis: excelize.ChartAxis{
        MajorGridLines: true,
        Font:           excelize.Font{Color: "000000"},
    },
    YAxis: excelize.ChartAxis{
        MajorGridLines: true,
        Font:           excelize.Font{Color: "000000"},
        Minimum:        &min,
    },
})
```

代码中使用 XAxis 选项为图表添加"主轴主要水平网格线"，并将横坐标轴的数据标签字体颜色设置为黑色；使用 YAxis 选项为图表添加"主轴主要垂直网格线"，同时设置纵坐标轴的刻度字体颜色为黑色，通过 Minimum 选项设置纵坐标轴边界最小值为 200。保存代码并运行程序，使用 Excel 打开生成的工作簿，将看到图 12-8 所示的图表。

图 12-8　带有横纵坐标轴格式的图表

从图中可以看到，图表中纵坐标轴的起始刻度值不再从 0 开始，而是以我们所设置的 200 作为起始刻度值；横纵坐标轴的数据标签和刻度字体颜色，也被我们所自定义的十六进制颜色码"000000"修改为黑色。

为不同数据规模的面积图、条形图、柱形图、锥形图、折线图、散点图、气泡图等类型的图表选用恰当的坐标轴格式，可以使图表更加美观，使数据更易于理解。但需要注意，坐标轴格式并不适用于饼图、雷达图、圆环图等类型的图表。

12.1.6　绘图区格式

在使用 AddChart() 函数创建图表时，图表参数中的 PlotArea 选项可用于设置图表绘图区的格式，

支持在绘图区添加数据标签元素，控制数据标签元素中的内容，设置气泡图中气泡的大小，等等。PlotArea 选项值的数据类型为 ChartPlotArea，该数据类型中支持的绘图区格式选项如表 12-8 所示，表中的各个选项都是可选的。

表 12-8　ChartPlotArea 数据类型中支持设置的绘图区格式选项

选项	数据类型	描述
SecondPlotValues	int	在创建子母饼图或复合条饼图时，该选项用于指定显示在第二绘图区中值的数量
ShowBubbleSize	bool	用于指定是否在气泡图和三维气泡图的数据标签中显示气泡大小，可选值为 true 或 false，默认值为 false，代表不显示
ShowCatName	bool	用于指定是否在图表绘图区数据标签中显示"类别名称"，可选值为 true 或 false，默认值为 false，代表不显示
ShowLeaderLines	bool	在创建饼图、三维饼图、子母饼图、复合条饼图、圆环图和雷达图时，用于设置是否在数据标签中显示引导线，可选值为 true 或 false，默认值为 false，代表不显示
ShowPercent	bool	在创建饼图、三维饼图、子母饼图、复合条饼图和圆环图时，用于设置是否在数据标签中显示百分比，可选值为 true 或 false，默认值为 false，代表不显示
ShowSerName	bool	用于指定是否在数据标签中显示"系列名称"，可选值为 true 或 false，默认值为 false，代表不显示
ShowVal	Bool	用于指定是否在数据标签中显示数据点的值，可选值为 true 或 false，默认值为 false，代表不显示
Fill	Fill	可选项，用于设置图表绘图区填充格式，该选项中的各项设置详见表 11-4
NumFmt	ChartNumFmt	用于设置坐标轴的数字格式。其中，CustomNumFmt 选项值的数据类型为 string，用于设置自定义数字格式代码，默认值为空，代表使用"常规类型"。SourceLinked 选项值的数据类型为 bool，用于设置是否开启"链接到源"，默认值为 false，代表关闭

接下来，我们继续在本章所使用的"参会人数统计图"代码中添加如下代码，为图表设置绘图区格式：

```
if err := f.AddChart("Sheet1", "D1", &excelize.Chart{
    // 保持其他图表参数不变，添加如下代码
    PlotArea: excelize.ChartPlotArea{ShowVal: true },
})
```

上述代码为*Chart 数据类型的图表参数添加了 PlotArea 选项设置，其中声明 ShowVal 选项的值为 true，表示为图表绘图区添加数据标签，并在数据标签中显示每个数据点的值。编写好代码后，保存并运行程序，使用 Excel 打开生成的工作簿，你将会看到图 12-9 所示的图表。

可以看到图表绘图区中，在折线图的每个数据点上显示了该数据点的值。到这里，"参会人数统计图"就制作好了。在创建这个图表的过程中，我们使用 Excelize 基础库先创建了一张带有默认格式的折线图，再逐步为图表添加图例、标题，并设置坐标轴和绘图区格式，最终制作了一张美观的图表。在这个例子中，仅用到了部分图表选项，你不必拘泥于例子中提到的这些图表选项，请动手

尝试改变数据源、图表类型，看看其他的图表选项能够产生哪些效果吧。

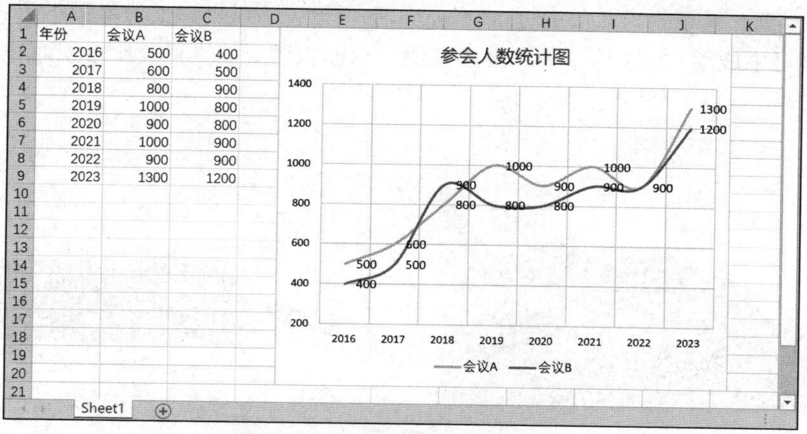

图 12-9　带有绘图区格式的图表

12.2　图表分类

我们在 12.1 节中围绕创建折线图和设置图表格式做了很多讨论，现在我们将会介绍 Excelize 所支持的其他类型图表。根据图表类型，可以将 Excelize 所支持的 55 种图表分为 11 类：面积图、条形图、柱形图、锥形图、折线图、雷达图、圆环图、散点图、气泡图、饼图和曲面图。下面我们将逐一举例每类图表的细分类型、呈现效果和适用场景。

12.2.1　面积图

1786 年，威廉·普莱费尔（William Playfair）发明了面积图、饼图和柱形图。面积图是一种反映数值随有序变量变化的统计图表。面积图形似层峦叠嶂的山峰，在它那错落有致的外形下，每个"山峰"的面积都代表特定的含义，非常适合表达个体数据和整体趋势的关系。Excelize 支持创建 6 种面积图：二维面积图、二维堆积面积图、二维百分比堆积面积图、三维面积图、三维堆积面积图和三维百分比堆积面积图。创建图表时，在 *Chart 数据类型的图表参数中，通过设置 Type 选项枚举值来创建相应的面积图。

在 12.1 节中，我们曾使用了一个"参会人数统计图"的例子，下面我们继续使用这个例子中用于创建图表的代码，在其基础上进行修改，将图表参数中的 Type 选项枚举值设置为 Area 或 Area3D，并移除绘图区格式选项 PlotArea。保存代码后重新运行程序，将生成图 12-10 所示的二维面积图或三维面积图。

堆积面积图与面积图的差别是每个数据系列的值是堆积起来的，即下一个数据系列的起始点是上一个数据系列的结束点，因此在二维堆积面积图中，不会出现数据点被遮盖的情况。修改"参会人数统计图"的图表类型，设置 Type 选项枚举值为 AreaStacked 或 Area3DStacked，即可生成图 12-11 所示的二维堆积面积图或三维堆积面积图。

百分比堆积面积图用于显示每个数据系列数值所占百分比随有序变量变化的趋势，此类图表能够更好地突出每个系列的比例，但并不能反映总量的变化。在图表参数中设置图表类型的枚举值为 AreaPercentStacked 或 Area3DPercentStacked 即可创建二维或三维百分比堆积面积图。我们继续修改用于创建"参会人数统计图"的代码，除了改变图表类型的参数，由于百分比堆积面积图中的数据最大值为 100%，因此需要删除此前通过 Minimum 选项设置的纵坐标轴边界最小值。修改代码后重新运行程序，即可生成图 12-12 所示的二维百分比堆积面积图或三维百分比堆积面积图。

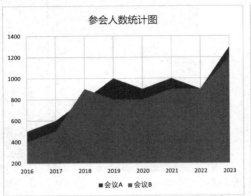
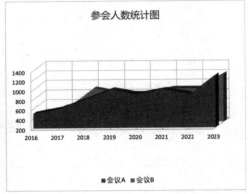

图 12-10　二维面积图或三维面积图

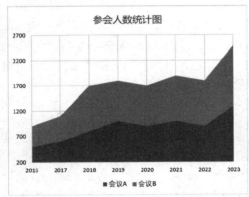
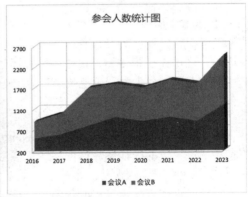

图 12-11　二维堆积面积图或三维堆积面积图

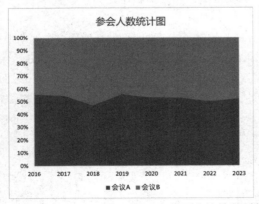
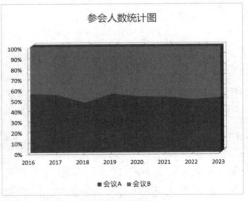

图 12-12　二维百分比堆积面积图或三维百分比堆积面积图

12.2.2　条形图

　　条形图是一类使用水平方向延伸的矩形条，对分类数据进行比较的统计图表。Excelize 支持创建的条形图包括二维簇状条形图、二维堆积条形图、二维百分比堆积条形图、三维簇状条形图、三维堆积条形图和三维百分比堆积条形图，共 6 种。

　　簇状条形图是把多个并列的分类数据进行聚类分组，然后将组与组进行比较的图表。改变用于创建"参会人数统计图"代码中图表类型的枚举值为 Bar 或 Bar3DClustered，即可创建图 12-13 所示的二维簇状条形图或三维簇状条形图。

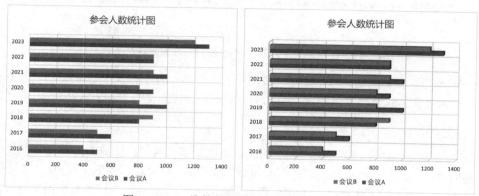

图 12-13　二维簇状条形图或三维簇状条形图

　　堆积条形图将代表多个分类数据的矩形彼此堆叠显示，适合呈现分类与子类、总量之间的关系。在"参会人数统计图"的例子中，改变图表类型的枚举值为 BarStacked 或 Bar3DStacked，即可得到图 12-14 所示的二维堆积条形图或三维堆积条形图。

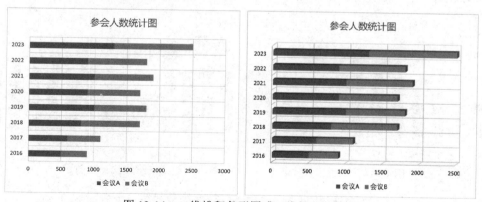

图 12-14　二维堆积条形图或三维堆积条形图

　　百分比堆积条形图作为条形图的一类衍生图表，使用堆叠的矩形来代表每组占总体的百分比，这类图表能够很好地体现每组数据占总体的比例，方便对比每组中数据量的相对差异。在"参会人数统图"的例子中，将图表类型的枚举值设置为 BarPercentStacked 或 Bar3DPercentStacked，即可创建图 12-15 所示的二维百分比堆积条形图或三维百分比堆积条形图。

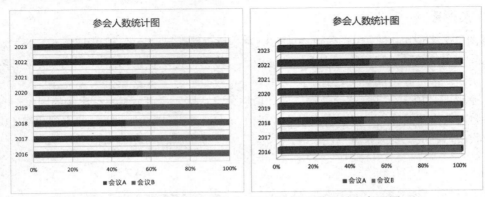

图 12-15   二维百分比堆积条形图或三维百分比堆积条形图

堆积条形图的主要缺点是，由于不同分段之间相互错落，且不在同一基准线上，当条形分段越来越多时，图表将变得越来越难以阅读，因此这类图表适合在分类数量相对较少时使用。

12.2.3   柱形图

柱形图是使用纵向延伸的矩形或箱体形状，对不同分类数据进行比较的一类图表，柱形的高度与数据系列的值成比例。通常数据类别在图表的横坐标轴上、值在图表的纵坐标轴上。Excelize 基础库支持创建 14 种二维和三维柱形图，其中三维柱形图根据柱体形状分为箱型柱形图和圆柱图。下面我们分别讨论每种图表类型的枚举值和所呈现的效果。

簇状柱形图与簇状条形图类似，是一类把多个并列的分类数据进行聚类分组，然后将组与组进行比较的图表。改变"参会人数统计图"例子中图表类型的枚举值为 Col、Col3DClustered 或 Col3DCylinderClustered，即可创建图 12-16 所示的二维簇状柱形图、三维簇状柱形图或三维簇状圆柱图。

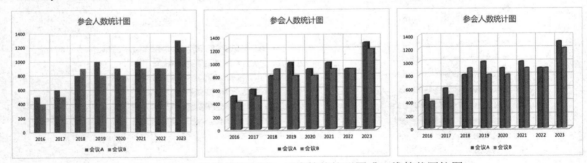

图 12-16   二维簇状柱形图、三维簇状柱形图或三维簇状圆柱图

堆积柱形图将代表多个分类数据的矩形、箱体或柱体堆叠显示，适合呈现分类与子类、总量之间的关系。在"参会人数统计图"的例子中，改变图表类型的枚举值为 ColStacked、Col3DStacked 或 Col3DCylinderStacked，即可创建图 12-17 所示的二维堆积柱形图、三维堆积柱形图或三维堆积圆柱图。

百分比堆积柱形图是一类使用堆叠的矩形、箱体或柱体来代表每组占总体百分比的图表。与百分比堆积条形图相似，这类图表能够很好地体现每组数据占总体的比例，方便对比每组中数据量的相对差异。

在"参会人数统计图"的例子中，将图表类型的枚举值设置为ColPercentStacked、Col3DPercentStacked或Col3DCylinderPercentStacked，即可创建图12-18所示的二维百分比堆积柱形图、三维百分比堆积柱形图或三维百分比堆积圆柱图。

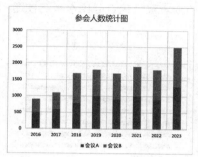
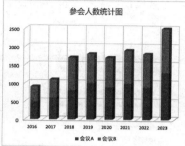
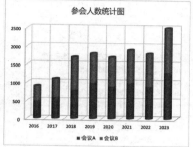

图 12-17　二维堆积柱形图、三维堆积柱形图或三维堆积圆柱图

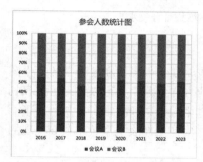
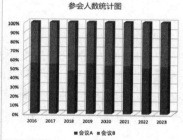
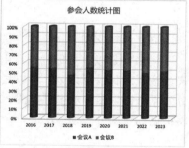

图 12-18　二维百分比堆积柱形图、三维百分比堆积柱形图或三维百分比堆积圆柱图

三维柱形图和三维圆柱图是通过箱体或圆柱体对不同分类数据进行比较的一类图表。与簇状柱形图不同的是，这类图表中，将三维空间中代表每个分类数据的柱体分散排列，不对分类进行聚类分组。还是以"参会人数统计图"为例，通过设置图表类型的枚举值为Col3D或Col3DCylinder，创建图12-19所示的三维柱形图或三维圆柱图。

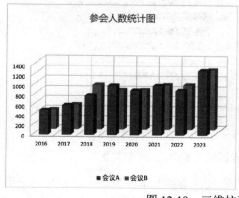
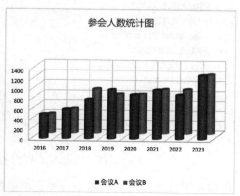

图 12-19　三维柱形图或三维圆柱图

三维水平圆柱图与条形图类似，是一类通过横向延伸的圆柱体对不同分类数据进行比较的图表，由于其柱体形状为圆柱，因此我们将其归纳到柱形图范围内。在使用 AddChart() 函数创建图表时，设置图表类型的枚举值为 Bar3DCylinderClustered、Bar3DCylinderStacked 或 Bar3DCylinderPercentStacked，即可创建图 12-20 所示的三维簇状水平圆柱图、三维堆积水平圆柱图或三维堆积百分比水平圆柱图。

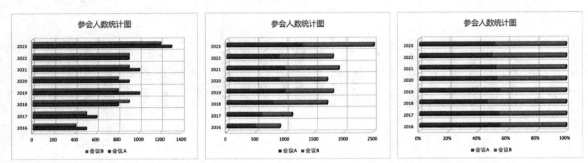

图 12-20 三维簇状水平圆柱图、三维堆积水平圆柱图或三维堆积百分比水平圆柱图

12.2.4 锥形图

锥形图是以自坐标轴原点由宽变窄的锥体构成的一类三维图表，属于条形图和柱形图的衍生图表。按照形状进行划分，可以划分为圆锥图和棱锥图；按照图表的方向划分，又可以将此类图表划分为垂直锥形和水平锥形图。Excelize 支持创建 14 种锥形图，其中圆锥图和棱锥图各 7 种。下面将根据图表的方向划分，逐一介绍各种锥形图在 Excelize 基础库中对应的图表类型枚举值和呈现的图表效果。

三维簇状水平锥形图是一种使用水平方向延伸的圆锥或棱锥对分类数据进行比较的三维统计图表。在"参会人数统计图"的例子中，设置图表类型的枚举值为 Bar3DConeClustered 或 Bar3DPyramidClustered，即可创建图 12-21 所示的三维簇状水平圆锥图或三维簇状水平棱锥图。

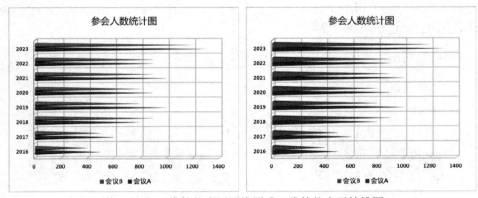

图 12-21 三维簇状水平圆锥图或三维簇状水平棱锥图

三维堆积水平锥形图将代表多个分类数据的圆锥或棱锥彼此堆叠显示，适合呈现分类与子类、总量之间的关系。在"参会人数统计图"的例子中，改变图表类型的枚举值为 Bar3DConeStacked 或

Bar3DPyramidStacked，即可创建图 12-22 所示的三维堆积水平圆锥图或三维堆积水平棱锥图。

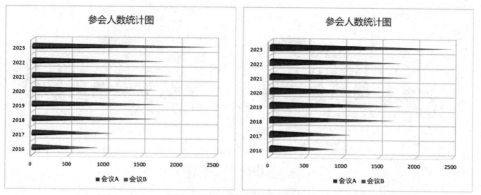

图 12-22 三维堆积水平圆锥图或三维堆积水平棱锥图

三维堆积百分比水平锥形图使用堆叠的圆锥或棱锥代表每组分类数据占总体的百分比，这类图表能够很好地体现每组数据占总体的比例，方便对比每组中数据量的相对差异。在"参会人数统计图"的例子中，将图表类型的枚举值设置为 Bar3DConePercentStacked 或 Bar3DPyramidPercentStacked，即可创建图 12-23 所示的三维堆积百分比水平圆锥图或三维堆积百分比水平棱锥图。

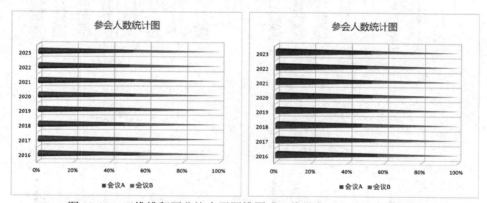

图 12-23 三维堆积百分比水平圆锥图或三维堆积百分比水平棱锥图

三维锥形图是通过锥体对不同分类数据进行比较的一类图表，在三维空间中代表每个分类数据的锥体分散排列，这类图表不对分类进行聚类分组。以"参会人数统计图"为例，通过设置图表类型的枚举值为 Col3DCone 或 Col3DPyramid，创建图 12-24 所示的三维圆锥图或三维棱锥图。

三维簇状锥形图是一类能够把多个并列的分类数据进行聚类分组比较的图表。在"参会人数统计图"的例子中，修改图表类型的枚举值为 Col3DConeClustered 或 Col3DPyramidClustered，即可创建图 12-25 所示的三维簇状圆锥图或三维簇状棱锥图。

三维堆积锥形图与堆积柱形图相似，是一类将代表多个分类数据的锥体堆叠显示，呈现分类与子类、总量之间关系的图表。在"参会人数统计图"的例子中，改变图表类型的枚举值为 Col3DConeStacked 或 Col3DPyramidStacked，即可创建图 12-26 所示的三维堆积圆锥图或三维堆积棱锥图。

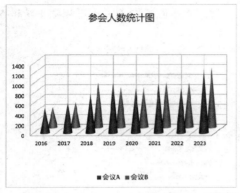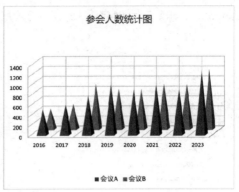

图 12-24　三维圆锥图或三维棱锥图

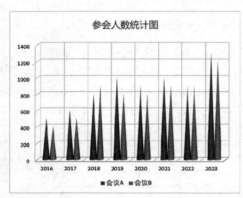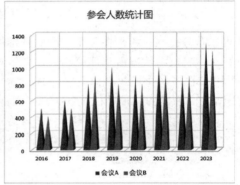

图 12-25　三维簇状圆锥图或三维簇状棱锥图

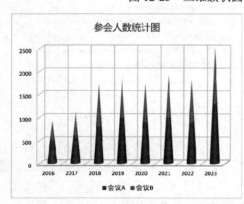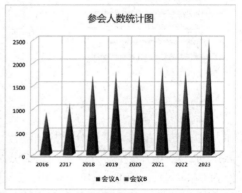

图 12-26　三维堆积圆锥图或三维堆积棱锥图

　　三维百分比堆积锥形图是一类使用堆叠锥体来代表每组数据占总体百分比的图表，常用于突出显示每组数据占总体的比例，方便对比每组中数据量的相对差异。在"参会人数统计图"的例子中，将图表类型枚举值设置为 Col3DConePercentStacked 或 Col3DPyramidPercentStacked，即可创建图 12-27 所示的三维百分比堆积圆锥图或三维百分比堆积棱锥图。

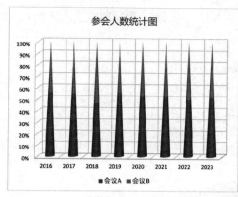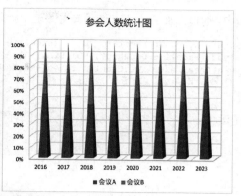

图 12-27 三维百分比堆积圆锥图或三维百分比堆积棱锥图

12.2.5 折线图

在本章的开始，我们已经讨论过如何使用 Excelize 基础库创建普通的折线图。除此之外，Excelize 还支持创建三维折线图。在三维折线图中，数据系列中的多个数据点将会构成条带状的折线，在视觉上起到突出强调的作用，为了避免折线交错影响图表的呈现效果，应将这种图表用于图表数据源中的数据交集较少的场景。尝试将"参会人数统计图"例子中，图表类型的枚举值设置为 Line3D，保存修改后的代码，并运行程序，使用 Excel 打开生成的工作簿，你将会看到图 12-28 所示的三维折线图。

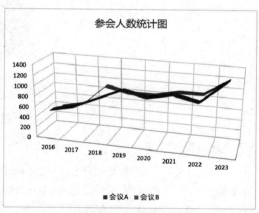

图 12-28 三维折线图

12.2.6 雷达图

雷达图是一种以中心点为原点，采用等角度间隔向外辐射坐标轴、轴上同一数据系列数据点依次连接的图表。雷达图适用于显示和对比多个变量在不同维度上的值。在"参会人数统计图"的例子中，修改图表类型的枚举值为 Radar，即可创建图 12-29 所示的雷达图。

12.2.7 圆环图

圆环图是一种通过单层或多层嵌套的同心圆环，对多个数据系列进行表示的图表。圆环图中的每层圆环代表一个数据系列，每个圆环根据数据系列中分类值的占比进行分段。在"参会人数统计图"的例子中，改变图表的类型枚举值为 Doughnut 即可创建圆环图；接着我们再对代码做一些修改，在*Chart 数据类型的

图 12-29 雷达图

图表参数中，通过添加 HoleSize 选项设置图表中圆环的内径大小，并设置绘图区数据标签中的系列名称：

```
err := f.AddChart("Sheet1", "D1", &excelize.Chart{
    Type: excelize.Doughnut, HoleSize: 45,
    PlotArea: excelize.ChartPlotArea{ShowSerName: true },
    // 保持其他图表选项不变，添加以上两行代码
})
```

程序运行后，将会生成图 12-30 所示的圆环图（见文前彩图）。

图 12-30　圆环图

12.2.8　散点图

散点图是一种将数据点在笛卡儿坐标系（直角坐标系）中进行显示的图表，是科研工作中常用的图表之一，适用于呈现变量之间的关联程度，便于用户观察数据分布情况。例如，你可以编写如下代码，基于"参会人数统计图"例子中的数据源创建一张散点图：

```
err := f.AddChart("Sheet1", "D1", &excelize.Chart{
    Type: excelize.Scatter,
    Series: []excelize.ChartSeries{
        {
            Name:       "Sheet1!$B$1",
            Categories: "Sheet1!$A$2:$A$9",
            Values:     "Sheet1!$B$2:$B$9",
        },
        {
            Name:       "Sheet1!$C$1",
            Categories: "Sheet1!$A$2:$A$9",
            Values:     "Sheet1!$C$2:$C$9",
        },
    },
    Format: excelize.GraphicOptions{
        ScaleX:      0.85,
        OffsetX:     40,
        Positioning: "absolute",
    },
    Dimension: excelize.ChartDimension{Width: 500, Height: 340},
    Title:     []excelize.RichTextRun{{Text: "参会人数统计图"}},
```

```
XAxis: excelize.ChartAxis{
    MajorGridLines: true,
    Font:           excelize.Font{Color: "000000"},
},
YAxis: excelize.ChartAxis{
    MajorGridLines: true,
    Font:           excelize.Font{Color: "000000"},
},
})
```

由于散点图是通过绘图区中的数据点显示数据的，因此在使用 Series 选项设置数据源时，不要将数据点标记格式中的 Symbol 选项值设置为无（none），否则图表中将不会显示任何数据点。以上代码将会生成图 12-31 所示的散点图。

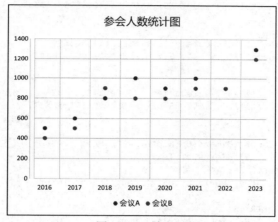

图 12-31　散点图

12.2.9　气泡图

气泡图是散点图的一类变体图表，每个数据点以气泡形状的图形进行表示，气泡大小跟随数值大小而改变。下面我们基于图 12-32 所示的工作表中的已有单元格数据，创建一张用于统计产品销售情况的气泡图（见文前彩图）。

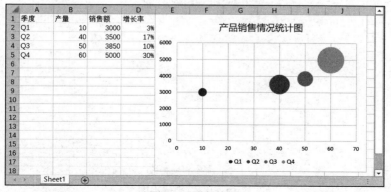

图 12-32　气泡图

编写如下代码，Series 图表选项声明了 4 项数据系列，分别对应每个季度的销售情况数据，由于将决定气泡大小的 Sizes 选项只设置为销售额增长率百分比数据，使得增长率的高低决定了图表中气泡的大小：

```
err := f.AddChart("Sheet1", "E1", &excelize.Chart{
    Type: excelize.Bubble,
    Series: []excelize.ChartSeries{
        {
            Name: "Sheet1!$A$2", Categories: "Sheet1!$B$2:$B$2",
            Values: "Sheet1!$C$2:$C$2", Sizes: "Sheet1!$D$2:$D$2",
        },
        {
            Name: "Sheet1!$A$3", Categories: "Sheet1!$B$3:$B$3",
            Values: "Sheet1!$C$3:$C$3", Sizes: "Sheet1!$D$3:$D$3",
        },
        {
            Name: "Sheet1!$A$4", Categories: "Sheet1!$B4:$B$4",
            Values: "Sheet1!$C$4:$C$4", Sizes: "Sheet1!$D$4:$D$4",
        },
        {
            Name: "Sheet1!$A$5", Categories: "Sheet1!$B$5:$B$5",
            Values: "Sheet1!$C$5:$C$5", Sizes: "Sheet1!$D$5:$D$5",
        },
    },
    Dimension: excelize.ChartDimension{Width: 400, Height: 300},
    Title:       []excelize.RichTextRun{{Text: "产品销售情况统计图"}},
    XAxis: excelize.ChartAxis{
        MajorGridLines: true, Font: excelize.Font{Color: "000000"},
    },
    YAxis: excelize.ChartAxis{
        MajorGridLines: true, Font: excelize.Font{Color: "000000"},
    },
})
```

如果我们在上述代码中，将用于控制图表类型的 Type 选项枚举值设置为 Bubble3D，运行程序将会生成图 12-33 所示的三维气泡图（见文前彩图）。

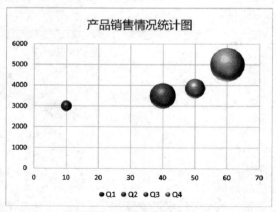

图 12-33　三维气泡图

12.2.10　饼图

饼图是将圆划分为若干扇形区域来表示分类数据与总量之间关系的一类图表。为了使图表简洁明了，饼图中的数据系列不宜过多。下面我们根据 12.2.9 节使用的例子，修改用于创建"产品销售情况统计图"的代码，将图表类型的枚举值设置为 Pie 或 Pie3D 来创建饼图或三维饼图，并通过修改图表数据系列使饼图采用如下数据源：

```
err := f.AddChart("Sheet1", "E1", &excelize.Chart{
    Series: []excelize.ChartSeries{
        {
            Name:       "Sheet1!$A$1",
            Categories: "Sheet1!$A$2:$A$5",
            Values:     "Sheet1!$C$2:$C$5",
        },
    },
    // 保持其他图表选项不变
})
```

保存代码并运行程序，使用 Excel 打开生成的工作簿，将会看到图 12-34 所示的饼图或三维饼图（见文前彩图）。

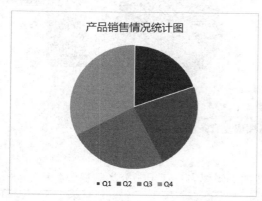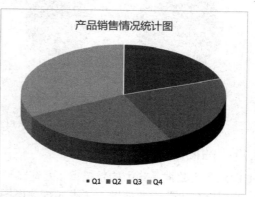

图 12-34　饼图或三维饼图

子母饼图（又称复合饼图）和复合条饼图是通过双饼图或饼图与条形图构成的、包含两个绘图区的二维图表，常用于显示各个数据类别以及某个主要类别的占比情况。下面我们通过一个案例来学习如何通过 Excelize 基础库创建此类图表。假设在工作表 Sheet1 中统计了某节假日期间，人们选择不同交通工具出行的数据，如图 12-35 所示。

工作表中统计了人们选择飞机、轮船、火车和汽车 4 类交通工具出行的比例，其中汽车分为公交车、出租车和私家车 3 个子分类。那么，我们可以编写如下代码，基于该数据创建子母饼图：

	A	B	C
1	飞机	15%	
2	轮船	15%	
3	火车	40%	
4	公交车	40%	
5	出租车	20%	
6	私家车	40%	
7			

图 12-35　某节假日期间
出行方式统计数据

```
err := f.AddChart("Sheet1", "C1", &excelize.Chart{
    Type: excelize.PieOfPie,
    Series: []excelize.ChartSeries{
        {
```

```
                Name:       "出行方式",
                Categories: "Sheet1!$A$1:$A$6",
                Values:     "Sheet1!$B$1:$B$6",
            },
        },
        Dimension: excelize.ChartDimension{Width: 400, Height: 300},
        Title:       []excelize.RichTextRun{{Text: "出行方式统计图"}},
        PlotArea: excelize.ChartPlotArea{
            SecondPlotValues: 3, ShowCatName: true,
        },
    })
```

在 ChartPlotArea 数据类型的绘图区格式设置中，设置 SecondPlotValues 选项的值为 3，表示将汽车分类中的 3 项子分类数据在第二绘图区显示。设置图表类型参数 Type 的枚举值为 PieOfPie 或 BarOfPie，将生成图 12-36 所示的子母饼图或复合条饼图（见文前彩图）。

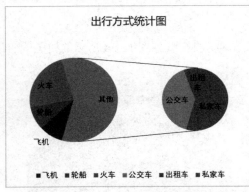 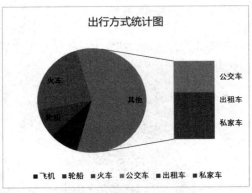

图 12-36   子母饼图或复合条饼图

12.2.11   曲面图

曲面图是由数据系列中的数据点相互连接形成的一类图表，适用于分类数据中各种组合结果的呈现。曲面图分为三维曲面图、三维线框曲面图、二维曲面图和线框曲面图（二维曲面俯视框架图）。下面我们通过一个具体的例子来学习如何使用 Excelize 基础库创建这类图表。假设在工作表 Sheet1 中有图 12-37 所示的一组数据，这组数据统计了某工厂制造的部件在不同测试时长和温度下，部件强度的测试结果。

我们可以编写如下代码，根据工作表中的数据创建曲面图：

温度\时长	A	B	C	D	E	F
1		10	20	30	40	50
2	2	98	174	249	466	405
3	3	108	186	261	384	200
4	4	118	201	276	350	208
5	5	136	219	276	280	193
6	6	156	246	321	246	165
7	7	185	280	355	219	145
8	8	194	350	393	201	120
9	9	296	386	406	186	60
10	10	385	498	460	175	28

Sheet1

图 12-37   某部件强度测试统计数据

```
err := f.AddChart("Sheet1", "E1", &excelize.Chart{
    Type: excelize.WireframeSurface3D,
    Series: []excelize.ChartSeries{
        {Values: "Sheet1!$A$1:$A$10"}, {Values: "Sheet1!$B$1:$B$10"},
        {Values: "Sheet1!$C$1:$C$10"}, {Values: "Sheet1!$D$1:$D$10"},
        {Values: "Sheet1!$E$1:$E$10"}, {Values: "Sheet1!$F$1:$F$10"},
    },
```

```
Dimension: excelize.ChartDimension{Width: 400, Height: 300},
Title:     []excelize.RichTextRun{{Text: "部件强度测试统计图"}},
XAxis: excelize.ChartAxis{
        Font: excelize.Font{Color: "000000"}, MajorGridLines: true,
},
YAxis: excelize.ChartAxis{
        Font: excelize.Font{Color: "000000"}, MajorGridLines: true,
},
})
```

设置图表类型参数 Type 的枚举值为 Surface3D 或 WireframeSurface3D，将会生成图 12-38 所示的三维曲面图或三维线框曲面图（见文前彩图）。其中，三维线框曲面图是一种曲面表面未着色、仅显示框架线条的图表。

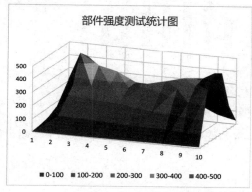 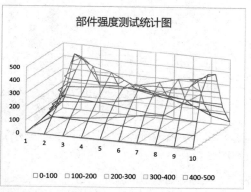

图 12-38　三维曲面图或三维线框曲面图

二维曲面图是一种以俯视视角观察三维曲面图的图表，而二维曲面俯视框架图则是一种曲面表面未着色、仅显示框架线条的二维曲面图。修改刚刚所编写的代码，设置图表的类型枚举值为 Contour 或 WireframeContour，将会得到图 12-39 所示的二维曲面图或二维曲面俯视框架图（见文前彩图）。

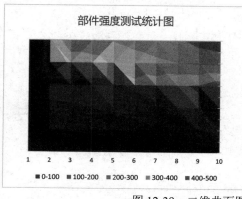 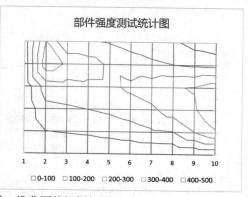

图 12-39　二维曲面图或二维曲面俯视框架图

12.3　组合图表

组合图表是一类由两个或多个不同类型图表叠加构成的图表，适用于显示多种不同数据集或以不同的形式呈现同一数据集中的数据。下面我们将讨论如何使用 Excelize 创建组合图表。当使用 AddChart()函数创建图表时，通过第 4 项可选参数 combo 创建需要组合的图表，combo 参数的数据类型和其中的图表选项，与创建普通图表所使用的完全一致。

柱形图与折线图构成的图表是一种常见的组合图表，假设在工作表 Sheet1 中记录了某商品的销售数据，我们能够根据这些数据创建图 12-40 所示的"商品销售统计表"组合图表。

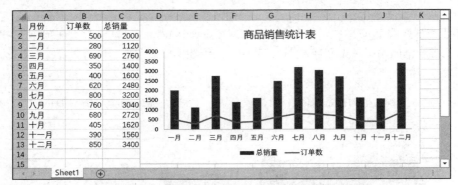

图 12-40　由二维簇状柱形图与折线图构成的组合图表

组合图表能够在呈现总销量的同时，体现订单数的变化趋势。我们可以编写如下代码来创建这样的组合图表：

```
err := f.AddChart("Sheet1", "D1", &excelize.Chart{
    Type: excelize.Col,
    Series: []excelize.ChartSeries{
        {
            Name:       "Sheet1!$C$1",
            Categories: "Sheet1!$A$2:$A$13",
            Values:     "Sheet1!$C$2:$C$13",
        },
    },
    Title: []excelize.RichTextRun{{Text: "商品销售统计表"}},
}, &excelize.Chart{
    Type: excelize.Line,
    Series: []excelize.ChartSeries{
        {
            Name:       "Sheet1!$B$1",
            Categories: "Sheet1!$A$2:$A$13",
            Values:     "Sheet1!$B$2:$B$13",
            Marker:     excelize.ChartMarker{Symbol: "none"},
        },
    },
    XAxis: excelize.ChartAxis{Font: excelize.Font{Color: "000000"}},
    YAxis: excelize.ChartAxis{Font: excelize.Font{Color: "000000"}},
})
```

代码中分别声明了两种不同类型图表的图表参数。需要注意的是，创建组合图表时，将以首个图表参数中的图表标题作为组合图表的标题，在组合图表参数中无须指定图表标题。

12.4 图表工作表

图表工作表是只包含图表的工作表。使用 Excelize 基础库的 AddChartSheet()函数可在工作簿中创建独立于工作表数据的图表工作表，其函数签名为

```
func (f *File) AddChartSheet(sheet string, chart *ChartOptions, combo ...*ChartOptions) error
```

该函数的第一项参数是要创建的图表工作表名称，第二项参数为图表参数，第三项参数为组合图表参数。创建图表工作表时不再需要指定图表区域内左上角单元格的坐标。AddChartSheet()函数后两项参数的使用方式与 AddChart()函数的完全一致。

在 12.3 节"商品销售统计表"的例子中，基于工作表 Sheet1 中的数据创建了一张组合图表，下面我们基于这个例子中编写的代码做修改。将其调用的 AddChart()函数改为 AddChartSheet()函数，指定创建的图表工作表名称为"商品销售统计表"，并移除单元格坐标参数，保持其他图表参数不变：

```
f.AddChartSheet("商品销售统计表", &excelize.Chart{
    // 保持其他图表参数不变
})
```

使用修改后的代码重新生成图表，将会得到图 12-41 所示的图表工作表。

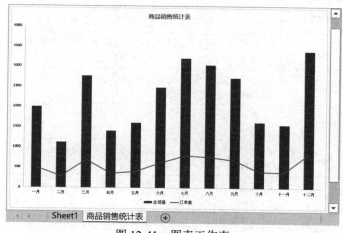

图 12-41　图表工作表

12.5 删除图表

如果我们希望删除工作表中的某张图表，那么可以使用 Excelize 基础库提供的 DeleteChart()函数，根据给定的工作表名称和插入图表时指定的图表区域内左上角单元格坐标删除指定图表。其函数签名为

```
func (f *File) DeleteChart(sheet, cell string) error
```

例如，你可以编写如下代码，删除工作表 Sheet1 中位于 D1 单元格的图表：

```
err := f.DeleteChart("Sheet1", "D1")
```

若需要删除图表工作表，使用 8.1.2 节介绍的 DeleteSheet()函数即可。

12.6 迷你图

迷你图（Sparkline）是由爱德华·塔夫特（Edward Tufte）发明的一种放入单元格中的微型图表，每个迷你图能够呈现一行数据中的趋势、突出显示最大值和最小值等。在 Excel 2010 及更高版本中提供了对迷你图的支持。Excelize 基础库提供的 AddSparkline()函数可用于在工作表中创建迷你图，其函数签名为

```
func (f *File) AddSparkline(sheet string, opts *SparklineOptions) error
```

该函数的两个参数分别是工作表名称和*SparklineOptions 数据类型的迷你图选项，表 12-9 列出了*SparklineOptions 数据类型中支持设置的迷你图选项。

表 12-9　*SparklineOptions 数据类型中支持设置的迷你图选项

选项	数据类型	描述
Location	[]string	必选项，用于设置迷你图的位置范围
Range	[]string	必选项，用于设置迷你图的数据范围
Type	string	可选项，用于设置迷你图的类型，该选项的 3 个可选值分别是 line（折线）、column（柱形）和 win_loss（盈亏），默认值为 line
Style	int	可选项，用于设置迷你图的预设样式，取值范围是 0~35，分别对应 Excelize 基础库中预设的 36 种迷你图样式，默认值为 0
Height	bool	可选项，用于设置是否显示迷你图的高点，可选值为 true 或 false，默认值为 false，表示不显示
Low	bool	可选项，用于设置是否显示迷你图的低点，可选值为 true 或 false，默认值为 false，表示不显示
First	bool	可选项，用于设置是否显示迷你图的首点，可选值为 true 或 false，默认值为 false，表示不显示
Last	bool	可选项，用于设置是否显示迷你图的尾点，可选值为 true 或 false，默认值为 false，表示不显示
Negative	bool	可选项，用于设置是否显示迷你图的负点，可选值为 true 或 false，默认值为 false，表示不显示
Markers	bool	可选项，用于设置是否显示迷你图的标记，可选值为 true 或 false，默认值为 false，表示不显示
Axis	bool	可选项，用于设置是否显示迷你图的横坐标轴，可选值为 true 或 false，默认值为 false，表示不显示。通常在呈现带有负数值的迷你图中开启该选项
Reverse	bool	可选项，用于设置横坐标轴是否使用"从右到左的绘图数据"，可选值为 true 或 false，默认值为 false，表示不使用
SeriesColor	string	可选项，用于设置自定义迷你图的颜色，颜色需使用十六进制颜色码格式表示

接下来让我们通过一个案例学习如何使用 AddSparkline()函数创建迷你图。假设我们要在一张"股

票持仓收益”工作表中，基于每个月份的股票收益情况创建迷你图，工作表中的数据如图 12-42 所示。

	A	B	C	D	E	F	G	H	I	J	K	L	M	N
1	股票持仓收益													
2	股票	1月	2月	3月	4月	5月	6月	7月	8月	9月	10月	11月	12月	
3	A	34%	-20%	15%	-17%	31%	-6%	-15%	11%	6%	17%	19%	34%	
4	B	32%	-5%	17%	9%	30%	3%	14%	-19%	14%	6%	1%	-3%	
5	C	5%	19%	21%	-19%	-11%	-15%	19%	-19%	-11%	-6%	6%	14%	
6	D	40%	-10%	26%	14%	21%	5%	4%	38%	39%	21%	4%	-18%	
7	E	38%	1%	-13%	-11%	15%	15%	30%	18%	30%	24%	36%	27%	

Sheet1

图 12-42　股票持仓收益工作表

其中，列出了 A～E 这 5 只股票在一年中每个月的收益情况，下面我们基于该数据在 N3:N7 区域内，为每只股票的收益添加迷你图。在使用 Excelize 基础库打开这个工作簿之后，编写如下代码创建迷你图：

```
for _, opts := range []*excelize.SparklineOptions{
    {
        Location: []string{"N3"}, Range: []string{"Sheet1!B3:M3"},
        Markers: true,
    },
    {
        Location: []string{"N4"}, Range: []string{"Sheet1!B4:M4"},
        Axis: true,
    },
    {
        Location: []string{"N5"}, Range: []string{"Sheet1!B5:M5"},
        Type: "column", Style: 12,
    },
    {
        Location: []string{"N6"}, Range: []string{"Sheet1!B6:M6"},
        Type: "win_loss"},
    {
        Location: []string{"N7"}, Range: []string{"Sheet1!B7:M7"},
        Type: "win_loss", Negative: true,
    },
} {
    if err := f.AddSparkline("Sheet1", opts); err != nil {
        // 此处进行异常处理
    }
}
```

因为我们将要创建 5 张迷你图，所以为了使代码更加简洁，在代码中使用数组预先定义了 5 种不同迷你图的选项设置，然后遍历该数组，在循环体中调用 AddSparkline()函数创建迷你图。最终为股票 A 设置了折线迷你图，并显示迷你图的标记；为股票 B 创建了带有横坐标轴的迷你图，这种迷你图能够更好地呈现数据中的负数数值；为股票 C 创建了带有预设样式的柱形迷你图，图中柱体的高低能够直接反映值的大小；为股票 D 和 E 创建了盈亏迷你图，与柱形迷你图不同的是，盈亏迷你图的柱体高度完全相同，柱体的方向能够反映盈亏情况，但不能表示盈亏值的大小，在股票 E 的迷你图参数中，通过负点设置使得盈亏图中的正负柱体采用两种不同的颜色来表示。最后保存代码并运行程序，使用 Excel 打开生成的工作簿，一切顺利的话，我们将会看到图 12-43 所示的迷你图。

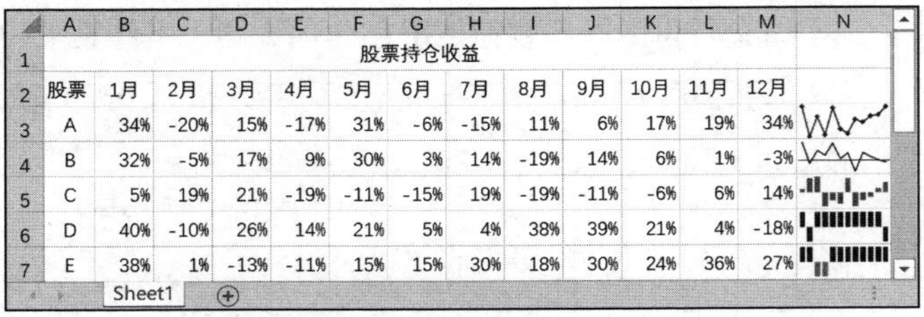

	股票持仓收益											
股票	1月	2月	3月	4月	5月	6月	7月	8月	9月	10月	11月	12月
A	34%	-20%	15%	-17%	31%	-6%	-15%	11%	6%	17%	19%	34%
B	32%	-5%	17%	9%	30%	3%	14%	-19%	14%	6%	1%	-3%
C	5%	19%	21%	-19%	-11%	-15%	19%	-19%	-11%	-6%	6%	14%
D	40%	-10%	26%	14%	21%	5%	4%	38%	39%	21%	4%	-18%
E	38%	1%	-13%	-11%	15%	15%	30%	18%	30%	24%	36%	27%

图 12-43　5 种不同格式的迷你图

在为多行数据创建迷你图时，如果所需创建的迷你图类型和样式完全相同，那么可通过迷你图选项中的 Location 和 Range 序列创建迷你图组。在刚刚的例子中，如果我们希望为 5 只股票创建相同类型的折线迷你图，就可以仅调用一次 AddSparkline()函数创建迷你图组，修改后的代码如下：

```
err := f.AddSparkline("Sheet1", &excelize.SparklineOptions{
    Location: []string{"N3", "N4", "N5", "N6", "N7"},
    Range: []string{
        "Sheet1!B3:M3", "Sheet1!B4:M4", "Sheet1!B5:M5",
        "Sheet1!B6:M6", "Sheet1!B7:M7",
    },
    Axis: true,
})
```

创建迷你图组时需要注意，Location 和 Range 数组中元素的个数要保证完全一致，并一一对应。例如，代码中 N3～N7 单元格迷你图的数据范围分别对应 Sheet1!B3:M3～Sheet1!B7:M7，最后生成的迷你图组在 Excel 中打开后如图 12-44 所示。

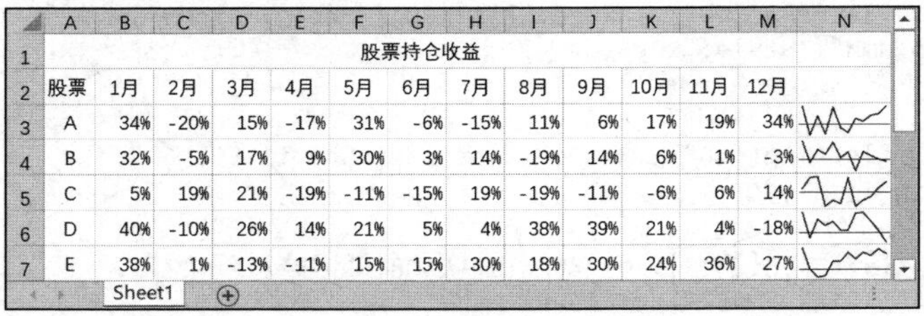

	股票持仓收益											
股票	1月	2月	3月	4月	5月	6月	7月	8月	9月	10月	11月	12月
A	34%	-20%	15%	-17%	31%	-6%	-15%	11%	6%	17%	19%	34%
B	32%	-5%	17%	9%	30%	3%	14%	-19%	14%	6%	1%	-3%
C	5%	19%	21%	-19%	-11%	-15%	19%	-19%	-11%	-6%	6%	14%
D	40%	-10%	26%	14%	21%	5%	4%	38%	39%	21%	4%	-18%
E	38%	1%	-13%	-11%	15%	15%	30%	18%	30%	24%	36%	27%

图 12-44　迷你图组

12.7　小结

本章详细讨论了图表相关的内容，根据数据源选择合适的图表类型，通过丰富的图表参数可以灵活地控制图表的各项元素，创建不同类型的二维、三维图表以及组合图表。结合前几章的相关知识，你应该已经能够获取已有工作表中的数据或者在新的工作表中写入数据，并基于这些数据来创建图表了。

由于电子表格中的原生图表是跟随数据源的变化而动态渲染的，因此如果 Excelize 基础库提供的图表选项仍然无法满足你的需求，你还可以预先使用电子表格应用创建一份包含所需图表的工作簿，并以此作为模板文档，再使用 Excelize 基础库打开该模板文档，并调用相应的函数修改图表所引用的单元格数据，然后将修改后的文档另存为新的工作簿，所生成工作簿中的图表将会根据新的数据进行渲染。这种利用图表模板或者利用嵌入 VBA 工程创建图表的方式都是图表处理的可行方法。

第 13 章

图片与形状

很多时候我们需要在工作表中添加图片或形状，例如在工作表中添加企业的徽标、在特定的单元格中添加手写签名的图片、在商品列表中插入对应样品的图片、在物流统计表中添加二维码等。本章将讨论利用 Excelize 基础库在工作簿中进行图片处理的具体方式。

13.1　添加图片

Excelize 基础库支持通过给定的图片路径，从本地磁盘读取图片文件并添加至工作表中，也可以接收字节数组形式的图片数据，将其插入工作表中。Excelize 支持添加的图片格式有 12 种：BMP、EMF、EMZ、GIF、JPEG、JPG、PNG、SVG、TIF、TIFF、WMF 和 WMZ。接下来我们将会分别讨论这两种添加图片的方式，以及如何对图片大小、位置和属性做调整。

当给定的图片文件存储于本地时，可使用 AddPicture()函数添加图片，其函数签名为

```
func (f *File) AddPicture(sheet, cell, name string, opts *GraphicOptions) error
```

该函数的 4 个参数分别是工作表名称、要添加的图片所覆盖单元格区域左上角单元格的坐标、图片的存储路径和*GraphicOptions 数据类型的图形选项。关于图形格式选项，在 12.1.2 节已经做了详细的介绍，用于调节图片大小、缩放比例、位置、打印等属性的选项详见表 12-5 中的说明。AddPicture()函数是并发安全的，支持在多个协程中并发添加图片。同一个位置允许添加多张图片，图片将会按照添加顺序逐层叠加。为了减小所生成文档的体积，在同一个工作簿内重复添加相同图片时，图片原始数据仅会存储一份。

在添加图片之前，需要导入用于解析图片格式的依赖包，对于 GIF、JPEG、JPG 和 PNG 格式的图片，我们可以使用 Go 语言的 image 标准库；对于 BMP、TIF 和 TIFF 格式的图片，推荐使用 golang.org/x/image 库提供的解析功能；而对于其他格式的图片，则需要编写图片格式解析的函数或使用其他图片格式解析库。下面我们通过 5 个具体的例子来学习如何添加图片，并为图片设置合适的格式。

例 1，假设我们有一张宽度为 700 像素、高度为 300 像素的图片，如图 13-1 所示。我们希望将

它添加到工作表 Sheet1 中。

如果这是一张名称为 image.png 的 PNG 格式图片，在添加
图片之前，首先需要导入 image/png 标准库：

图 13-1 准备添加至工作表中的图片

```
import (
    _ "image/png"
    //其他依赖库
)
```

由于无须显式调用 png 标准库中的函数，因此在导入语句中，在库名称之前加入下画线，表示
隐式运行该库中的 init()函数。Go 语言还提供了用于解析其他图片格式的标准库：image/jpeg 标准库
可用于解析 JPG 或 JPEG 格式的图片、image/gif 标准库可用于解析 GIF 格式的图片；golang.org/
x/image/bmp 图片格式解析库可用于解析 BMP 格式的图片、golang.org/x/image/tiff 图片格式解析库可
用于解析 TIF 或 TIFF 格式的图片。在导入相应的图片格式解析库之后，我们编写如下代码，在新建
工作簿或已有工作簿中添加图片：

```
err := f.AddPicture("Sheet1", "B2", "image.png", nil)
```

代码中指定单元格坐标为 B2，表示图片所覆盖的单元格区域左上角单元格的坐标为 B2；图片
的存储位置位于程序运行时的同级目录，你也可以使用相对路径或绝对路径来定位要添加的图片；
这个例子中没有设置自定义图形选项，所以在调用 AddPicture()函数时，最后一个参数为 nil。保存代
码并运行程序后，使用 Excel 打开生成的工作簿，效果如图 13-2 所示。

例 2，如果我们希望改变所添加图片的大小，使其大小在横纵方向上缩放为原本的 50%，并为
其设置超链接，点击图片时链接到工作表 Sheet1 的 D8 单元格。那么在刚刚编写的代码基础上稍加
修改，在添加图片时设置图形选项，修改后的代码如下：

```
err := f.AddPicture("Sheet1", "B2", "image.png",
    &excelize.GraphicOptions{
        ScaleX:        0.5,
        ScaleY:        0.5,
        Hyperlink:     "#Sheet1!D8",
        HyperlinkType: "Location",
    },
)
```

保存代码后重新运行程序，使用 Excel 打开生成的工作簿，将会看到图 13-3 所示的效果。

图 13-2 原始大小的图片

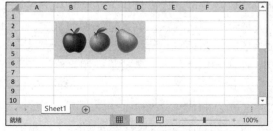

图 13-3 带有缩放比例和超链接的图片

例 3，下面我们为图片设置一些自定义图形选项，为其添加带有外部链接地址的超链接，并修改

图片的位置，使其与左上角单元格在水平方向上向右偏移 15 个单位、在垂直方向上向下偏移 10 个单位，再为其开启打印对象、关闭锁定对象，并使图片大小在单元格大小改变时不受影响。在刚才所编写的代码基础上继续做如下修改：

```
enable, disable := true, false
err := f.AddPicture("Sheet1", "B2", "image.png",
    &excelize.GraphicOptions{
        ScaleX:         0.5,
        ScaleY:         0.5,
        OffsetX:        15,
        OffsetY:        10,
        Hyperlink:      "https://github.com/xuri/excelize",
        HyperlinkType:  "External",
        PrintObject:    &enable,
        LockAspectRatio: false,
        Locked:         &disable,
        Positioning:    "oneCell",
    },
)
```

保存代码并运行程序，然后使用 Excel 打开生成的工作簿，将会看到图 13-4 所示的效果。

在添加图片时引入对应的图片格式解析库，目的是获得图片的大小，从而确定图片在工作表中的位置。对于标准库未支持的图片格式，就需要使用对应的图片格式解析库或者自己实现图片大小的解析，否则，在添加图片时 AddPicture() 函数将会返回异常：image: unknown format。

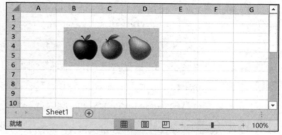

图 13-4　带有外部链接地址的超链接、开启打印对象和位置属性的图片

例 4，假设我们要添加的图片格式为 EMF，其宽度为 700 像素、高度为 300 像素。如果已知图片大小，则可以不导入对应的图片格式解析库，通过注册自定义图片格式解析函数的方式，为该图片格式添加支持。先导入 Go 语言的 image 和 io 标准库：

```
import (
    "image"
    "io"
    // 其他依赖库
)
```

接着编写自定义图片格式解析函数 decode() 和 decodeConfig()，然后注册 EMF 格式图片的解析函数，最后添加图片：

```
decode := func(r io.Reader) (image.Image, error) {
    return nil, nil
}
decodeConfig := func(r io.Reader) (image.Config, error) {
    return image.Config{Height: 300, Width: 700}, nil
}
image.RegisterFormat("emf", "", decode, decodeConfig)
err := f.AddPicture("Sheet1", "B2", "image.emf", nil)
```

例 5，如果你希望所添加的图片能够适应单元格的大小，并保持图片的原有比例，那么在添加图片时，可通过设置图形选项中 AutoFit 的值为 true 来实现此效果。例如，你可以编写如下代码，为工作表 Sheet1 的 B2 单元格添加图片，使其自动适应 B2 单元格的大小：

```
err := f.AddPicture("Sheet1", "B2", "image.png",
    &excelize.GraphicOptions{AutoFit: true},
)
```

保存代码后运行程序，使用 Excel 打开生成的工作簿，将会看到图 13-5 所示的效果。

单元格图片常用于作为邻近单元格内容的说明或补充使用，例如在产品数据表中，为每个产品插入对应的图片；在人员信息统计表中，使用单元格图片展现每个人员的照片或头像。为了使图片显示更加清晰，在添加单元格图片前，可以通过设置行高度或列宽度适当调节单元格大小，使其能够以合适的大小容纳图片。当单元格大小与所添加的图片的宽度与高度

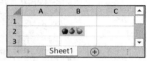

图 13-5　添加适应单元格大小的图片

比例不完全一致时，将使用能够保持图片比例的最大显示大小填充单元格。在指定 AutoFit 选项的情况下，图形选项中的缩放、偏移位置和属性等设置依然有效。为了能够获得满意的填充效果，在编写代码的过程中，通常要根据所添加图片的大小，对图形选项中的参数值进行预先计算和测试，以得出最佳单元格大小或图片缩放比例。

现在，我们已经知道如何通过给定的文件路径，向工作表添加本地的图片。在一些场景下，图片数据来源于网络，需要把从网络中接收到的图片添加至工作表中，Excelize 基础库针对这种场景提供了 AddPictureFromBytes()函数，其函数签名为

```
func (f *File) AddPictureFromBytes(sheet, cell string, pic *Picture) error
```

该函数有 3 个参数，分别是工作表名称、要添加的图片所覆盖单元格区域左上角单元格的坐标和*Picture 数据类型的图片选项。表 13-1 列出了*Picture 数据类型中支持设置的图片选项。

表 13-1　*Picture 数据类型中支持设置的图片选项

选项	数据类型	描述
Extension	string	必选项，用于指定图片格式的扩展名，是用于解析图片格式的重要参数，它是以点开头、使用小写字母表示的文件格式名称，给定的文件格式名称必须是受支持的格式，如.jpg、.jpeg、.png 等
File	[]byte	必选项，以字节数组（[]byte）数据类型表示的图片数据，其内容需要与 Extension 图片格式参数声明的格式相匹配
Format	*GraphicOptions	可选项，用于指定所添加图片的图形格式，用法与 AddPicture()函数中的完全一致
InsertType	PictureInsertType	可选项，用于表示图片的插入类型。该选项的 4 个 PictureInsertType 类型枚举值及其对应的含义如下。 PictureInsertTypePlaceOverCells：将图片放置在单元格上方。 PictureInsertTypePlaceInCell：将图片放置在单元格内。 PictureInsertTypeIMAGE：使用 Excel 中的 IMAGE 公式函数插入图片。 PictureInsertTypeDISPIMG：使用 WPS 中的 DISPIMG 公式函数插入图片

你可能会有疑问，Excelize 基础库在设计时为何不根据图片数据自动识别图片格式呢，这样不就可以简化图片类型参数了吗？关于这个问题，原因是虽然可以通过文件字节数组中的特定起始字节

序列特征，判断文件类型和图片格式，但是由于数组中主体数据有可能被篡改或与头文件不符，因此使用此方式对图片格式做判断可能不准确，这超出了基础库的功能范畴，图片格式正确性或安全性的校验工作应该留给用户。出于类似的原因，Excelize 不提供从网络或其他数据源下载图片数据的功能，用户可以使用所需协议从任意数据源中获取图片数据，并将其转换为[]byte 数据类型，然后在 AddPictureFromBytes()函数中使用它。

13.2 获取图片

Excelize 基础库提供的 GetPictures()函数可用于获取工作表中的图片，其函数签名为

```
func (f *File) GetPictures(sheet, cell string) ([]Picture, error)
```

该函数可根据给定的工作表名称和图片所在单元格区域左上角单元格的坐标获取工作表中的图片。函数的两个返回值分别是被添加至该单元格图片的序列和 error 类型的异常。获取图片的功能是并发安全的。

通过 GetPictures()函数获取单元格图片后，可将图片数据做其他用途，例如将其保存为本地文件，或者添加到工作簿的其他位置中。假设在工作簿 Book1 的工作表 Sheet1 中，B2 单元格有多张图片，那么你可以编写如下代码获取这些图片，并根据图片添加的顺序生成文件名称，将图片保存到本地：

```
f, err := excelize.OpenFile("Book1.xlsx")
if err != nil {
    // 此处进行异常处理
}
defer func() {
    if err := f.Close(); err != nil {
        // 此处进行异常处理
    }
}()
pics, err := f.GetPictures("Sheet1", "A2")
if err != nil {
    // 此处进行异常处理
    return
}
for i, pic := range pics {
    name := fmt.Sprintf("image%d%s", i, pic.Extension)
    if err := os.WriteFile(name, pic.File, 0644); err != nil {
        // 此处进行异常处理
    }
}
```

13.3 删除图片

如果我们需要删除工作表中的某张图片，可以使用 Excelize 基础库提供的 DeletePicture()函数，其函数签名为

```
func (f *File) DeletePicture(sheet, cell string) error
```

该函数的两个参数分别为工作表名称和图片所在单元格区域左上角单元格的坐标。例如，你可以编写如下代码，删除被添加至工作表中 B2 单元格的全部图片：

```
err := f.DeletePicture("Sheet1", "B2")
```

13.4 添加形状

有些时候为了让工作表中的数据更加突出和醒目，我们可以在工作表中添加箭头、矩形等预设几何形状。Excelize 基础库提供了用于添加形状的 AddShape()函数，其函数签名为

```
func (f *File) AddShape(sheet string, opts *Shape) error
```

该函数的两个参数分别是工作表名称和*Shape 数据类型的形状选项。形状选项用于设置形状的位置、调节缩放比例和设置打印属性等，表 13-2 列出了*Shape 数据类型中支持设置的形状选项。

表 13-2　*Shape 数据类型中支持设置的形状选项

选项	数据类型	描述
Cell	string	必选项，用于指定形状所覆盖单元格区域左上角单元格的坐标
Type	string	必选项，用于设置形状的类型
Macro	string	可选项，用于设置宏的名称，使得点击形状时运行相应的宏
Width	uint	可选项，用于设置所添加形状的宽度，默认值为 160
Height	uint	可选项，用于设置所添加形状的高度，默认值为 160
Format	GraphicOptions	可选项，用于设置形状的大小和属性，其中包括形状的缩放比例和位置等属性，该选项中的各项设置详见表 12-5
Fill	Fill	可选项，用于设置形状的填充格式，默认无填充格式。填充格式的设置详见表 11-4
Line	ShapeLine	可选项，用于设置形状的线条格式
Paragraph	[]RichTextRun	可选项，用于指定形状中的富文本内容，当同时指定了纯文本和富文本时，将按照纯文本内容在前、富文本内容在后的顺序作为形状文字内容。关于富文本格式的设置详见 9.8.1 节

下面我们通过一个具体的例子来熟悉 AddShape()函数的使用方法。假设我们希望在工作表 Sheet1 的 B2 单元格添加一个矩形形状，形状中显示文字内容“这是一个矩形”，并为其设置边框线条和填充格式。实际上这项操作等同于在 Excel 中为工作表添加“文本框”，最终效果如图 13-6 所示。

图 13-6　带有文字内容的矩形形状

通过编写如下代码添加矩形形状，代码中 Type 的值为 rect，代表形状的类型为矩形；使用 ShapeLine 数据类型的选项设置形状线条格式，通过 ShapeLine 中的 Color 和 Width 选项分别设置线条的填充颜色和宽度；此外通过[]RichTextRun 数据类型设置形状内的富文本，为文本框中的文字设置粗体、斜体、字体、字号、颜色和单下画线样式：

```
lineWidth := 1.2
err := f.AddShape("Sheet1",
    &excelize.Shape{
        Cell: "B2",
        Type: "rect",
        Line: excelize.ShapeLine{Color: "4286F4", Width: &lineWidth},
        Fill: excelize.Fill{Color: []string{"C3D6EC"}},
        Paragraph: []excelize.RichTextRun{
            {
                Text: "这是一个矩形",
                Font: &excelize.Font{
```

```
                    Bold:       true,
                    Italic:     true,
                    Family:     "Times New Roman",
                    Size:       18,
                    Color:      "777777",
                    Underline: "sng",
                },
            },
        },
        Width:  150,
        Height: 40,
    },
)
```

通过改变形状格式参数中 Type 选项的值，可以创建不同类型的形状。Excelize 基础库支持创建 OpenXML 标准中定义的 187 种预设形状，每种形状的名称及其效果如表 13-3 所示。

表 13-3　Excelize 支持创建形状的名称及其效果

形状	名称	预览	形状	名称	预览
accentBorderCallout1	标注：线形（带边框和强调线）		actionButtonInformation	动作按钮：获取信息	
accentBorderCallout2	标注：弯曲线形（带边框和强调线）		actionButtonMovie	动作按钮：视频	
accentBorderCallout3	标注：双弯曲线形（带边框和强调线）		actionButtonReturn	动作按钮：上一项	
accentCallout1	标注：线形（带强调线）		actionButtonSound	动作按钮：声音	
accentCallout2	标注：弯曲线形（带强调线）		arc	曲线的弧形状	
accentCallout3	标注：双弯曲线形（带强调线）		bentArrow	箭头：圆角右	
actionButtonBackPrevious	动作按钮：后退或前一项		bentConnector2	弯曲的连接器 2 形状	
actionButtonBeginning	动作按钮：转到开头		bentConnector3	弯曲的连接器 3 形状	
actionButtonBlank	动作按钮：空白		bentConnector4	弯曲的连接器 4 形状	
actionButtonDocument	动作按钮：文档		bentConnector5	弯曲的连接器与形状	
actionButtonEnd	动作按钮：转到结尾		bentUpArrow	箭头：直角上	
actionButtonForwardNext	动作按钮：前进或下一项		bevel	矩形：棱台	
actionButtonHelp	动作按钮：帮助		blockArc	空心弧	
actionButtonHome	动作按钮：转到主页		borderCallout1	标注：线形	

续表

形状	名称	预览	形状	名称	预览
borderCallout2	标注：弯曲线形		curvedLeftArrow	箭头：右弧形	
borderCallout3	标注：双弯曲线形		curvedRightArrow	箭头：左弧形	
bracePair	双花括号		curvedUpArrow	箭头：下弧形	
bracketPair	双方括号		decagon	十边形	
callout1	标注：线形（无边框）		diagStripe	斜纹	
callout2	标注：弯曲线形（无边框）		diamond	菱形	
callout3	标注：双弯曲线形（无边框）		dodecagon	十二边形	
can	圆柱体		donut	圆：空心	
chartPlus	图表加上形状		doubleWave	双波形	
chartStar	图表的星形		downArrow	箭头：下	
chartX	图表 X 形状		downArrowCallout	标注：下箭头	
chevron	箭头：V 形		ellipse	椭圆形	
chord	弦形		ellipseRibbon	带形：前凸弯	
circularArrow	箭头：环形		ellipseRibbon2	带形：上凸弯	
cloud	云形		flowChartAlternateProcess	流程图：可选过程	
cloudCallout	云形标注		flowChartCollate	流程图：对照	
corner	L 形		flowChartConnector	流程图：接点	
cornerTabs	角选项卡形状		flowChartDecision	流程图：决策	
cube	立方体		flowChartDelay	流程图：延期	
curvedConnector2	曲线的连接符 2 形状		flowChartDisplay	流程图：显示	
curvedConnector3	曲线的连接符 3 形状		flowChartDocument	流程图：文档	
curvedConnector4	曲线的连接符 4 形状		flowChartExtract	流程图：摘录	
curvedConnector5	曲线的连接符 5 形状		flowChartInputOutput	流程图：数据	
curvedDownArrow	箭头：上弧形		flowChartInternalStorage	流程图：内部贮存	

续表

形状	名称	预览	形状	名称	预览
flowChartMagneticDisk	流程图：磁盘		heptagon	七边形	
flowChartMagneticDrum	流程图：直接访问存储器		hexagon	六边形	
flowChartMagneticTape	流程图：顺序访问存储器		homePlate	箭头：五边形	
flowChartManualInput	流程图：手动输入		horizontalScroll	卷形：水平	
flowChartManualOperation	流程图：手动操作		irregularSeal1	爆炸形 1	
flowChartMerge	流程图：合并		irregularSeal2	爆炸形 2	
flowChartMultidocument	流程图：多文档		leftArrow	箭头：左	
flowChartOfflineStorage	流程图：离页存储		leftArrowCallout	标注：左箭头	
flowChartOffpageConnector	流程图：离页连接符		leftBrace	左花括号	
flowChartOnlineStorage	流程图：存储数据		leftBracket	左方括号	
flowChartOr	流程图：或者		leftCircularArrow	左侧的环形箭头形状	
flowChartPredefinedProcess	流程图：预定义过程		leftRightArrow	箭头：左右	
flowChartPreparation	流程图：准备		leftRightArrowCallout	标注：左右箭头	
flowChartProcess	流程图：过程		leftRightCircularArrow	左右环形箭头形状	
flowChartPunchedCard	流程图：卡片		leftRightRibbon	左右功能区形状	
flowChartPunchedTape	流程图：资料带		leftRightUpArrow	箭头：丁字	
flowChartSort	流程图：排序		leftUpArrow	箭头：直角双向	
flowChartSummingJunction	流程图：汇总连接		lightningBolt	闪电形	
flowChartTerminator	流程图：终止		line	直线	
foldedCorner	矩形：折角		lineInv	反向直线	
frame	图文框		mathDivide	除号	
funnel	漏斗形		mathEqual	等号	
gear6	齿轮形状：六齿		mathMinus	减号	
gear9	齿轮形状：九齿		mathMultiply	乘号	
halfFrame	半闭框		mathNotEqual	不等号	
heart	心形		mathPlus	加号	

形状	名称	预览	形状	名称	预览
moon	新月形		rtTriangle	直角三角形	
nonIsoscelesTrapezoid	梯形		smileyFace	笑脸	
noSmoking	禁止符		snip1Rect	矩形：减去单角	
notchedRightArrow	箭头：燕尾形		snip2DiagRect	矩形：减去对角	
octagon	八边形		snip2SameRect	矩形：减去左右顶角	
parallelogram	平行四边形		snipRoundRect	矩形：减去一个圆顶角，再减去另一个顶角	
pentagon	五边形		squareTabs	方形选项卡形状	
pie	不完整圆		star10	星形：十角	
pieWedge	饼图楔入形状		star12	星形：十二角	
plaque	缺角矩形		star16	星形：十六角	
plaqueTabs	板选项卡形状		star24	星形：二十四角	
plus	十字形		star32	星形：三十二角	
quadArrow	箭头：十字		star4	星形：四角	
quadArrowCallout	标注：十字箭头		star5	星形：五角	
rect	矩形		star6	星形：六角	
ribbon	带形：前凸		star7	星形：七角	
ribbon2	带形：上凸		star8	星形：八角	
rightArrow	箭头：右		straightConnector1	直线连接符 1 形状	
rightArrowCallout	批注：右箭头		stripedRightArrow	箭头：虚尾	
rightBrace	右花括号		sun	太阳形	
rightBracket	右方括号		swooshArrow	Swoosh 箭头形状	
round1Rect	矩形：单圆角		teardrop	泪滴形	
round2DiagRect	矩形：对角圆角		trapezoid	梯形	
round2SameRect	矩形：圆顶角		triangle	等腰三角形	
roundRect	矩形：圆角		upArrow	箭头：上	

续表

形状	名称	预览	形状	名称	预览
upArrowCallout	批注：上箭头		wave	波形	
upDownArrow	箭头：上下		wedgeEllipseCallout	对话气泡：椭圆形	
upDownArrowCallout	批注：上下箭头		wedgeRectCallout	对话气泡：矩形	
uturnArrow	箭头：手杖形		wedgeRoundRectCallout	对话气泡：圆角矩形	
verticalScroll	卷形：垂直				

13.5 表单控件

表单控件是电子表格文档中一种允许用户操作的控件，通过按钮、组合框和滚动条等方式接收用户输入的数据。在电子表格应用中，可通过功能区的"开发工具"选项卡添加表单控件。

13.5.1 添加表单控件

Excelize 基础库提供了用于设置表单控件的函数 AddFormControl()，其函数签名为

```
func (f *File) AddFormControl(sheet string, opts FormControl) error
```

该函数的第一个参数为工作表名称，第二个参数为 FormControl 数据类型的表单控件选项，该数据类型中支持设置的表单控件选项如表 13-4 所示。

表 13-4 FormControl 数据类型中支持设置的表单控件选项

选项	数据类型	描述
Cell	string	必选项，表单控件所在单元格区域左上角单元格的坐标
Macro	string	可选项，用于设置宏的名称，使得点击表单控件时运行相应的宏，若需要为表单控件指定宏，保存的工作簿扩展名应为 xlsm 或者 xltm
Width	uint	可选项，用于设置表单控件的自定义宽度
Height	uint	可选项，用于设置表单控件的自定义高度
Checked	bool	可选项，对于"复选框"或"可选按钮"类型的表单控件，该选项用于指定按钮的选中状态，默认值为 false，表示未选中
CurrentVal	uint	可选项，对于"滚动条"和"微调框（调节按钮）"类型的表单控件，该选项用于指定表单的初始值，默认值为 0，取值范围是 0～30000 的整数
MinVal	uint	可选项，对于"滚动条"和"微调框（调节按钮）"类型的表单控件，该选项用于指定表单的最小值，默认值为 0，取值范围是 0～30000 的整数
MaxVal	uint	可选项，对于"滚动条"和"微调框（调节按钮）"类型的表单控件，该选项用于指定表单的最大值，默认值为 0，取值范围是 0～30000 的整数
IncChange	uint	可选项，对于"滚动条"和"微调框（调节按钮）"类型的表单控件，该选项用于指定调节步长，默认值为 0，取值范围是 0～30000 的整数
PageChange	uint	可选项，对于"微调框（调节按钮）"类型的表单控件，该选项用于指定调节页步长，默认值为 0，取值范围是 0～30000 的整数

续表

选项	数据类型	描述
Horizontall	bool	可选项，对于"滚动条"类型的表单控件，用于指定滚动条的方向是否为"横向"，默认值为 false，表示"纵向"
CellLink	string	可选项，用于设置表单控件的单元格链接
Text	string	可选项，用于指定表单控件中的纯文本内容
Paragraph	[]RichTextRun	可选项，用于指定表单控件中的富文本内容，当同时指定了纯文本和富文本时，将按照纯文本内容在前、富文本内容在后的顺序作为表单控件文字内容。关于富文本格式的设置详见 9.8.1 节
Type	FormControlType	必选项，用于设置表单控件的类型，该选项的 7 个枚举值及其代表的含义如下： • FormControlButton：按钮 • FormControlOptionButton：选项按钮 • FormControlSpinButton：微调框（调节按钮） • FormControlCheckBox：复选框 • FormControlGroupBox：分组框 • FormControlLabel：标签 • FormControlScrollBar：滚动条
Format	GraphicOptions	可选项，用于设置表单控件的大小和属性，其中包括形状的缩放比例和位置等格式，该选项中的各项设置详见表 12-4

下面通过 4 个例子来介绍如何创建一些常用的表单控件。

例 1，假设在某工作簿中，工作表 Sheet1 中 A1 和 B1 单元格的值分别为 1 和 2，该工作簿存在名为 "Button1_Click" 的宏，运行该宏可将 C1 单元格的值更新为 A1 与 B1 单元格值之和。有关添加 VBA 工程的内容，可参考 7.8 节。在工作表 Sheet1 的 A2 单元格添加图 13-7 所示的带有宏、富文本、自定义大小和属性的按钮表单控件：

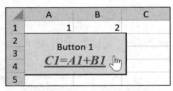

图 13-7 添加按钮表单控件

```
enable := true
err := f.AddFormControl("Sheet1", excelize.FormControl{
    Cell:   "A2",
    Type:   excelize.FormControlButton,
    Macro:  "Button1_Click",
    Width:  140,
    Height: 60,
    Text:   "Button 1\r\n",
    Paragraph: []excelize.RichTextRun{
        {
            Font: &excelize.Font{
                Bold:      true,
                Italic:    true,
                Underline: "single",
                Family:    "Times New Roman",
                Size:      14,
                Color:     "777777",
            },
            Text: "C1=A1+B1",
        },
    },
},
```

```
Format: excelize.GraphicOptions{
    PrintObject: &enable,
    Positioning: "absolute",
},
})
```

上述代码通过 Macro 选项指定了点击按钮表单控件时运行的宏名称，当点击该按钮时，C1 单元格的值将会被更新为 3。

例 2，在工作表 Sheet1 的 A1 和 A2 单元格分别添加两个图 13-8 所示的选项按钮类型表单控件，添加选项按钮的文本，并将位于 A1 单元格的选项按钮设置为选中状态：

```
if err := f.AddFormControl("Sheet1", excelize.FormControl{
    Cell:    "A1",
    Type:    excelize.FormControlOptionButton,
    Text:    "Option Button 1",
    Checked: true,
}); err != nil {
    fmt.Println(err)
}
if err := f.AddFormControl("Sheet1", excelize.FormControl{
    Cell:    "A2",
    Type:    excelize.FormControlOptionButton,
    Text:    "Option Button 2",
}); err != nil {
    fmt.Println(err)
}
```

上述代码通过 Checked 选项指定位于 A1 单元格的选项按钮为选中状态。注意，工作表中的多个选项按钮同时仅允许一个选项按钮处于选中状态，当选中位于 A2 单元格的选项按钮时，位于 A1 单元格的选项按钮的选中状态将会自动消除。

例 3，在工作表 Sheet1 中 B1 单元格添加图 13-9 所示的带有控制选项的微调框表单控件，通过调节按钮来增大或减小 Sheet1!A1 单元格的值：

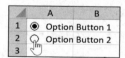

图 13-8　添加选项按钮表单控件

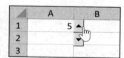

图 13-9　添加微调框（调节按钮）表单控件

```
err := f.AddFormControl("Sheet1", excelize.FormControl{
    Cell:       "B1",
    Type:       excelize.FormControlSpinButton,
    Width:      15,
    Height:     40,
    CurrentVal: 7,
    MinVal:     5,
    MaxVal:     10,
    IncChange:  1,
    CellLink:   "A1",
})
```

上述代码通过表单选项中的 CurrentVal 属性指定 A1 单元格的调节初始值为 7，属性 IncChange 的值为 1，表示每次点击调节按钮，A1 单元格的值都将增加或减少 1，并且通过 MinVal 和 MaxVal

属性限制了对 A1 单元格值的调节范围。

例 4，在工作表 Sheet1 的 A2 单元格添加图 13-10 所示的水平滚动条表单控件，通过拖动滚动框输入或修改 Sheet1 工作表中 A1 单元格的值：

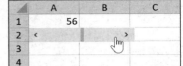

```
err := f.AddFormControl("Sheet1", excelize.FormControl{
    Cell:         "A2",
    Type:         excelize.FormControlScrollBar,
    Width:        140,
    Height:       20,
    CurrentVal:   50,
    MinVal:       10,
    MaxVal:       100,
    IncChange:    1,
    PageChange:   1,
    CellLink:     "A1",
    Horizontally: true,
})
```

图 13-10　添加水平滚动条表单控件

13.5.2　获取表单控件

当我们需要获取工作表中表单控件的数量及其类型时，可以使用 Excelize 基础库提供的 GetFormControls()函数，根据给定的工作表名称来读取工作表上的全部表单控件，其函数签名为

```
func (f *File) GetFormControls(sheet string) ([]FormControl, error)
```

GetFormControls()函数会按照表单控件被添加至工作表中的顺序，以[]FormControl 数据类型返回表单控件序列。[]FormControl 数据类型中的各项表单控件格式可参见表 13-4。

13.5.3　删除表单控件

当需要删除某工作表中的表单控件时，可以使用 Excelize 基础库提供的 DeleteFormControl()函数，其函数签名为

```
func (f *File) DeleteFormControl(sheet, cell string) error
```

该函数的两个参数分别为工作表名称和表单控件所在单元格区域左上角单元格的坐标。例如，可以编写如下代码，删除工作表 Sheet1 中 A1 单元格的表单控件：

```
err := f.DeleteFormControl("Sheet1", "B2")
```

13.6　小结

在工作表中添加图片与形状是十分常用的一项功能，借助 Excelize 基础库提供的各项图片处理函数，你可以高效地批量添加图片与形状，调节图形的大小、位置、打印效果等各项属性。

10.6.1 节和 10.6.3 节介绍了电子表格文档中，行高度和列宽度是如何表示和存储的。由于行高度和列宽度会受到显示设备、字体格式等多种因素的影响，在添加图片或形状时需要根据列的宽度计算它们的位置和缩放比例等信息，因此所添加图片或形状的最终显示效果，可能会因打开工作簿时所使用的设备、软件版本不同而略有差异。为了能够最大限度地降低这些差异造成的影响，我们在添加图表或形状时，应在程序中选取适用于使用工作簿最常用的平台所对应的图形格式参数。

第14章

数据验证与筛选

本章将详细讨论如何使用 Go 语言 Excelize 基础库对电子表格文档中的数据进行验证与筛选。

数据验证设置也被称为数据有效性设置，这项功能可以根据给定的验证条件，对单元格的数据类型或输入的值进行限制，防止输入预期之外的内容。通过设置数据验证，既可以有效降低输入数据时的出错率，又可以提高数据输入的效率，是一项十分重要且常用的功能。

在电子表格应用中，数据筛选功能可以根据给定的筛选条件，对工作表中的数据进行过滤，从杂乱无章的数据中快速找到所需信息。当电子表格应用保存工作簿时，会将筛选条件和筛选后的最终结果存储于工作簿中。本书的第 9 章和第 10 章已经介绍了 Excelize 提供的单元格读写与行列处理相关函数，本章将要讨论创建数据筛选函数，组合使用这些基础函数可以实现对工作表单元格数据的动态筛选。

14.1 创建数据验证规则

在添加数据验证之前，首先需要创建数据验证规则。Excelize 基础库提供了用于创建数据验证规则的 NewDataValidation()函数，其函数签名为

```
func NewDataValidation(allowBlank bool) *DataValidation
```

该函数的布尔型参数用于设置是否在数据验证过程中"忽略空值"，函数的返回值为*DataValidation 数据类型的验证规则，该返回值可用于添加数据验证。例如，你可以编写如下代码，创建忽略空值的数据验证规则：

```
dv := excelize.NewDataValidation(true)
```

在创建数据验证规则后，进一步调用*DataValidation 类型函数设置不同的验证条件。Excelize 提供了 6 个用于设置数据验证条件的类型函数，下面我们将分别讨论它们的使用方式。

14.1.1 验证范围

SetSqref()类型函数用于设置数据验证的范围，其函数签名为

```
func (dv *DataValidation) SetSqref(sqref string)
```

该函数的参数为数据验证单元格范围。假设我们希望为 A1:B5 区域内的 10 个单元格设置数据验证，那么可以编写如下代码：

```
dv.SetSqref("A1:B10")
```

如果要设置数据验证的单元格范围不是连续的，那么在设置数据验证范围时，需要通过空格将多个单元格范围连接起来。例如，对工作表中 A1:A10 区域内除 A4 单元格之外的其他单元格设置数据验证，则需要使用"A1:A3 A5:A10"表示两个不同的数据验证范围：

```
dv.SetSqref("A1:A3 A5:A10")
```

14.1.2 验证条件

在创建数据验证规则并设置数据验证范围后，可调用 SetRange()类型函数设置数据验证条件，其函数签名为

```
func (dv *DataValidation) SetRange(f1, f2 interface{}, t DataValidationType,
o DataValidationOperator) error
```

该函数具有 4 项参数，前两项参数分别用于设置区间类型验证条件的最小值和最大值，第 3 项参数用于设置数据验证的类型，其数据类型为 DataValidationType，最后一项参数为 DataValidationOperator 类型的数据验证条件。可用于 DataValidationType 数据类型的枚举值如下。

- DataValidationTypeNone：用于设置验证条件为允许任何值。
- DataValidationTypeCustom：用于设置使用自定义公式进行数据验证。如果选择这个数据验证类型，将不支持区间设置，换言之，数据验证的最大值、最小值和验证条件不可用。
- DataValidationTypeDate：用于设置数据验证单元格的值为日期，支持区间设置。
- DataValidationTypeDecimal：用于设置数据验证单元格的值为小数，支持区间设置。
- DataValidationTypeList：用于设置数据验证单元格的值为序列。
- DataValidationTypeTextLength：用于为单元格的文本长度设置数据验证，支持区间设置。
- DataValidationTypeTime：用于设置数据验证单元格的值为时间，支持区间设置。
- DataValidationTypeWhole：用于设置数据验证单元格的值为整数，支持区间设置。

所有支持区间设置的数据验证类型，都可搭配 DataValidationOperator 类型参数指定验证条件，可用于该类型的枚举值如下。

- DataValidationOperatorBetween：介于。
- DataValidationOperatorEqual：等于。
- DataValidationOperatorGreaterThan：大于。
- DataValidationOperatorGreaterThanOrEqual：大于或等于。
- DataValidationOperatorLessThan：小于。
- DataValidationOperatorLessThanOrEqual：小于或等于。
- DataValidationOperatorNotBetween：未介于。
- DataValidationOperatorNotEqual：不等于。

下面我们通过两个例子来了解如何使用 SetRange 创建数据验证条件。

例 1，如下代码为单元格设置数据验证条件，允许该范围内单元格的整数介于 10～20：

```
dv.SetRange(10, 20, excelize.DataValidationTypeWhole,
    excelize.DataValidationOperatorBetween)
```

这段代码所设置的数据验证条件，与图 14-1 所示 Excel 中设置的数据验证条件相同。

例 2，如下代码为单元格设置数据验证，允许该范围内单元格的文本长度大于 5 个字符：

```
dv.SetRange(5, 0, excelize.DataValidationTypeTextLength,
    excelize.DataValidationOperatorGreaterThan)
```

由于数据验证条件为"大于"某值，因此在调用 SetRange()函数时，第二个"最大值"参数将不会在验证条件当中起作用，我们可以指定其为任意值，这个例子中使用 0 作为默认值。这段代码所声明的数据验证条件如图 14-2 所示。

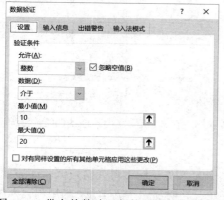
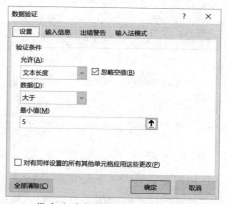

图 14-1　带有整数验证条件的数据验证规则　图 14-2　带有文本长度验证条件的数据验证规则

当使用除"介于"和"未介于"类型之外的数据验证条件时，仅"最小值"或"最大值"中的一项有效。如果所需设置的数据验证类型为"序列"，就需要用到接下来所要介绍的 SetDropList()和 SetSqrefDropList()类型函数了。当我们希望用户从单元格下拉列表中选择单元格数据时，可使用 SetDropList()函数设置数据验证序列，即单元格下拉列表中的可选值，其函数签名为

```
func (dv *DataValidation) SetDropList(keys []string) error
```

假设在一个用于性别信息统计的单元格范围中，我们希望单元格的值只能为"男性"或"女性"其中的一种，那么可以通过如下代码设置数据验证来源：

```
err := dv.SetDropList([]string{"男性", "女性"})
```

这一行代码所声明的数据验证条件如图 14-3 所示。

如果设置中的数据来源内容超过 255 个字符，就不再适合通过 SetDropList()函数来设置验证来源了，这时需要将数据来源在单元格中进行存储，并使用 SetSqrefDropList()类型函数，通过公式引用的方式设置数据验证，它可将工作表中指定范围内单元格的值作为数据来源。SetSqrefDropList()的函数签名为

```
func (dv *DataValidation) SetSqrefDropList(sqref string)
```

假设在某个工作簿的工作表 Sheet2 中，A1、B1、A2、B2 单元格的值分别为 A、B、C、D，如果我们希望以此顺序作为单元格的可选值，为某范围内的单元格设置序列数据验证条件，那么可以编写如下代码实现该功能：

```
dv.SetSqrefDropList("Sheet2!A1:B2")
```

这行代码所声明的数据验证条件如图 14-4 所示。

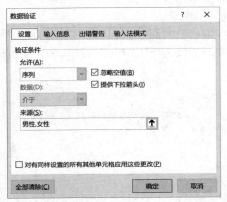

图 14-3 带有序列验证条件的数据验证规则　　图 14-4 带有公式引用序列验证条件的数据验证规则

14.1.3 输入信息

为了让用户在带有数据验证的单元格输入数据时，能够预先了解该单元格数据验证的规则，我们可以在设置数据验证时使用 SetInput()函数，设置选定单元格时显示输入信息，为用户输入做提示。其函数签名为

```
func (dv *DataValidation) SetInput(title, msg string)
```

例如，在创建数据验证规则后，你可以编写如下代码，设置数据验证时的输入信息，提示用户所输入单元格的值应该是大于 10 的整数：

```
dv.SetInput("输入提示", "请输入大于 10 的整数")
```

这行代码所声明的数据验证输入信息如图 14-5 所示。

14.1.4 出错警告

使用数据验证类型函数 SetError()为数据验证条件设置出错警告，当用户输入的值不符合数据验证规则时，提示警告信息。SetError()的函数签名为

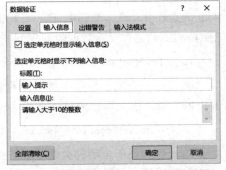

图 14-5 数据验证中的输入信息设置

```
func (dv *DataValidation) SetError(style DataValidationErrorStyle, title, msg string)
```

该函数的第一个参数是以 DataValidationErrorStyle 数据类型表示的出错警告样式，可用于该数据

类型的枚举值有如下 3 项。

- DataValidationErrorStyleStop：停止（红色圆形叉号）。
- DataValidationErrorStyleWarning：警告（黄色三角形感叹号）。
- DataValidationErrorStyleInformation：信息（蓝色圆形消息符号）。

函数的后两项参数分别是出错警告的标题和错误信息。例如，为某工作表中用于存储身份号码的单元格设置数据验证，当用户所输入的文本长度不等于 18 位时弹出错误提示，编写如下代码为数据验证设置出错警告：

```
dv.SetError(excelize.DataValidationErrorStyleStop, "身份号码长度不正确", "请输入长度为18位的身份号码")
```

这行代码所声明的数据验证出错警告如图 14-6 所示。

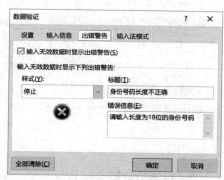

图 14-6　数据验证中的出错警告设置

14.2　数据验证

借助 Excelize 提供的数据验证处理函数可以轻松地管理工作表中的数据验证设置，本节将讨论这些函数的具体用法。

14.2.1　添加数据验证

在创建数据验证规则并设置数据验证条件后，就可以使用 Excelize 基础库提供的 AddDataValidation() 函数，在工作表中添加数据验证了，其函数签名为

```
func (f *File) AddDataValidation(sheet string, dv *DataValidation)
```

该函数的第一个参数是工作表名称，第二个参数为*DataValidation 数据类型的数据验证规则。下面我们来编写一个完整的涉及创建数据验证规则、设置数据验证条件和添加数据验证的例子。假设我们希望为工作表 Sheet1 的 A1:A10 范围内单元格添加数据验证，限制该范围内单元格的值不能出现重复，一旦用户输入的值与已有单元格的值重复，将显示出错警告提示"已经存在重复值"。编写如下代码实现这项功能：

```
dv := excelize.NewDataValidation(true)
dv.SetSqref("A1:A10")
if err := dv.SetRange("COUNTIF($A$1:$A$10,A1)=1", "",
```

```
        excelize.DataValidationTypeCustom,
        excelize.DataValidationOperatorEqual); err != nil {
        // 此处进行异常处理
    }
    dv.SetError(excelize.DataValidationErrorStyleWarning, "出错了", "已经存在重复值")
    if err := f.AddDataValidation("Sheet1", dv); err != nil {
        // 此处进行异常处理
    }
```

在这个例子中，组合使用了 Excelize 数据验证相关的 5 个函数，创建并设置了带有出错警告和条件公式的自定义类型数据验证。除此之外，你还可以在实际业务开发中，根据需要选择合适的函数创建不同的数据验证规则。

14.2.2　获取数据验证规则

Excelize 基础库提供了用于获取工作表中数据验证规则的 GetDataValidations() 函数，其函数签名为

```
func (f *File) GetDataValidations(sheet string) ([]*DataValidation, error)
```

该函数通过给定的工作表名称获取该工作表中的全部数据验证规则，在[]*DataValidation 数据类型的返回值中，每个元素代表一个数据验证规则。例如，你可以编写如下代码，获取工作表 Sheet1 中的全部数据验证规则：

```
dvs, err := f.GetDataValidations("Sheet1")
```

在获取数据验证规则数组后，就可以遍历变量 dvs 读取每个数据验证规则了。我们可以基于获取的数据验证规则创建新的数据验证，并将其应用于其他范围内的单元格。

14.2.3　删除数据验证

当你希望删除工作表中的数据验证时，可以使用 Excelize 基础库提供的 DeleteDataValidation() 函数，其函数签名为

```
func (f *File) DeleteDataValidation(sheet string, sqref ...string) error
```

该函数的第一个参数是工作表名称，第二个参数为可选参数，用于指定要删除的数据验证范围，如果未指定数据验证范围，将删除给定工作表中全部的数据验证。如果指定要删除的数据验证范围与已存在的数据验证范围存在交叠范围但并未完全覆盖，仅会移除交叠范围内单元格的数据验证；如果给定的删除范围与已存在的范围完全匹配，或超出已存在数据验证单元格的范围，将会移除全部数据验证。

假设在工作表 Sheet1 的 A1:A10 范围内，单元格已经被设置了数据验证，如果你希望仅删除 A4 单元格的数据验证，仍然保留 A1:A3 与 A5:A10 范围内单元格的数据验证，那么编写如下代码即可：

```
err := f.DeleteDataValidation("Sheet1", "A4")
```

如果在这个例子中，给定的删除范围是 A1:B5，由于此范围与原本存在数据验证的 A1:A10 范围的交叠部分为 A1:A5，该交叠部分单元格的数据验证将被删除，A6:A10 范围内单元格的数据验证将会被保留。

14.3 创建数据筛选

本节我们讨论的创建数据筛选指的是在工作表中，为单元格添加带有筛选条件的筛选按钮。如需对单元格数据做动态筛选，可组合使用 Excelize 提供的读写函数与行列处理函数来实现自定义筛选逻辑，以达到数据筛选的目的。Excelize 基础库中用于创建数据筛选的函数是 AutoFilter()，其函数签名为

```
func (f *File) AutoFilter(sheet, rangeRef string, opts []AutoFilterOptions) error
```

该函数的 3 个参数分别是工作表名称、数据筛选的单元格范围和[]AutoFilterOptions 数据类型的筛选条件。表 14-1 列出了[]AutoFilterOptions 数据类型中支持设置的筛选选项，表中的两个选项都是必选的。

表 14-1 []AutoFilterOptions 数据类型中支持设置的筛选选项

选项	数据类型	描述
Column	string	用于设置应用筛选条件的列名称
Expression	string	用于设置筛选条件，筛选条件通过带有占位符、运算符和关键词的筛选表达式进行设置

需要注意的是，每个工作表仅允许包含一个数据筛选，如果多次调用该函数创建数据筛选，仅保留最后一次创建的数据筛选。创建数据筛选时筛选条件是可选的，如果不指定筛选条件将不会出现带有开启筛选状态的筛选按钮（▾）。创建数据筛选后，将在筛选范围的首行单元格中添加筛选按钮。例如，你可以编写如下代码，为工作表 Sheet1 中 A1:D4 范围内的单元格创建不包含筛选条件的数据筛选：

```
err := f.AutoFilter("Sheet1", "A1:D4", []excelize.AutoFilterOptions{})
```

这行代码所创建的数据筛选，在 Excel 中打开后呈现图 14-7 所示的效果。

创建数据筛选时，通过指定[]AutoFilterOptions 数据类型的参数可改变筛选按钮的状态。在 Expression 选项中，通过用于表示筛选条件的表达式设置筛选状态，表达式中支持 8 种运算符 ==、!=、>、<、>=、<=、and 和 or，每个表达式可以包含一个或两个由 and 和 or 运算符分隔的语句。例如，表达式 x < 2000 表示筛选值小于 2000 的单元格；表达式 x == 2000 表示筛选值等于

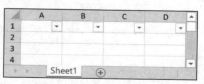

图 14-7 使用 Excelize 在
工作表中创建数据筛选

2000 的单元格；表达式 x > 2000 and x < 5000 表示筛选值大于 2000 并且小于 5000 的单元格，表达式中运算符两侧的空格不可省略。

表达式支持两个用于表示空白或非空白值的关键词 Blanks 和 NonBlanks 来实现对空白和非空白数据的筛选。例如，表达式 x == Blanks 表示筛选出空白值；表达式 x == NonBlanks 表示筛选出非空白值。此外，表达式还支持简单的字符串匹配：用问号（?）匹配任何单个字符或数字、用星号（*）对字符串中的任何字符或数字进行匹配。例如，下列 6 个表达式：

- 表达式 x == b*表示以 b 开始；

- 表达式 x != b*表示不以 b 开始；
- 表达式 x == *b 表示以 b 结尾；
- 表达式 x != *b 表示不以 b 结尾；
- 表达式 x == *b*表示包含 b；
- 表达式 x != *b*表示不包含 b。

实际上，上述 6 个表达式中的占位字符 x 可以被任何简单的连续字符串替换，这些占位符在创建数据筛选时将会被忽略，所以以下 3 个表达式的效果都是等同的，它们均表示小于 2000：

```
x     < 2000
col   < 2000
Price < 2000
```

下面我们通过一个学生成绩统计表的例子，了解如何实现筛选学生成绩数据。假设我们在图 14-8 所示的工作表中创建数据筛选。

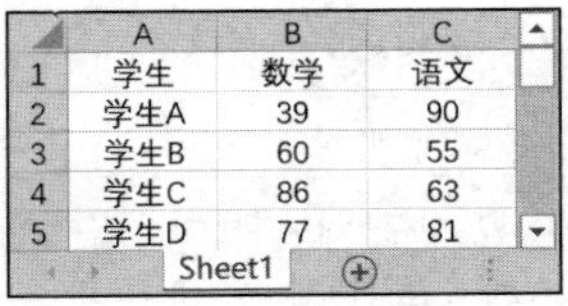

	A	B	C
1	学生	数学	语文
2	学生A	39	90
3	学生B	60	55
4	学生C	86	63
5	学生D	77	81

图 14-8 学生成绩统计表

工作表 Sheet1 中有 3 列数据，我们要创建的数据筛选条件为“数学成绩大于等于 60 分的学生”，在使用 Excelize 基础库打开该工作簿之后，编写如下代码，对单元格数据进行读取并创建数据筛选：

```
rows, err := f.GetRows("Sheet1")
if err != nil {
    // 此处进行异常处理
}
for rowIdx, cols := range rows {
    if rowIdx == 0 || len(cols) < 2 {
        continue
    }
    score, err := strconv.Atoi(cols[1])
    if err != nil {
        // 此处进行异常处理
    }
    if score >= 60 {
        continue
    }
    if err = f.SetRowVisible("Sheet1", rowIdx+1, false); err != nil {
        // 此处进行异常处理
    }
}
err = f.AutoFilter("Sheet1", "A1:C5", []excelize.AutoFilterOptions{
    {Column: "B", Expression: "x >= 60"},
})
```

代码中首先按行获取全部单元格的值，并逐行遍历二维数组，遍历过程中跳过首行和不足两列的行。然后将字符串类型的成绩转换为 int 数据类型。接着编写判断语句，跳过成绩大于等于 60 分的行，其余行便是我们需要隐藏的行，使用 SetRowVisible()函数将这些行隐藏。最后使用数据筛选函数 AutoFilter()设置筛选范围和筛选条件。保存或另存为工作簿后，在 Excel 中打开查看，数据筛选结果如图 14-9 所示。

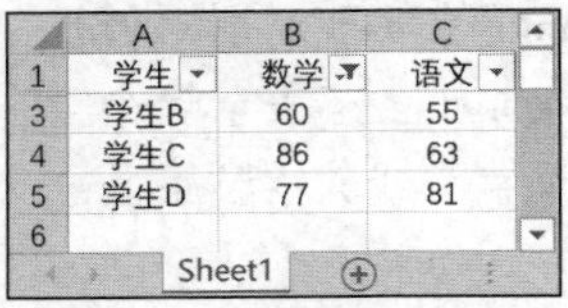

	A	B	C
1	学生	数学	语文
3	学生B	60	55
4	学生C	86	63
5	学生D	77	81
6			

图 14-9 带有数据筛选的工作表

由于工作表中第 2 行学生 A 的数学成绩为 39 分，因此数据筛选后工作表的第 2 行将被隐藏，如果在 Excel 中点击 B1 单元格上的筛选按钮，将会看到通过 AutoFilter() 函数设置的数据筛选条件。

14.4 表格

表格可以简化对工作表中的数据进行分析和管理的工作，表格默认包含带有筛选按钮的标题行，方便我们快速筛选表格中的数据或对表格中的数据进行排序。本节将讨论如何使用 Excelize 对工作表中的表格进行管理。

14.4.1 创建表格

我们在 9.6 节讨论单元格公式的时候曾提到了表格的相关概念，下面我们将详细讨论如何在工作表中创建表格。表格是基于工作表中有限范围单元格创建的表，表格首行中的每个单元格都带有数据筛选按钮。Excelize 基础库提供了用于创建表格的 AddTable()函数，其函数签名为

```
func (f *File) AddTable(sheet string, table *Table) error
```

该函数的两个参数分别是工作表名称和*Table 数据类型的表格格式选项。表 14-2 列出了*Table 数据类型中支持设置的表格格式选项。

表 14-2 *Table 数据类型中支持设置的表格格式选项

选项	数据类型	描述
Range	string	必选项，创建表格的单元格范围，同一工作表中各个表格的范围不能重叠
Name	string	可选项，用于设置表格的名称，表格的名称需要符合以下 4 项规则： • 工作簿中的每张表格的名称都是唯一的； • 名称首个字符仅允许使用下画线（_）或字母； • 名称除首个字符之外仅允许使用数字、字母和下画线（_）； • 名称的长度不得超过 255 个字符
StyleName	string	可选项，用于设置表格预设样式名称，支持设置的 61 种预设样式名称范围如下： • 空值； • TableStyleLight1～TableStyleLight21； • TableStyleMedium1～TableStyleMedium28； • TableStyleDark1～TableStyleDark11。 每个表格预设样式名称所对应的预览效果详见表 14-3
ShowColumnStripes	bool	可选项，用于启用或取消显示镶边列。镶边列可使表中偶数列和奇数列的样式互不相同，这种镶边方式使表格的可读性更强。该选项的可选值为 true 或 false，默认值为 false，代表取消
ShowFirstColumn	bool	可选项，用于启用或取消显示表格第一列的特殊格式。该选项的可选值为 true 或 false，默认值为 false，代表取消
ShowHeaderRow	*bool	可选项，用于启用或取消表格的标题行。标题行将为表格的首行设置特殊格式。该选项的可选值为 true 或 false，默认值为 true，代表启用
ShowLastColumn	bool	可选项，用于启用或取消显示表格最后一列的特殊格式。该选项的可选值为 true 或 false，默认值为 false，代表取消
ShowRowStripes	*bool	可选项，用于启用或取消显示镶边行。镶边行可使表格中偶数行和奇数行的样式互不相同。该选项的可选值为 true 或 false，默认值为 true，代表启用

在使用 AddTable()创建表格时，所设置的单元格范围至少需要包含两行。当启用了表格的标题行时，将会自动为首行中的空白单元格按照 Column1、Column2……序列模式进行赋值。下面我们通过两个具体的例子，熟悉创建表格函数的使用方法。

以 14.3 节中用到的"学生成绩统计表"为例，假设我们要在这个工作表中 A1:C5 单元格范围创建表格，那么可以编写如下代码：

```
err := f.AddTable("Sheet1", &excelize.Table{
    Range: "A1:C5",
})
```

代码中仅设置了表格的范围，未设置自定义表格格式，所创建的表格将会使用默认的格式。使用 Excel 打开生成的工作簿，将会看到图 14-10 所示的效果。

在默认格式的表格中，除了首行单元格被添加了筛选按钮，表格范围内的单元格无其他格式，看上去略显单调。下面我们在刚刚所编写的代码基础上做一些修改，为表格设置名称和主题样式：

```
err := f.AddTable("Sheet1", &excelize.Table{
    Range:     "A1:C5",
    Name:      "成绩单",
    StyleName: "TableStyleMedium2",
})
```

代码中通过 Name 选项为表格设置了名称"成绩单"，该名称可以被公式所引用；另外通过 StyleName 选项为表格设置了预设样式。保存代码后运行程序，使用 Excel 打开生成的工作簿，将看到图 14-11 所示的表格。

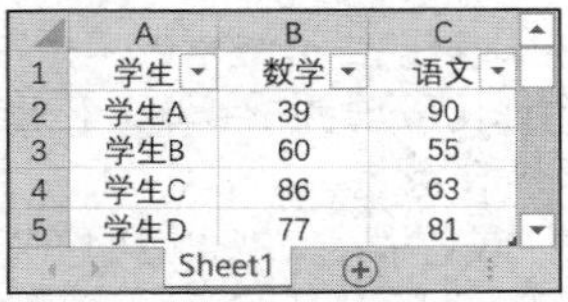

图 14-10 使用默认格式的表格

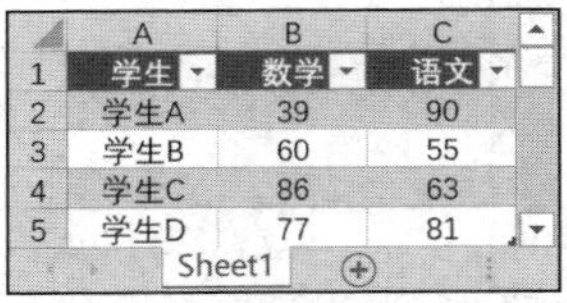

图 14-11 带有预设样式的表格

在 StyleName 选项中，我们可以使用不同的表格预设样式名称为表格套用不同的样式。Excelize 基础库支持 61 种预设表格样式，每种样式的名称及其预览效果如表 14-3 所示（见文前彩图）。

表 14-3　表格预设样式名称及其预览效果

样式名称	预览效果	样式名称	预览效果	样式名称	预览效果
		TableStyleLight4		TableStyleLight8	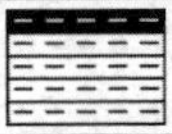
TableStyleLight1	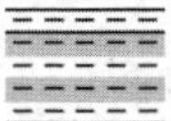	TableStyleLight5	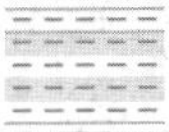	TableStyleLight9	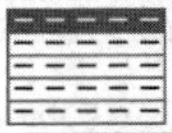
TableStyleLight2	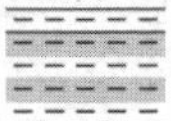	TableStyleLight6	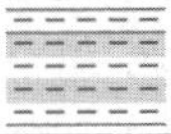	TableStyleLight10	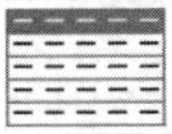
TableStyleLight3	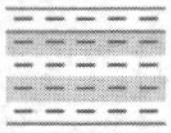	TableStyleLight7	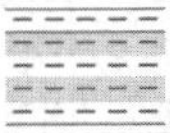	TableStyleLight11	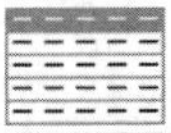

续表

样式名称	预览效果	样式名称	预览效果	样式名称	预览效果
TableStyleLight12		TableStyleMedium8		TableStyleMedium25	
TableStyleLight13		TableStyleMedium9		TableStyleMedium26	
TableStyleLight14		TableStyleMedium10		TableStyleMedium27	
TableStyleLight15		TableStyleMedium11		TableStyleMedium28	
TableStyleLight16		TableStyleMedium12		TableStyleDark1	
TableStyleLight17		TableStyleMedium13		TableStyleDark2	
TableStyleLight18		TableStyleMedium14		TableStyleDark3	
TableStyleLight19		TableStyleMedium15		TableStyleDark4	
TableStyleLight20		TableStyleMedium16		TableStyleDark5	
TableStyleLight21		TableStyleMedium17		TableStyleDark6	
TableStyleMedium1		TableStyleMedium18		TableStyleDark7	
TableStyleMedium2		TableStyleMedium19		TableStyleDark8	
TableStyleMedium3		TableStyleMedium20		TableStyleDark9	
TableStyleMedium4		TableStyleMedium21		TableStyleDark10	
TableStyleMedium5		TableStyleMedium22		TableStyleDark11	
TableStyleMedium6		TableStyleMedium23			
TableStyleMedium7		TableStyleMedium24			

　　表格的预设样式总体上分为浅色、中等色和深色 3 类。为表格设置恰当的格式，不仅可以省去为表格范围内单元格设置格式的编码工作，还能够有效提高表格中数据的可读性。

14.4.2　获取表格

　　在 14.4.1 节，我们讨论了关于创建表格的方法，如果我们需要调整表格的位置，或者希望得知工作表中表格的数量及其样式，可以使用 Excelize 基础库提供的 GetTables()函数，根据给定的工作表名称来读取工作表上的全部表格。其函数签名为

```
func (f *File) GetTables(sheet string) ([]Table, error)
```

该函数会按照表格被添加至工作表中的顺序，以 Table 数据类型的数组返回表格序列。Table 数据类型中的各项表格格式选项详见表 14-2。例如，我们可以编写如下代码，获取、遍历并输出工作表 Sheet1 中每个表格的名称和表格所在单元格的坐标范围：

```
tables, err := f.GetTables("Sheet1")
if err != nil {
    // 此处进行异常处理
}
for _, table := range tables {
    fmt.Printf("table name: %s, table range: %s\r\n", table.Name, table.Range)
}
```

14.4.3   删除表格

如果需要删除工作表中的某张表格，可以使用 DeleteTable()函数，根据给定的表格名称删除对应的表格（表格名称可以通过 GetTables()函数读取），其函数签名为

```
func (f *File) DeleteTable(name string) error
```

由于表格名称在工作簿中是唯一的，假设我们希望删除工作簿中名为"Table1"的表格，编写如下代码即可：

```
err := f.DeleteTable("Table1")
```

14.5   切片器

切片器是作用于表格和数据透视表的可视化数据筛选工具，Excel 2010 仅支持数据透视表切片器，而 Excel 2013 及更高版本同时支持表格切片器和数据透视表切片器。Excelize 提供了为表格和数据透视表添加切片器的函数 AddSlicer()，其函数签名为

```
func (f *File) AddSlicer(sheet string, opts *SlicerOptions) error
```

该函数的两个参数分别是工作表名称和*SlicerOptions 数据类型的切片器选项。表 14-4 列出了*SlicerOptions 数据类型中支持设置的切片器选项及其含义。

表 14-4   *SlicerOptions 数据类型中支持设置的切片器选项

选项	数据类型	描述
Name	string	必选项，用于设置切片器的名称，必须是工作表中已有表格或数据透视表中字段名称
TableSheet	string	必选项，用于设置切片器关联的表格或数据透视表所在的工作表名称
TableName	string	必选项，用于设置切片器关联的表格或数据透视表名称
Cell	string	必选项，用于设置切片器左上角单元格坐标位置

续表

选项	数据类型	描述
Caption	string	可选项，用于设置切片器的标题
Macro	string	可选项，用于设置宏的名称，使得点击切片器时运行相应的宏，若需要为切片器指定宏，保存的工作簿扩展名应为 xlsm 或者 xltm
Width	uint	可选项，用于设置切片器的宽度
Height	uint	可选项，用于设置切片器的高度
DisplayHeader	*bool	可选项，用于设置是否显示切片器的标题。默认显示切片器的标题
ItemDesc	bool	可选项，用于设置使用降序（Z-A）为切片器项目排序。该选项的可选值为 true 或 false，默认值为 false，代表使用升序（A-Z）
Format	GraphicOptions	可选项，用于设置切片器的大小和属性。该选项中的各项设置详见表 12-4

我们可以为同一个表格或数据透视表中的不同字段分别创建多个切片器。以 14.3 节中用到的"学生成绩统计表"为例，为表格"成绩单"的"学生"字段添加切片器，那么可以编写如下代码：

```
err := f.AddSlicer("Sheet1", &excelize.SlicerOptions{
    Name:       "学生",
    Cell:       "D1",
    TableSheet: "Sheet1",
    TableName:  "成绩单",
    Caption:    "学生",
    Width:      100,
    Height:     150,
})
```

上述代码指定切片器所在的单元格坐标为 D1，并为其设置自定义宽高。使用 Excel 打开生成的工作簿，将会看到图 14-12 所示的效果。

用户在打开工作簿之后，通过点击切片器中的选项即可实现对表格中数据的筛选。类似地，如果我们希望为数据透视表添加切片器，在*SlicerOptions 数据类型的切片器选项中，将TableName 选项的值设置为与之关联的数据透视表名称即可。

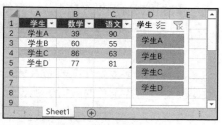

图 14-12　表格切片器

14.6　小结

数据验证、数据筛选和表格是电子表格应用中的常用功能，这些功能使工作表数据的录入和读取更加轻松和高效。本章详细探讨了如何使用 Go 语言 Excelize 基础库在电子表格文档中进行相关操作，在实际开发过程中还可将这些操作与本书介绍的其他 Excelize 函数搭配使用。例如，将数据验证与条件格式、数据筛选与设置行可见性等函数搭配使用。

通过丰富的预设表格样式，我们可以快速为表格套用格式，如果这些预设表格样式无法满足需要，还可以通过第 11 章介绍的创建样式函数，为表格区域单元格设置自定义样式。接下来，我们将会讨论如何使用 Excelize 基础库创建数据透视表，进行高级的数据分析。

第 15 章

数据透视表

每个和数据打交道的人都或多或少需要进行数据分析，本章我们将详细讨论如何利用 Excelize 基础库在电子表格文档中创建数据透视表进行数据分析。数据透视表是一种交互式的数据分析表，它是一种计算、汇总和分析数据的强大工具，可以帮助我们对数据进行对比，进而发现数据中的模式和趋势。

15.1 创建数据透视表

数据透视表可以对数据进行多维度的分析，可以帮助我们减少编写公式、手工计算的工作。在 Excelize 基础库中，用于创建数据透视表的函数是 AddPivotTable()，其函数签名为

```
func (f *File) AddPivotTable(opts *PivotTableOptions) error
```

该函数的参数为*PivotTableOptions 数据类型的数据透视表选项，表 15-1 列出了*PivotTableOptions 数据类型中支持设置的数据透视表选项。

表 15-1　*PivotTableOptions 数据类型中支持设置的数据透视表选项

选项	数据类型	描述
DataRange	string	必选项，用于设置数据透视表要分析的表格或单元格区域
PivotTableRange	string	必选项，用于设置创建的数据透视表的位置或单元格区域，当同一工作表中包含多张数据透视表时，数据透视表所在的单元格区域不能重叠
Name	string	可选项，用于设置数据透视表名称，在一张工作表中，每个数据透视表的名称必须是唯一的，若未指定数据透视表名称，Excelize 将会自动分配
Rows	[]PivotTableField	可选项，用于设置数据透视表的行字段。[]PivotTableField 数据类型中支持设置的字段选项详见表 15-2
Columns	[]PivotTableField	可选项，用于设置数据透视表的列字段
Data	[]PivotTableField	可选项，用于设置数据透视表的值字段

选项	数据类型	描述
Filter	[]PivotTableField	可选项，用于设置数据透视表的筛选字段
RowGrandTotals	bool	可选项，用于设置数据透视表是否显示"行总计"，可选值为 true 或 false，默认值为 false，表示不显示
ColGrandTotals	bool	可选项，用于设置数据透视表是否显示"列总计"，可选值为 true 或 false，默认值为 false，表示不显示
ShowDrill	bool	可选项，用于设置数据透视表是否显示展开/折叠按钮，可选值为 true 或 false，默认值为 false，表示不显示
UseAutoFormatting	bool	可选项，用于设置数据透视表的"布局和格式"，选择是否开启"更新时自动调整列宽"，可选值为 true 或 false，默认值为 false，表示关闭
PageOverThenDown	bool	可选项，用于设置数据透视表的"布局和格式"，选择是否开启"水平并排"方式在报表筛选区域显示字段，可选值为 true 或 false，默认值为 false，表示关闭并使用"垂直并排"方式在报表筛选区域显示字段
MergeItem	bool	可选项，用于设置数据透视表的"布局和格式"，选择是否开启"合并且居中排列带标签的单元格"，可选值为 true 或 false，默认值为 false，表示关闭
CompactData	bool	可选项，用于设置数据透视表的"报表布局"，选择是否开启"以压缩形式显示"，该设置需要搭配数据透视表字段选项使用，可选值为 true 或 false，默认值为 false，表示关闭
ShowError	bool	可选项，用于设置数据透视表的"布局和格式"，选择是否显示"错误值"，可选值为 true 或 false，默认值为 false，表示不显示
ShowRowHeaders	bool	可选项，用于设置数据透视表的"样式"，选择是否显示"行标题"，使透视表的第一行显示为特殊格式，可选值为 true 或 false，默认值为 false，表示不显示
ShowColHeaders	bool	可选项，用于设置数据透视表的"样式"，选择是否显示"列标题"，使透视表的第一列显示为特殊格式，可选值为 true 或 false，默认值为 false，表示不显示
ShowRowStripes	bool	可选项，用于设置数据透视表的"样式"，选择是否显示"镶边行"，镶边行可使透视表中偶数行和奇数行的样式互不相同。通过这种镶边方式使透视表的可读性更强。该选项的可选值为 true 或 false，默认值为 false，代表不显示
ShowColStripes	bool	可选项，用于设置数据透视表的"样式"，选择是否显示"镶边列"，镶边列可使透视表中偶数列和奇数列的样式互不相同，该选项的可选值为 true 或 false，默认值为 false，代表不显示
ShowLastColumn	bool	可选项，用于设置数据透视表的"样式"，选择是否显示"最后一列"，该选项的可选值为 true 或 false，默认值为 false，代表不显示
PivotTableStyleName	string	可选项，用于设置数据透视表预设样式名称，支持设置的 84 种预设样式名称范围如下： PivotStyleLight1～PivotStyleLight28； PivotStyleMedium1～PivotStyleMedium28； PivotStyleDark1～PivotStyleDark28

我们可以在数据透视表的"筛选""行""列"和"值"4 个维度中设置分析字段，从而实现数据透视分析。在使用 Excelize 基础库创建数据透视表时，这 4 个维度的设置是通过[]PivotTableField 数据类型中支持设置的数据透视表字段选项来控制的，表 15-2 列出了其中支持设置的各个选项。

表 15-2　[]PivotTableField 数据类型中支持设置的数据透视表字段选项

选项	数据类型	描述
Data	string	必选项，用于设置字段所引用的数据源
Compact	bool	可选项，用于设置数据透视表字段的"布局和打印"，选择是否开启"以大纲形式显示项目标签"，并开启"在同一列中显示下一字段的标签（压缩表单）"设置，该选项的可选值为 true 或 false，默认值为 false，代表关闭
Name	string	可选项，用于为字段设置自定义名称，默认值为空，代表使用原名称
Outline	bool	可选项，用于设置数据透视表字段的"布局和打印"，选择是否开启"以大纲形式显示项目标签"，并开启"在每个组顶端显示分类汇总"设置，该选项的可选值为 true 或 false，默认值为 false，代表关闭
DefaultSubtotal	bool	可选项，用于设置是否开启适用于数值字段的分类汇总，该选项的可选值为 true 或 false，默认值为 false，代表关闭
Subtotal	string	可选项，当 DefaultSubtotal 选项的值为 true 时，用于设置适用于数值字段的分类汇总方式，该选项支持的 11 种小记方式如下： Average（平均值）； Count（计数）； CountNums（数值计数）； Max（最大值）； Min（最小值）； Product（乘积）； StdDev（标准偏差）； StdDevp（总体标准偏差）； Sum（求和）； Var（方差）； Varp（总体方差）。 该选项的默认值为 Sum，即使用求和小计方式

15.2　获取数据透视表

Excelize 基础库提供了用于获取数据透视表选项的 GetPivotTables()函数，其函数签名为

```
func (f *File) GetPivotTables(sheet string) ([]PivotTableOptions, error)
```

该函数通过给定的工作表名称获取指定工作表中的全部数据透视表的选项，在[]PivotTableOptions 数据类型的返回值中，每个元素代表一个数据透视表选项，它们的顺序与数据透视表被添加至工作表中的顺序相同。例如，可以编写如下代码，获取工作表 Sheet1 中的全部数据透视表选项：

```
pivotTableOptions, err := f.GetPivotTables("Sheet1")
```

在获取了数据透视表选项数组后，就可以遍历变量 pivotTableOptions 来读取每个数据透视表选

项了。我们可以基于获取到的数据透视表名称删除它。

15.3 删除数据透视表

当我们需要删除工作表中的数据透视表时，可以使用 Excelize 基础库提供的 DeletePivotTable()
函数，其函数签名为：

```
func (f *File) DeletePivotTable(sheet, name string) error
```

该函数的第一个参数是工作表名称，第二个参数为数据透视表名称。注意，在使用该函数删除
数据透视表时，数据透视表所在单元格范围内的值并不会被清除。

15.4 工程实践案例

接下来，我们通过一个案例来学习如何使用 Excelize 基础库在电子表格文档中创建数据透视表。
假设在工作表 Sheet1 中，统计了某果品公司在 2022 年和 2023 年 1～3 月的水果销售额，该果品公司
设有东部、西部、南部和北部 4 个销售区域，该工作表分别对这些区域在每年第一季度所销售的 3
类水果的销售额进行了统计，如图 15-1 所示。

	A	B	C	D	E
1	年份	月份	区域	产品	金额
2	2022	1	东部	香蕉	4960
3	2022	2	东部	苹果	2385
4	2022	3	东部	桔子	5338
5	2022	1	西部	香蕉	2863
6	2022	2	西部	苹果	2347
7	2022	3	西部	桔子	4512
8	2022	1	南部	香蕉	3784
9	2022	2	南部	苹果	2839
10	2022	3	南部	桔子	4359
11	2022	1	北部	香蕉	3336
12	2022	2	北部	苹果	2415
13	2022	3	北部	桔子	5673
14	2023	1	东部	香蕉	3609
15	2023	2	东部	苹果	5503
16	2023	3	东部	桔子	3528
17	2023	1	西部	香蕉	2803
18	2023	2	西部	苹果	3219
19	2023	3	西部	桔子	3487
20	2023	1	南部	香蕉	4299
21	2023	2	南部	苹果	5750
22	2023	3	南部	桔子	5548
23	2023	1	北部	香蕉	2613
24	2023	2	北部	苹果	4862
25	2023	3	北部	桔子	4348

Sheet1

图 15-1 某果品公司销售额统计

如果我们希望对该果品公司在 2022 和 2023 年第一季度的销售总额进行统计，并分析各个区域
在 1～3 月的销售总额，但不关心每种水果的细分销售额，这时就可以利用 AddPivotTable()函数基于
工作表 Sheet1 中的数据创建数据透视表进行快速分析了。在使用 Excelize 基础库打开工作簿后，编
写如下代码：

```
err := f.AddPivotTable(&excelize.PivotTableOptions{
    DataRange:       "Sheet1!$A$1:$E$25",
```

```
PivotTableRange: "Sheet1!$G$2:$I$11",
Rows: []excelize.PivotTableField{
    {Data: "年份", DefaultSubtotal: true}, {Data: "月份"},
},
Data: []excelize.PivotTableField{
    {Data: "金额", Name: "累计销售额", Subtotal: "Sum"},
},
RowGrandTotals: true, // 显示行总计
ColGrandTotals: true, // 显示列总计
ShowDrill:      true, // 显示展开/折叠按钮
ShowRowHeaders: true, // 显示行标题
ShowColHeaders: true, // 显示列标题
})
```

代码中通过 DataRange 选项设置数据透视表要分析的单元格范围,通过 PivotTableRange 选项设置创建数据透视表的区域为 Sheet1 工作表的 G2:I11 区域。由于在创建数据透视表之前,我们无法得知数据透视表所覆盖单元格的确切范围,所以在设置该选项时,仅需要明确数据透视表所覆盖单元格范围内左上角单元格的坐标即可。因为要统计每年第一季度和每月的销售总额,所以将"年份"和"月份"作为行字段,并为"年份"字段开启分类汇总;将"金额"作为值字段,并为其设置求和小计和自定义名称"累计销售额",最后为数据透视表设置格式。保存工作簿后运行程序,使用 Excel 打开生成的工作簿,将会看到 Excelize 创建的数据透视表,如图 15-2 所示。

图 15-2　Excelize 创建的数据透视表

从图 15-2 中可以看到,在"数据透视表字段"面板中,已经按照我们预期的方式,将各个字段放置到了相应的区域内。通过这张数据透视表,我们可以快速地对原始数据进行分析,得知每年第一季度的销售总额和每个月份的销售总额,省去了使用公式或编写代码手动进行计算的工作。

假设我们现在需要查看各个区域的销售额,并希望分类筛选每种水果的销售额,那么可以在创

建以上数据透视表的代码基础上做修改，将"产品"放入筛选字段、将"区域"放入列字段，其他选项保持不变：

```
err := f.AddPivotTable(&excelize.PivotTableOptions{
    DataRange:        "Sheet1!$A$1:$E$25",
    PivotTableRange: "Sheet1!$G$2:$M$11",
    Rows: []excelize.PivotTableField{
        {Data: "年份"}, {Data: "月份"},
    },
    Filter:  []excelize.PivotTableField{{Data: "产品"}},
    Columns: []excelize.PivotTableField{{Data: "区域"}},
    // 其他数据透视表选项保持不变
})
```

修改代码后保存并重新运行程序，使用 Excel 打开生成的工作簿，将会看到图 15-3 所示的数据透视表。

产品	(全部)				
累计销售额	列标签				
行标签 / 月份	东部	西部	南部	北部	总计
⊟2022 1	4960	2863	3784	3336	14943
2	2385	2347	2839	2415	9986
3	5338	4512	4359	5673	19882
2022 汇总	12683	9722	10982	11424	44811
⊟2023 1	3609	2803	4299	2613	13324
2	5503	3219	5750	4862	19334
3	3528	3487	5548	4348	16911
2023 汇总	12640	9509	15597	11823	49569
总计	25323	19231	26579	23247	94380

图 15-3 带有筛选字段和列字段的数据透视表

在这张数据透视表中，每个区域的销售额一目了然，还可以按照产品类别对销售额进行筛选。如果希望按照月份对销售额做筛选，按照年份列出各种产品的销售额，并为数据透视表设置主题样式，那么我们可以编写如下代码，将"年份"和"产品"放入行字段中，将"月份"放置于筛选字段中：

```
err := f.AddPivotTable(&excelize.PivotTableOptions{
    DataRange:        "Sheet1!$A$1:$E$25",
    PivotTableRange: "Sheet1!$G$2:$M$11",
    Rows:             []excelize.PivotTableField{{Data: "年份"}, {Data: "产品"}},
    Filter:           []excelize.PivotTableField{{Data: "月份"}},
    Columns:          []excelize.PivotTableField{{Data: "区域"}},
    Data: []excelize.PivotTableField{
        {Data: "金额", Name: "累计销售额", Subtotal: "Sum"},
    },
    RowGrandTotals:      true, // 显示行总计
    ColGrandTotals:      true, // 显示列总计
    ShowDrill:           true, // 显示展开/折叠按钮
    ShowRowHeaders:      true, // 显示行标题
    ShowColHeaders:      true, // 显示列标题
    PivotTableStyleName: "PivotStyleLight21", // 设置预设样式
})
```

在以上代码所创建的数据透视表中，按照产品分类和区域维度对销售额做了汇总分析，并支持按月份进行筛选，点击左上方"月份"单元格旁的筛选按钮，即可按月份查看销售额。除此之外，

代码中通过 PivotTableStyleName 选项为数据透视表设置了样式, 使其使用浅绿色的配色样式如图 15-4 所示 (见文前彩图)。

月份	(全部)				
累计销售额	列标签				
行标签　产品	东部	西部	南部	北部	总计
⊟2022 香蕉	4960	2863	3784	3336	14943
苹果	2385	2347	2839	2415	9986
桔子	5338	4512	4359	5673	19882
⊟2023 香蕉	3609	2803	4299	2613	13324
苹果	5503	3219	5750	4862	19334
桔子	3528	3487	5548	4348	16911
总计	25323	19231	26579	23247	94380

图 15-4　带有筛选字段和列字段的数据透视表

15.5　小结

如果说工作簿是一个便携式数据库, 那么可以将数据透视表看作数据库的动态总结报告。数据透视表能够帮助我们将大量的数据转换为更有意义的表格, 也能够减少编写复杂函数的工作, 作为解决函数性能瓶颈的一种方法, 利用数据透视表可以方便地实现对数据字段的行列变换, 对数据进行多维度分析, 快速得到分析结果。本章对 Excelize 基础库的数据透视表函数做了详细讨论, 通过具体的示例介绍了如何使用该函数, 并对数据透视表典型场景下的用法做了介绍。除了本书所举示例中用到的数据透视表选项, 还有很多选项可以利用。在实际工作中合理运用数据透视表, 将会大幅提高工作效率, 让许多复杂的问题变得简单。希望你在阅读本章内容后多加练习, 尝试使用更多不同类型的数据集创建数据透视表, 熟练掌握使用 Excelize 基础库创建数据透视表的方法。

第四篇

高性能流式读写技术

　　本篇将会讨论 Excelize 基础库是如何利用流式读写技术实现对包含大规模数据的工作簿的支持的。本书的第三篇详细介绍了基础库提供的各项文档处理函数，每个函数的调用均作用在文档内存模型之上，为了区别于流式读写函数，我们称这些函数为非流式读写函数。有些时候业务中需要处理数十万行、百万行、千万行的单元格甚至包含更多数据的工作簿，Excelize 基础库提供的流式读写函数就是针对此类场景设计的，流式读写函数包括流式读取和流式写入两类，这些函数在处理大型文件时具备更好的性能表现。通过阅读本篇的内容，你将对流式读写的原理、适用场景和使用方法有全面的了解。

第 16 章

流式读写原理

我们在第 5 章讨论了 Excelize 基础库内存模型的设计，模型将数据维持于内存之中，当基础库新建或打开工作簿时，Excelize 将文档内部的 XML 部件解析为内存模型，用户对工作簿的各项操作，都会被映射为内存模型的修改，保存文档时会将内存模型序列化为 XML 部件并生成最终的工作簿。随着工作簿数据规模的不断增加，对计算和内存资源的使用也随之增加，受文档内容和压缩比率的影响，对系统资源的使用与工作簿的体积并非线性关系，为了处理包含大规模数据的工作簿，Excelize 引入了流式读取和流式写入两类流式读写函数。

内存模型与外存格式之间的转换是处理"大型文件"时的主要性能开销，为了解决该问题，我们需要了解文档内部哪些部件是这一开销的主要来源。根据长期的观察以及对文档内部格式的分析，可以发现对于包含大规模数据的工作簿，工作表和共享字符串表两种部件存储了绝大部分数据，是占据文档整体大小的最大构成部分。因此，可针对这两种部件采用流式读写方式，避免部件整体与内存模型之间的转换，缩小部件内容与内存模型的转换范围，从而减少对资源的使用。本章将会详细讨论流式读取和流式写入两种方式的实现原理。

16.1 流式读取

流式读取利用 SAX 方式对电子表格文档中的 XML 部件进行解析和读取，主要针对工作表部件和共享字符串表部件 "/xl/sharedStrings.xml"，根据 OpenXML 文档格式标准对特定部件内容做识别和解析，缩小部件内容的解析范围，只将一小部分数据加载至内存中，从而减少内存的开销。与此同时，由于减少了对模型中全部 XML 元素和属性的解析工作，这种方式还能减少对计算资源的使用，从而提高对文档的读取速度。

正如流式读取的名字那样，这种方式如同流水一般从头到尾读取数据，过程无法回溯。换言之，对于 encoding/xml 标准库读取过的 XML 元素，无法在同一解析过程中进行二次读取。例如，在使用 Excelize 基础库对工作表做行编号递增的按行读取时，在一次流式读取过程中，已经读取过的行以及行中的单元格将不能够被再次读取，如果你需要再次访问曾经读取过的单元格，那么需要在首次读取这些单元格时，在业务程序中将它们保存到新的变量中，以便再次访问这些值。事实上，10.3 节介绍的用于按行和按列获取全部单元格的值的 GetRows() 与 GetCols() 函数便是基于这种方式实现的。

　　在第 6 章中，我们讨论了 Go 语言的 encoding/xml 标准库对 XML 解析的原理和实现过程，流式读取便是利用标准库提供的 NewDecoder() 函数对工作表和共享字符串表部件进行解析的。为了进一步减少大型文件处理时对内存的占用，打开工作簿时，如果这两种文档部件在解压缩后的文件大小大于 UnzipXMLSizeLimit 选项指定的阈值，Excelize 将会尝试将这些文档部件解压缩至系统的临时目录中，然后将这些部件的名称和解压缩后的磁盘路径映射关系存储在 excelize.File 类型的 tempFiles 哈希表中，用于读取工作表时按照部件名称，打开系统缓存目录中对应的 XML 文件。

　　开始流式读取之前，在基础库内部首先确定被读取的文档部件存储位置，然后打开相应的部件。对于存储于系统缓存目录中的部件，将使用 os 标准库打开文件句柄，获得 *os.File 类型的返回值，然后将其作为参数在 encoding/xml 标准库的 NewDecoder() 函数中使用，接着就可以获得 *xml.Decoder 类型对象进行流式解析了。

　　在流式读取过程中，使用 *xml.Decoder 类型对象中的 Token() 函数，不断读取 XML 中的元素 Token，根据所读取的不同文档部件，分别使用不同的处理函数解析每一个 Token。在 5.4 节中，我们已经讨论了工作表中的行是如何存储的，通常情况下每行数据存储于 XML 中的一个 <row> 元素中。通过阅读 6.1 节，我们已经对 Go 语言的 encoding/xml 标准库中各个类型的 Token 有所了解，在流式解析某工作表部件时，便可以根据 StartElement 类型 Token 中 xmlElement.Name.Local 的值是否为 row 来判断当前是否正在读取的一行单元格的开始，如果是，那么用同样的方式再次调用 Token() 函数，判断 StartElement 类型 Token 中 xmlElement.Name.local 的值是否为 c，读取这一行中的每个单元格。通过这种方式便可以避免将整张工作表转换为内存模型加载至内存中，从而大幅减少内存的使用。

　　在读取 Token 的过程中，如果所需解析的 XML 元素具有预期范围内较少的子元素或嵌套层级，那么可以适当地将局部元素转换为模型，以简化流式处理器中的复杂状态管理。例如，流式读取到工作表的行标签之后，会开始处理该行中以 <c> 元素表示的每个单元格，根据 OpenXML 标准可以得知每个单元格的子标签数量是较少的，所以在处理单元格时，可将以 <c> 标签为根元素的整个节点转换为局部内存模型，这样在流式读取单元格的类型、坐标、值等数据时将会变得很方便。这一过程中，局部模型的转换粒度被控制在单元格的范围内，在保障流式读取过程内存使用可控的同时，也平衡了 Token 过多导致的元素上下文状态难以管理的问题。

16.2　流式写入

　　Excelize 提供了用于生成包含大规模数据工作表的流式写入器。在流式写入过程中，当工作表部件所占内存空间大于 16 MB 时，基础库会尝试将该文档部件转存至操作系统的临时目录文件中并释放内存，该转存阈值是由 StreamChunkSize 常量所定义的，所产生的临时文件使用“excelize-”作为文件名前缀，与此同时释放内存中已写入文档部件数据所占用的那部分内存。当工作表数据写入完毕后，保存工作簿时，基础库会重新读取每个流式写入器生成的工作表临时文件，并将它们添加至 ZIP 格式的文档数据包中。

　　为了避免随着写入工作表数据的增长，文档模型膨胀、保存工作簿时将模型序列化为 XML 部件时内存使用过多的问题，在设计上，流式写入将工作表部件中行、单元格、合并单元格等高频使用的功能所对应的 XML 元素进行专门处理。根据 OpenXML 文档格式标准，为这些容易产生较大规模数据的元素实现专用的序列化函数，根据标准使用字符串拼接的方式直接生成序列化的结果。

在基础库内部，为工作表部件中特定元素开发专用序列化函数时，需要严格遵循 OpenXML 标准实现。生成结果中出现任何一个预期外的字符，都有可能导致最终生成的工作簿损坏，无法使用电子表格应用打开。在实现过程中，需要明确流式写入过程状态，并对用户输入做校验和纠错。例如，当用户使用流式写入器在工作表中批量写入一行单元格时，需要先创建行标签<row>，接着逐一判断用户输入的每个单元格类型、长度是否符合要求，并根据每个单元格的类型生成不同的单元格<c>标签以及正确的标签属性和子标签。

文本类型单元格的值通常存储于工作簿的共享字符串表部件中，在流式写入时，为了最大限度地提升性能，将文本类型单元格的值使用内联方式进行存储。有关共享字符串表存储与内联存储两种存储方式的差异，请参考 9.2.3 节中的介绍。使用内联方式存储单元格的值，意味着流式生成的工作表中具有相同文本内容的单元格将会被重复存储，该工作表不能通过索引对同一文本进行复用，并且导致最终生成工作簿的大小会比非流式生成的工作簿更大，但这种方式能够获得更快的生成速度。

工作表中除了行、单元格、合并单元格等容易出现较大规模数据的元素，还有一些数量有限、标签嵌套层级较少的元素，如工作表中的列属性、分页符、表格等，对于这些元素，依然可以使用内存模型进行处理。为了将专用序列化函数与内存模型序列化处理函数有机地结合在一起，需要考虑工作表中元素出现的顺序和序列化的时机，比如根据 OpenXML 格式标准中的定义，工作表中的单元格元素必须在合并单元格元素之前、合并单元格元素必须在表格元素之前等。为了兼顾用户使用基础库时的体验，在实现流式写入器的过程中，需要为部分元素的写入设置暂存机制。例如，当用户在流式写入单元格之前调用了流式合并单元格函数时，不能将合并单元格数据直接序列化到最终的工作表部件中，而是将其暂存在内存中，当工作表中的全部数据写入完毕时，再根据顺序将合并单元格序列化结果追加到工作表单元格元素之后。

在流式写入器的内部有一个 bulkAppendFields()函数，该函数用于将给定的内存模型对象元素序列化并追加到工作表部件中：

```go
func bulkAppendFields(w io.Writer, ws *xlsxWorksheet, from, to int) {
    s := reflect.ValueOf(ws).Elem()
    enc := xml.NewEncoder(w)
    for i := 0; i < s.NumField(); i++ {
        if from <= i && i <= to {
            _ = enc.Encode(s.Field(i).Interface())
        }
    }
}
```

该函数的第一个参数 w 对应最终生成的工作表 XML 部件，用户所写入的工作表数据全部存储于该部件中，该函数的第二个参数 ws 是工作表模型对象，最后两个参数 from 和 to 用于指定将 ws 结构体中哪些部分的字段进行局部序列化，并写入最终的工作表部件中。这些被局部序列化的字段通常是数量有限、对资源消耗较少的元素，对这些元素的内存模型操作复用了非流式函数的实现。接着通过反射的方式将这部分元素从模型对象中提取出来，逐一进行序列化。在 bulkAppendFields()

函数所序列化元素之外的其他元素，都是用专用序列化函数来实现的。通过这种方式实现了对模型序列化粒度的精细控制，大幅提高了流式写入的性能。

正如流式写入的名字那样，尽管基础库最大限度地弱化了对写入顺序的要求，但依然需要用户在使用时遵循一定的写入模式，才能获得最佳的性能，并且流式写入仅用于创建全新的工作表，在写入后不能回溯修改，相较于非流式写入，流式写入的灵活性较弱。因此，开发者需要结合具体场景，根据要处理数据的规模在两种模式之间做选择。

16.3 小结

本章介绍了 Excelize 基础库流式读写的设计思路和核心原理，并对内部关键函数做了举例讲解。阅读完本章内容后，相信你已经对流式读写的工作方式和适用场景有了全新的认识，这不仅对我们处理大型文档有所帮助，更为如何扩展流式读写函数，使其支持更多功能提供了参考。在对流式读写的设计原理有所了解后，我们将在第 17 章讨论 Excelize 基础库各项流式读写函数的使用方法。

第 17 章

流式读写函数

第 16 章讨论了有关流式读写的基本原理，本章将会详细讨论如何使用 Excelize 基础库提供的流式读写函数。通过阅读本章的内容，你将会了解如何使用流式读写函数处理包含大规模数据的电子表格文档。

流式读写函数本身具有一定的局限性，其无法回溯的特点导致其灵活性远不如非流式函数，但是在性能方面带来的收益是使资源开销显著降低，适用于读取或创建全新包含大规模数据工作表的场景。Excelize 基础库在处理电子表格文档时的性能表现受到硬件资源情况、基础库的版本、工作簿的文件大小、工作表中行列数量、单元格的数量、每个单元格值的类型、单元格值的长度等多方面因素影响。当我们讨论性能表现或者在优化性能的时候，需要将这些因素考虑在内，通过控制单一环境变量比较性能表现，同时也不要忽略业务应用程序实现过程中存在的潜在的影响或提升空间。

让我们先来通过一组数据对比 2.8.1 版本 Excelize 基础库中流式读写与非流式读写两种模式的性能表现。评测环境基于普通个人计算机，配置为 2.6 GHz 6-Core Intel Core i7、16 GB 2667 MHz DDR4、500GB SSD、macOS Ventura 13.2.1，测试生成或读取性能时使用的是仅包含一张工作表的工作簿。工作表中包含 50 列、102 400 行，共计 512 万个单元格，每个单元格的值是 6 个随机英文字母。图 17-1 对比了两种模式在耗时和内存使用量之间的差异。

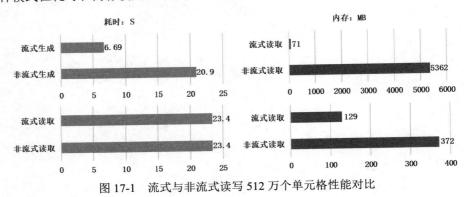

图 17-1　流式与非流式读写 512 万个单元格性能对比

17.1 行列迭代器

Excelize 基础库提供了用于流式读取单元格值的两组函数：行迭代器和列迭代器。下面我们分别讨论这两个函数的使用方法。

17.1.1 行迭代器

很多时候我们不需要将工作表中全部单元格的值一次性读取出来，尤其是当我们打开的文档包含大量单元格时，会产生很大的性能开销，这时可以使用行迭代器对工作表中的单元格进行按行流式读取。在使用 Excelize 基础库打开工作表后，调用 Rows()函数获取行迭代器，其函数签名为

```
func (f *File) Rows(sheet string) (*Rows, error)
```

使用 Rows()函数时，传入相应的工作表名称，将会返回*Rows 数据类型的返回值和 error 类型的异常。接着通过调用*Rows 的类型函数对工作表中的数据进行按行迭代遍历。该函数是并发安全的，我们可以在不同的协程中进行流式读取。首先需要用到 Next()类型函数，该方法用于迭代行，每调用一次将向后读取一行，Next()函数的签名为

```
func (rows *Rows) Next() bool
```

Next()函数的布尔型返回值表示是否存在下一行，我们可以利用该返回值判断何时停止迭代过程。在迭代过程中，如果需要读取这一行中单元格的值，那么需要调用行迭代器的单元格读取类型函数 Columns()：

```
func (rows *Rows) Columns(opts ...Options) ([]string, error)
```

Columns()函数具有一个 Options 数据类型的可选参数，该可选参数的功能与 10.3.1 节提到的 GetRows()函数所具有的可选参数的功能完全一致，用来指定是否读取单元格的原始值。函数的返回值是文本数据类型的数组和 error 类型的异常，每行单元格的值以文本类型表示。在流式读取结束后，需要使用 Close()类型函数结束流式读取过程：

```
func (rows *Rows) Close() error
```

Close()函数用于关闭数据流，并清理打开工作表时可能在系统临时目录中产生的磁盘缓存文件。通过以上 3 个类型函数，我们可以灵活地控制流式读取的过程。下面通过两个具体的例子来了解如何流式读取工作表中的数据。

例 1，假设我们希望流式读取工作表 Sheet1 中全部单元格的数据，并将每个单元格的值输出到命令提示符窗口，那么我们可以编写如下代码来实现此功能：

```
rows, err := f.Rows("Sheet1") // 获取行迭代器
if err != nil {
    fmt.Println(err)
    return
}
for rows.Next() { // 遍历每一行
    row, err := rows.Columns() // 获取一行中每列单元格的值
    if err != nil {
```

```
        fmt.Println(err)
    }
    for _, colCell := range row { // 遍历这行单元格的值
        fmt.Print(colCell, "\t") // 使用制表符将每个单元格分隔开，并输出到命令提示符窗口
    }
    fmt.Println() // 每一行读取完毕后在命令提示符窗口输出换行符
}
if err = rows.Close(); err != nil { // 流式读取完毕后关闭数据流
    fmt.Println(err)
}
```

例 2，在上面的例子中，我们读取了全部单元格的数据。如果该工作表有 500 行单元格数据，而我们仅希望输出其中第 100~200 行的单元格数据，那么需要在代码中加入计数变量，跳过不必要读取的行。在刚才所编写的代码中稍加修改，修改后的代码如下：

```
rows, err := f.Rows("Sheet1")
if err != nil {
    fmt.Println(err)
    return
}
var rowNum uint // 声明变量用于行编号计数
for rows.Next() {
    if rowNum++; rowNum < 100 || rowNum > 200 { // 递增行编号并做条件判断
        continue // 跳过当前行
    }
    row, err := rows.Columns()
    if err != nil {
        fmt.Println(err)
    }
    for _, colCell := range row {
        fmt.Print(colCell, "\t")
    }
    fmt.Println()
}
if err = rows.Close(); err != nil {
    fmt.Println(err)
}
```

代码中引入了新的变量 rowNum 用于行编号计数，在遍历行时，判断当前行是否在需要读取的范围内。如果不在读取范围内，使用 continue 语句跳过当前行后进入下一行，通过这种方式实现按需读取工作表中单元格的值。除此之外，如果你仅想知道某一工作表中有多少行数据，而不需要读取任何单元格的值，同样可以利用类似的方式，仅在循环体中做行编号计数，当全部行遍历完毕后，便可得到最终工作表的总行数。

在流式读取过程中，我们还可以通过行迭代器的类型函数 GetRowOpts()读取行的属性，其函数签名为

```
func (rows *Rows) GetRowOpts() RowOpts
```

该函数用于读取当前行的属性，包括行的样式索引、高度、可见性等，函数的返回值类型为RowOpts，其中支持设置的各项行属性如表 17-1 所示。

表 17-1 RowOpts 数据类型中支持设置的行属性

属性	数据类型	描述
Height	float64	用于表示行的高度，默认值为 0，表示未设置自定义行高度
Hidden	bool	用于表示行是否被隐藏，可选值为 true 或 false，默认值为 false，表示未被隐藏
StyleID	int	用于表示行格式索引，默认值为 0，表示未设置自定义行格式
OutlineLevel	int	用于表示行的分级显示，默认值为 0，表示未设置行的分级显示

17.1.2 列迭代器

当我们需要按列读取工作表中的单元格数据时，可以使用列迭代器对工作表中的单元格进行读取。需要注意的是，由于根据 OpenXML 标准，在工作簿内部工作表的数据是按照行进行排布的，因此当按列读取工作表数据时，尽管列迭代器内部是按照流式读取进行实现的，但每读取一列单元格，都会将工作表中的行元素做一次全量遍历，这意味着按列流式读取的性能低于按行流式读取的性能。在 Excelize 基础库中用于获取列迭代器的函数为 Cols()，其函数签名为

```
func (f *File) Cols(sheet string) (*Cols, error)
```

与使用 Row() 函数的方法类似，使用 Cols() 函数时同样需要指定工作表名称。该函数也是并发安全的，并提供了一组类型函数。其中，Next() 类型函数用于迭代列，每调用一次该函数，将向后读取一列，Next() 的函数签名为

```
func (cols *Cols) Next() bool
```

Next() 函数的布尔型返回值表示是否存在下一列，我们可以根据该返回值判断何时停止迭代过程。迭代过程中，如果需要读取这一列中全部单元格的值，可以使用列迭代器的单元格读取类型函数 Row()：

```
func (cols *Cols) Rows(opts ...Options) ([]string, error)
```

该函数具有一个 Options 数据类型的可选参数，该可选参数与行迭代器所具有的可选参数用途完全一致，可用来设置是否读取单元格的原始值，而不为单元格应用数字格式。该函数的返回值为文本类型的二维数组和 error 类型的异常，每列单元格的值以文本类型表示。使用列迭代器读取工作表单元格数据后，不需要使用 Close() 类型函数结束流式读取过程。接下来我们通过一个例子，了解列迭代器的使用方法。假设在打开某工作簿之后，使用列迭代器按列读取工作表 Sheet1 中全部单元格的值，并将每个单元格的值在命令提示符窗口输出。编写如下代码来实现该功能：

```
cols, err := f.Cols("Sheet1") // 获取列迭代器
if err != nil {
    fmt.Println(err)
    return
}
for cols.Next() { // 遍历每一列
    col, err := cols.Rows() // 遍历当前列中每个单元格的值
    if err != nil {
        fmt.Println(err)
    }
```

```
    for _, rowCell := range col {
        fmt.Print(rowCell, "\t") // 使用制表符将每个单元格分隔开，并输出到命令提示符窗口
    }
    fmt.Println() // 每一列读取完毕后在命令提示符窗口输出换行符
}
```

如果仅需要读取部分列中单元格的值，在遍历列的过程中，加入对列编号的计数，通过条件判断跳过不需要读取的列即可。

17.2　流式写入器

流式写入器是在工作簿中为空白工作表写入数据的专用函数。流式写入器提供了多种类型函数，可以高效地生成包含大规模数据的工作表。接下来我们将探讨流式写入器的具体使用方法。

17.2.1　获取流式写入器

向工作表流式写入数据前，需要先使用 NewStreamWriter()函数获取给定工作表所对应的流式写入器。需要注意的是，该函数不会创建新的工作表，如果需要新建工作表，请使用 NewSheet()函数。NewStreamWriter()函数的签名为

```
func (f *File) NewStreamWriter(sheet string) (*StreamWriter, error)
```

该函数有两个返回值，分别是*StreamWriter 类型的流式写入器和 error 类型的异常。通过调用*StreamWriter 的类型函数在工作表中流式写入各项数据。例如，我们可以编写如下代码，获得工作表 Sheet1 的流式写入器：

```
sw, err := f.NewStreamWriter("Sheet1")
```

17.2.2　按行流式写入工作表

在获取流式写入器之后，通过流式写入器的 SetRow()类型函数在工作表中流式按行赋值。SetRow()函数的签名为

```
func (sw *StreamWriter) SetRow(cell string, values []interface{}, opts ...RowOpts) error
```

该函数有 3 个参数，第一个参数为赋值每行单元格的起始坐标，第二个参数为 Go 语言切片数据类型的引用，用于表示写入这一行单元格值的序列，第三个参数是用于设置行属性的 RowOpts 数据类型可选参数，RowOpts 数据类型中支持设置的行属性如表 17-1 所示。在流式按行赋值过程中，每次调用 SetRow()函数时所给定的单元格行编号必须是递增的，已经写入的内容不可被修改。当行编号未遵循递增规则时，SetRow()函数将会返回异常提示信息。流式写入过程中，还可在单元格值序列中指定不同的单元格属性，或者为单元格设置公式和格式。下面我们通过一个"商品订单数据报表"的例子，了解该函数的使用方法。

假设我们要将工作表 Sheet1 中 A1 单元格的值，设置为"商品订单数据报表"，然后在工作表第二行写入数据标题。那么可以编写如下代码，获取流式写入器并向工作表写入数据：

```
sw, err := f.NewStreamWriter("Sheet1")
if err != nil {
```

```
        // 此处进行异常处理
    }
    if err := sw.SetRow("A1", []interface{}{"商品订单数据报表"}); err != nil {
        // 此处进行异常处理
    }
    if err := sw.SetRow("A2",
        []interface{}{"订单号", "商品编号", "买家编号", "商品单价", "交易件数"},
    ); err != nil {
        // 此处进行异常处理
    }
```

代码中调用了两次 SetRow()函数，分别设置工作表中前两行单元格。将单元格的值定义在接口类型的数组当中，并按照行编号递增的方式将数据写入工作表中。如果我们希望在流式写入过程中同时设置单元格格式和行属性，那么需要在流式按行赋值之前，先通过非流式 NewStyle()函数创建样式，得到格式索引后，再将格式索引应用于流式写入过程之中。例如，在刚才所编写的代码基础上进行修改，设置 A1 单元格的字体大小为 15，并使用粗体格式，设置工作表第一行的行高度为 20。修改后的代码如下：

```
    sw, err := file.NewStreamWriter("Sheet1")
    if err != nil {
        // 此处进行异常处理
    }
    styleID, err := f.NewStyle(&excelize.Style{
        Font: &excelize.Font{Bold: true, Size: 15},
    })
    if err != nil {
        // 此处进行异常处理
    }
    if err := sw.SetRow("A1", []interface{}{
        excelize.Cell{StyleID: styleID, Value: "商品订单数据报表"},
    }, excelize.RowOpts{Height: 20}); err != nil {
        // 此处进行异常处理
    }
    if err := sw.SetRow("A2",
        []interface{}{"订单号", "商品编号", "买家编号", "商品单价", "交易件数"},
    ); err != nil {
        // 此处进行异常处理
    }
```

代码中使用 Cell 数据类型表示每一个单元格，该数据类型中支持设置的单元格选项如表 17-2 所示。

表 17-2　Cell 数据类型中支持设置的单元格选项

选项	数据类型	描述
StyleID	int	用于设置单元格的格式索引，格式索引可通过 NewStyle()函数创建
Formula	string	用于设置单元格的普通公式
Value	interface{}	用于设置单元格的值，支持值的数据类型与 9.2.1 节介绍的 SetCellValue()函数支持的完全相同

根据表格中 Cell 数据类型中支持设置的单元格选项可以看出，按行赋值时支持流式设置单元格的公式和值。例如，下面的代码分别将 A1 和 A2 单元格的值设置为 1 和 2，并为 A3 单元格设置求和公式：

```
err := sw.SetRow("A1", []interface{}{
    excelize.Cell{Value: 1}, excelize.Cell{Value: 2},
    excelize.Cell{Formula: "SUM(A1,B1)"}})
```

流式写入器的 SetRow()函数除了支持使用 Go 语言基本数据类型和 Cell 数据类型来设置单元格的值，还允许使用[]excelize.RichTextRun 数据类型的值设置富文本单元格。例如，我们可以编写如下代码，设置 A1 单元格为富文本，分别定义"商品订单"和"数据报表"两部分文字颜色为黑色和灰色，并设置字号为 15 号，使用粗体格式：

```
err := sw.SetRow("A1", []interface{}{
    []excelize.RichTextRun{
        {Text: "商品订单", Font: &excelize.Font{Bold: true, Size: 15}},
        {
            Text: "数据报表",
            Font: &excelize.Font{Bold: true, Size: 15, Color: "777777"},
        },
    },
})
```

17.2.3 流式创建表格

在流式写入时，使用流式写入器的 AddTable()类型函数，可根据给定的表格格式参数流式创建表格，其函数签名为

```
func (sw *StreamWriter) AddTable(table *Table) error
```

其中，*Table 数据类型的表格格式选项与 14.4.1 节介绍的 AddTable()函数参数的相同。流式创建表格时，表格所在单元格坐标区域至少需要包含两行，其中一行作为表格的标题行，另一行是表格内容行。表格每列标题单元格的值必须是唯一的。在 v2.8.1 版本的 Excelize 基础库中，仅支持在每个工作表中流式创建一张表格，调用 AddTable()函数之前，可先使用流式写入器的 SetRow()函数设置表格的标题行数据。

例如，我们已经获取了某工作表的流式写入器，并通过流式按行赋值函数 SetRow()为工作表中 A1:A5 范围内的单元格设置了表格标题。接着编写如下代码，在工作表中 A1:D5 单元格范围内，流式创建表格：

```
err := sw.AddTable(&excelize.Table{
    Range: "A1:D5",
})
```

流式创建表格时，还支持设置表格的格式。例如，在刚才编写的代码基础上进行修改，加入表格格式参数，即可为表格设置自定义名称、预设样式等格式：

```
disable := false
err := sw.AddTable(&excelize.Table{
    Range:            "A1:D5",
    Name:             "table",
    StyleName:        "TableStyleMedium2",
    ShowFirstColumn:  true,
    ShowLastColumn:   true,
    ShowRowStripes:   &disable,
```

```
    ShowColumnStripes: true,
})
```

17.2.4　流式插入分页符

使用流式写入器的 InsertPageBreak() 类型函数，根据给定的单元格坐标流式插入分页符，其函数签名为

```
func (sw *StreamWriter) InsertPageBreak(cell string) error
```

InsertPageBreak() 函数功能与 8.7.5 节介绍的非流式插入分页符函数功能相同。在获取某工作表的流式写入器之后，可编写如下代码，在该工作表的 H1 单元格中插入分页符，使工作表中的 A1:G11 单元格范围内的数据，在打印时占据第 1 页：

```
err := sw.InsertPageBreak("H1")
```

17.2.5　流式设置窗格

流式写入器提供了用于设置窗格的 SetPanes() 类型函数，其函数签名为

```
func (sw *StreamWriter) SetPanes(panes *Panes) error
```

需要注意的是，必须在调用流式写入器的 SetRow() 函数之前设置窗格。SetPanes() 函数的 *Panes 数据类型参数，与 8.6.3 节介绍的非流式设置窗格函数 SetPanes() 的参数完全一致。*Panes 数据类型中支持设置的窗格选项详见表 8-3。例如，获取某工作表的流式写入器之后，可以编写如下代码，冻结首行单元格：

```
err := sw.SetPanes(&excelize.Panes{
    Freeze:      true,
    YSplit:      1,
    TopLeftCell: "A200",
    ActivePane:  "bottomLeft",
})
```

17.2.6　流式合并单元格

当我们需要在流式写入过程中设置合并单元格时，可以使用流式写入器提供的 MergeCell() 函数对单元格进行合并，其函数签名为

```
func (sw *StreamWriter) MergeCell(topLeftCell, bottomRightCell string) error
```

该函数的两个参数分别是合并单元格区域左上角单元格的坐标和右下角单元格的坐标。合并单元格时需要注意的事项与 9.5.1 节介绍的非流式合并单元格函数 MergeCell() 的相同。例如，获取某工作表的流式写入器之后，我们可以编写如下代码，合并工作表中 D3:E9 范围内的单元格：

```
err := sw.MergeCell("D3", "E9")
```

17.2.7　流式设置列宽度

流式写入过程中，工作表每一行的属性（包括样式、高度和可见性等）通过流式按行赋值 SetRow()

函数进行设置，但若需要调节工作表中的列宽度，应使用流式写入器提供的用于设置列宽度的专用函数 SetColWidth()，其函数签名为

```
func (sw *StreamWriter) SetColWidth(min, max int, width float64) error
```

需要注意的是，必须在调用流式写入器的 SetRow() 函数之前设置列宽度。SetColWidth() 函数支持设置单列或多列的宽度，函数的 3 个参数分别是列范围中的起始列编号、列范围中的终止列编号和列宽度。如果仅需改变单列宽度，设置相同的起始列和终止列编号即可。在设置列宽度时，列宽度值必须大于等于 0，并且小于等于 255，超出此范围的列宽度无效，函数将返回错误异常。如果设置的宽度值为 0，代表隐藏列。函数中设置的宽度值并非电子表格应用中显示的列宽度，而是存储于工作簿中的列宽度。有关列宽度的存储原理和计算方式可参阅 10.6.3 节中的内容。例如，获取某工作表的流式写入器之后，可以编写如下代码，将工作表中 B 至 C 列的列宽度设置为 20：

```
err := sw.SetColWidth(2, 3, 20)
```

17.2.8 结束流式写入

当工作表中的数据全部流式写入完毕后，需要调用流式写入器的 Flush() 函数结束流式写入过程，其函数签名为

```
func (sw *StreamWriter) Flush() error
```

对于每张工作表，仅需调用一次 Flush() 函数。结束流式写入过程后，将不能再使用流式写入器继续向工作表写入任何其他内容。因此，请在结束流式写入之前，预先准备好全部要写入工作表中的数据。

17.3 小结

本章介绍了 Excelize 中的流式读写函数的用法。正如流式读写函数的名字那样，相较于非流式读写函数，流式读写函数在使用方式上具有顺序性要求。此外，非常重要的一点是：非流式读写函数与流式读写函数是不能混合使用的。由于非流式读写函数会建立文档内存模型，将工作簿内部的 XML 文档部件全部解析并加载至内存中，因此一旦将非流式读写函数与流式读写函数混合使用，将失去流式读写在性能上的优化意义，并且在兼容性上也将会产生预期之外的潜在影响。

在实际应用过程中，开发者需要根据具体场景在两种处理函数中做选择。对于用户输入文档所包含数据规模具有很强不确定性的服务器端业务，通过文档的体积与压缩率先对数据规模进行预判，然后将包含不同数据规模的文档，分发至配备不同资源条件的设备或处理单元中进行处理，将会有效减少处理随机大型文件时的波动性影响。

第五篇

实践应用

Excelize 基础库的学习旅程即将结束，我们已经系统地学习了电子表格办公文档的相关格式标准，以及 Excelize 基础库的设计、实现原理和各项函数的使用方法。本篇将基于这些内容，通过两个实际应用案例，综合运用 Excelize 基础库的各项函数。

第 18 章

综合案例

本章将会通过两个具有代表性的案例，综合运用 Excelize 基础库实现数据处理和分析的一些方法和技巧，并回顾之前章节中提到过的知识点。我们可以在实际工作和生活中举一反三，结合这些案例灵活地针对具体问题得出解决思路和方案。

18.1 股票走势分析

在本节的案例中，我们将通过创建一个"股票走势分析报表"工作簿，了解如何利用 Excelize 基础库将 CSV 文件转换为 Excel 电子表格文档，并实现对行高、超链接、列宽、富文本、图表等的设置。假设我们现在有一份以 CSV 格式存储的数据集文件，其中记录了微软公司 2016～2021 年这 5 年之间，每个股票交易日的成交数据。文件内容共 1260 行，该数据集可以在本书配套的资源中获取。其内容以如下格式存储：

```
Date,Open,High,Low,Close,Adj Close,Volume
2016-10-31,60.160000,60.419998,59.919998,59.919998,55.439713,26434700
2016-11-01,59.970001,60.020000,59.250000,59.799999,55.328686,24533000
2016-11-02,59.820000,59.930000,59.299999,59.430000,54.986351,22147000
...
```

数据集中存储了 7 列股票交易相关的数据，按照顺序分别是日期、开盘价、最高价、最低价、收盘价、收盘调价和成交量。

18.1.1 数据预处理

假设该数据集文件的名称为 MSFT.csv，我们将其放在项目目录下，并在项目目录中创建名为 main.go 的源代码文件。接下来编写代码，先将该文件转换为 XLSX 格式的电子表格文档，在文档中设置列的宽度和标题行富文本，并添加超链接、设置单元格格式。完整的代码如下：

```
package main

import (
```

```go
        "encoding/csv"
        "fmt"
        "io"
        "os"
        "strconv"

        "github.com/xuri/excelize/v2"
)

func main() {
    csvFile, err := os.Open("MSFT.csv") // 使用 Go 语言的 os 标准库打开 CSV 文件
    if err != nil {
        fmt.Println(err)
        return
    }
    defer csvFile.Close()                  // 读取完毕后关闭 CSV 文件
    reader := csv.NewReader(csvFile) // 使用 Go 语言的 encoding/csv 标准库解析 CSV 文件
    f := excelize.NewFile()                // 使用 Excelize 基础库创建新的工作簿
    defer func() {                         // 保存后关闭工作簿
        if err := f.Close(); err != nil {
            fmt.Println(err) // 处理关闭工作簿时可能出现的异常
        }
    }()
    row, sheetName := 1, "Sheet1" // 定义行编号计数和默认工作表名称变量
    for {
        record, err := reader.Read() // 逐行遍历 CSV 文件
        if err == io.EOF {                  // 文档读取完毕后停止遍历
            break
        }
        if err != nil {
            fmt.Println(err) // 读取过程中出现任何异常时停止遍历
            break
        }
        cell, err := excelize.CoordinatesToCellName(1, row) // 起始单元格坐标
        if err != nil {
            fmt.Println(err)
            break
        }
        if row == 1 { // 设置标题行文本单元格
            if err := f.SetSheetRow(sheetName, cell, &record); err != nil {
                fmt.Println(err)
                break
            }
            row++      // 递增行编号
            continue // 设置第一行文本单元格后读取下一行
        }
        numbers, err := convertSlice(record) // 准备要写入工作表中的每行数据
        if err != nil {
            fmt.Println(err)
            break // 准备过程中出现任何异常时停止遍历
        }
        // 将从 CSV 文件中读取到的一行数据转换后写入工作表
        if err := f.SetSheetRow(sheetName, cell, &numbers); err != nil {
            fmt.Println(err)
            break
        }
        row++ // 递增行编号
    }
    // 将标题行单元格设置为中文
```

```go
    if err := f.SetSheetRow(sheetName, "A1", &[]interface{}{
        "日期", "开盘价", "最高价", "最低价", "收盘价", "收盘调价", "成交量",
    }); err != nil {
        fmt.Println(err)
        return
    }
    // 使用预设数字格式索引创建保留两位小数的数字格式样式
    style1, err := f.NewStyle(&excelize.Style{NumFmt: 2})
    if err != nil {
        fmt.Println(err)
        return
    }
    // 设置工作表 Sheet1 中第 2～6 列的全部单元格使用保留两位小数的数字格式
    if err := f.SetColStyle(sheetName, "B:F", style1); err != nil {
        fmt.Println(err)
        return
    }
    // 使用预设数字格式索引创建千分撇分隔的数字格式样式
    style2, err := f.NewStyle(&excelize.Style{NumFmt: 3})
    if err != nil {
        fmt.Println(err)
        return
    }
    // 设置工作表 Sheet1 中“成交量”一列的全部单元格格式，使用千分撇分隔的数字格式
    if err := f.SetColStyle(sheetName, "G", style2); err != nil {
        fmt.Println(err)
        return
    }
    // 设置工作表 Sheet1 中前 7 列的宽度为 11
    if err := f.SetColWidth(sheetName, "A", "G", 11); err != nil {
        fmt.Println(err)
        return
    }
    // 隐藏工作表 Sheet1 中第 6 列“收盘调价”
    if err := f.SetColVisible(sheetName, "F", false); err != nil {
        fmt.Println(err)
        return
    }
    // 在工作表 Sheet1 中的首行前插入一空白行
    if err := f.InsertRows(sheetName, 1, 1); err != nil {
        fmt.Println(err)
        return
    }
    // 合并工作表 Sheet1 中首行的 A1:G1 单元格
    if err := f.MergeCell(sheetName, "A1", "G1"); err != nil {
        fmt.Println(err)
        return
    }
    // 在工作表 Sheet1 中的 A1 合并单元格中设置富文本，使其中的文本“MSFT”使用蓝色 20 号
    // Times New Roman 字体，文本“部分股票历史数据”使用微软雅黑字体，它们分别位于上下两行
    if err := f.SetCellRichText(sheetName, "A1", []excelize.RichTextRun{
        {
            Text: "MSFT\r\n",
            Font: &excelize.Font{Bold: true, Color: "2354E8",
                Size: 20, Family: "Times New Roman"},
        }, {
            Text: "部分股票历史数据",
            Font: &excelize.Font{Family: "Microsoft YaHei"},
        },
```

```go
    }); err != nil {
        fmt.Println(err)
        return
    }
    // 创建带有换行格式、水平和垂直方向居中对齐格式的样式
    style3, err := f.NewStyle(&excelize.Style{
        Alignment: &excelize.Alignment{
            WrapText: true, Horizontal: "center", Vertical: "center",
        },
    })
    if err != nil {
        fmt.Println(err)
        return
    }
    // 为工作表 Sheet1 中的 A1 合并单元格设置格式, 使得富文本内容中的换行符号生效
    if err := f.SetCellStyle(sheetName, "A1", "A1", style3); err != nil {
        fmt.Println(err)
        return
    }
    // 调节工作表 Sheet1 中首行的高度为 60
    if err := f.SetRowHeight(sheetName, 1, 60); err != nil {
        fmt.Println(err)
        return
    }
    // 设置工作表 Sheet1 中 H1 单元格的值
    if err := f.SetCellValue(sheetName, "H1",
        "数据来源: finance.yahoo.com"); err != nil {
        fmt.Println(err)
        return
    }
    // 为工作表 Sheet1 中 H1 单元格设置外部超链接
    if err := f.SetCellHyperLink(sheetName, "H1",
        "https://finance.yahoo.com", "External"); err != nil {
        fmt.Println(err)
        return
    }
    // 创建带有蓝色字体颜色和单下画线的样式
    style4, err := f.NewStyle(&excelize.Style{
        Font: &excelize.Font{Color: "1265BE", Underline: "single"},
    })
    if err != nil {
        fmt.Println(err)
        return
    }
    // 为工作表 Sheet1 中 H1 单元格的超链接设置蓝色文字和单下画线格式
    if err := f.SetCellStyle(sheetName, "H1", "H1", style4); err != nil {
        fmt.Println(err)
        return
    }
    // 将工作簿保存为 Book1.xlsx
    if err := f.SaveAs("Book1.xlsx"); err != nil {
        fmt.Println(err)
    }
}
// convertSlice()函数用于将文本类型的数值转换为数值类型, 如果转换失败则保留原始类型
func convertSlice(record []string) (numbers []interface{}, err error) {
    for _, arg := range record {
        var n float64
        if n, err = strconv.ParseFloat(arg, 64); err == nil {
```

```
            numbers = append(numbers, n)
            continue
        }
        numbers = append(numbers, arg)
    }
    return
}
```

保存代码并运行程序，如果一切顺利，将会生成一份名为 Book1.xlsx 的工作簿。CSV 数据集文件中的内容将会被转换至该工作簿中，使用 Excel 打开该工作簿，将会看到图 18-1 所示的内容。

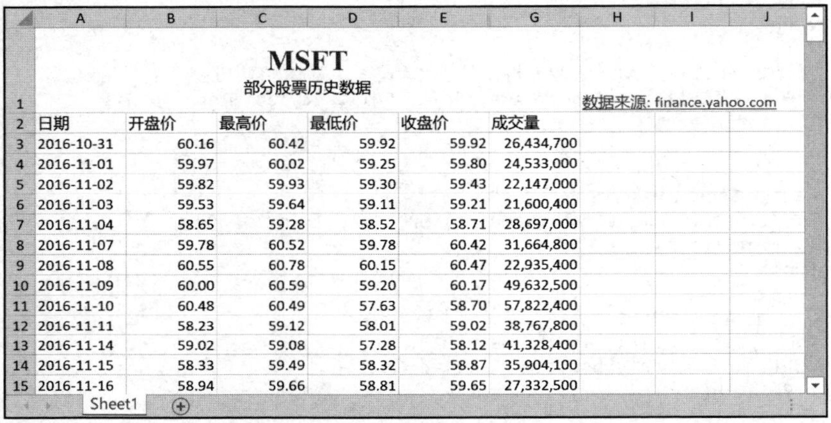

MSFT
部分股票历史数据
数据来源: finance.yahoo.com

日期	开盘价	最高价	最低价	收盘价	成交量
2016-10-31	60.16	60.42	59.92	59.92	26,434,700
2016-11-01	59.97	60.02	59.25	59.80	24,533,000
2016-11-02	59.82	59.93	59.30	59.43	22,147,000
2016-11-03	59.53	59.64	59.11	59.21	21,600,400
2016-11-04	58.65	59.28	58.52	58.71	28,697,000
2016-11-07	59.78	60.52	59.78	60.42	31,664,800
2016-11-08	60.55	60.78	60.15	60.47	22,935,400
2016-11-09	60.00	60.59	59.20	60.17	49,632,500
2016-11-10	60.48	60.49	57.63	58.70	57,822,400
2016-11-11	58.23	59.12	58.01	59.02	38,767,800
2016-11-14	59.02	59.08	57.28	58.12	41,328,400
2016-11-15	58.33	59.49	58.32	58.87	35,904,100
2016-11-16	58.94	59.66	58.81	59.65	27,332,500

Sheet1

图 18-1　将 CSV 转换为电子表格文档

18.1.2　数据可视化

现在，我们已经把 CSV 文件中的数据导入了工作簿，并对工作表做了格式化处理。下面我们基于这些单元格数据创建图表，先创建一张名为“走势图”的空白工作表，接着根据工作表 Sheet1 中的数据，在新建的工作表中分别创建两张表示收盘价和成交量的图表。修改我们刚才编写的程序，在保存工作簿之前添加如下代码：

```
sheetIdx, err := f.NewSheet("走势图") // 新建工作表
if err != nil {
    fmt.Println(err)
    return
}
f.SetActiveSheet(sheetIdx) // 将新建的工作表设置为默认活动工作表
if err := f.AddChart("走势图", "A1", &excelize.Chart{
    Type: excelize.Line, // 根据工作表 Sheet1 中的数据创建折线图
    Series: []excelize.ChartSeries{{
        Name:       "Sheet1!$E$2",         // 图表的图例项
        Categories: "Sheet1!$A$3:$A$1261", // 图表的水平（分类）
        Values:     "Sheet1!$E$3:$E$1261", // 图表数据系列的值
        Marker:     excelize.ChartMarker{Symbol: "none"},
    }},
    Format: excelize.GraphicOptions{ScaleX: 1.2, ScaleY: 1.46},
    Title:  []excelize.RichTextRun{{Text: "收盘价"}}, // 设置图表标题
    XAxis: excelize.ChartAxis{ // 设置行坐标轴刻度间隔与字体颜色
        TickLabelSkip: 60, Font: excelize.Font{Color: "000000"},
    },
```

```
        YAxis: excelize.ChartAxis{Font: excelize.Font{Color: "000000"}},
}); err != nil {
    fmt.Println(err)
    return
}
if err := f.AddChart("走势图", "A20", &excelize.Chart{
    Type: excelize.Area, // 根据工作表 Sheet1 中的数据创建面积图
    Series: []excelize.ChartSeries{{
        Name:       "Sheet1!$G$2",          // 图表的图例项
        Categories: "Sheet1!$A$3:$A$1261", // 图表的水平（分类）
        Values:     "Sheet1!$G$3:$G$1261", // 图表数据系列的值
    }},
    Format: excelize.GraphicOptions{ScaleX: 1.2, ScaleY: 1.46},
    Title:  []excelize.RichTextRun{{Text: "成交量"}}, // 设置图表标题
    XAxis: excelize.ChartAxis{ // 设置行坐标轴刻度间隔与字体颜色
        TickLabelSkip: 60, Font: excelize.Font{Color: "000000"},
    },
    YAxis: excelize.ChartAxis{Font: excelize.Font{Color: "000000"}},
}); err != nil {
    fmt.Println(err)
    return
}
```

保存代码并运行程序，将会生成名为 Book1.xlsx 的工作簿，使用 Excel 打开该工作簿，将会看到图 18-2 所示的图表。

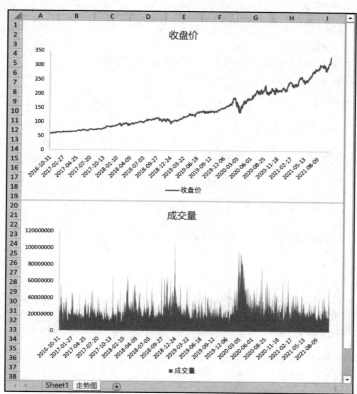

图 18-2　使用 Excelize 基础库创建的两张图表

18.2 考试成绩分析

在本节的案例中，我们将从零开始创建一个用于分析学生考试成绩的工作簿，自动化地对考试成绩进行统计、标注和分析。这个案例将会综合利用 Excelize 基础库提供的用于设置工作表名称和背景、按行赋值、合并单元格、设置单元格格式、设置条件格式、数据验证、创建表格和图表等的函数。

首先，创建一个新的 Go 语言项目，其中包含源代码文件 main.go，在文件中编写如下代码，引入需要使用到的依赖库，并编写程序的主体函数：

```go
package main

import (
    "fmt"
    _ "image/jpeg"

    "github.com/xuri/excelize/v2"
)

func main() {
    f := excelize.NewFile() // 使用 Excelize 基础库创建新的工作簿
    defer func() {          // 保存后关闭工作簿
        if err := f.Close(); err != nil {
            fmt.Println(err) // 处理关闭工作簿时可能出现的异常
            return
        }
    }()
}
```

18.2.1 录入考试成绩

接着在主体函数中添加如下代码，将学生成绩录入工作表中：

```go
// 定义工作表名称，并重命名默认工作表
sheetName := "成绩单"
if err := f.SetSheetName("Sheet1", sheetName); err != nil {
    fmt.Println(err)
    return
}
data := [][]interface{}{ // 按行准备单元格数据，其中空白单元格的值使用 nil 表示
    {"考试成绩统计表"},
    {"考试名称：期中考试", nil, nil, nil, "基础科目", nil, nil, "其他科目"},
    {
        "序号", "学号", "姓名", "班级", "数学", "英语",
        "语文", "化学", "生物", "物理", "总分",
    },
    {1, 10001, "学生 A", "1 班", 93, 80, 89, 86, 57, 77},
```

```
        {2, 10002, "学生 B", "1班", 65, 72, 91, 75, 66, 90},
        {3, 10003, "学生 C", "2班", 92, 99, 89, 90, 79, 69},
        {4, 10004, "学生 D", "1班", 72, 69, 71, 82, 75, 83},
        {5, 10005, "学生 E", "2班", 81, 93, 59, 76, 66, 90},
        {6, 10006, "学生 F", "2班", 92, 90, 87, 88, 92, 70},
    }
    for i, row := range data { // 按行遍历单元格数据
        startCell, err := excelize.JoinCellName("A", i+1) // 计算每行起始单元格
        if err != nil {
            fmt.Println(err)
            return
        }
        // 使用按行赋值函数逐行赋值
        if err := f.SetSheetRow(sheetName, startCell, &row); err != nil {
            fmt.Println(err)
            return
        }
    }
```

新建工作簿时，会默认创建名为 Sheet1 的空白工作表，代码中将其名称修改为"成绩单"，后续的各项操作都在这张工作表中进行。上面的代码中，考试成绩是通过二维数组进行定义的，在实际开发过程中，这些数据既可以来自用户输入的网络请求，也可以通过查询数据库、读取本地文件或从其他数据源中取得。

18.2.2 统计成绩总分

源数据中有 6 位学生在 6 个科目中的考试成绩，但并不包含每位学生的总分。下面我们基于学生的各科成绩，使用 Excelize 基础库统计每位学生的总分，并为工作表中的单元格设置格式，使工作表更加美观。在程序中添加如下代码：

```
formulaType, ref := excelize.STCellFormulaTypeShared, "K4:K9" // 设置共享公式
if err := f.SetCellFormula(sheetName, "K4", "=SUM(E4:J4)",
    excelize.FormulaOpts{Ref: &ref, Type: &formulaType}); err != nil {
    fmt.Println(err)
    return
}
// 定义需要合并单元格的范围，并创建合并单元格
mergeCellRanges := [][]string{
    {"A1", "K1"}, {"A2", "D2"}, {"E2", "G2"}, {"H2", "J2"},
}
for _, ranges := range mergeCellRanges {
    if err := f.MergeCell(sheetName, ranges[0], ranges[1]); err != nil {
        fmt.Println(err)
        return
    }
}
// 为第 1 行合并单元格创建带有文字居中对齐和单色填充格式的样式
style1, err := f.NewStyle(&excelize.Style{
```

```
        Alignment: &excelize.Alignment{Horizontal: "center"},
        Fill: excelize.Fill{
            Type: "pattern", Color: []string{"DFEBF6"}, Pattern: 1,
        },
    })
    if err != nil {
        fmt.Println(err)
        return
    }
    // 设置第 1 行合并单元格格式
    if f.SetCellStyle(sheetName, "A1", "A1", style1); err != nil {
        fmt.Println(err)
        return
    }
    // 为第 2 行的合并单元格创建带有文字居中对齐格式的样式
    style2, err := f.NewStyle(&excelize.Style{
        Alignment: &excelize.Alignment{Horizontal: "center"},
    })
    if err != nil {
        fmt.Println(err)
        return
    }
    for _, cell := range []string{"A2", "E2", "H2"} { // 为合并单元格设置单元格格式
        if f.SetCellStyle(sheetName, cell, cell, style2); err != nil {
            fmt.Println(err)
            return
        }
    }
    // 调节"成绩单"工作表中第 4～11 列的宽度
    if err := f.SetColWidth(sheetName, "D", "K", 7); err != nil {
        fmt.Println(err)
        return
    }
```

18.2.3　数据筛选与可视化

接下来，我们对 18.2.2 节"成绩单"工作表中的数据做进一步处理。为了方便对班级、学生、各科成绩和总分进行筛选，我们在工作表中添加表格，使标题行上的每个单元格都有一个可供筛选的按钮；为了更直观地对比每位学生的成绩，基于每位学生成绩总分创建图表；为了方便查阅工作表中的数据，我们关闭工作表的网格线，并冻结前 3 行单元格，再使用预先准备好的一张名为background.jpg 的图片为工作表设置带有纹理图案的背景，这张图片与源代码文件存储于同一目录下。在程序中添加如下代码：

```
    // 在"成绩单"工作表的 A3:A9 单元格范围内创建表格，并套用预设表格格式
    if err := f.AddTable(sheetName, &excelize.Table{
        Range: "A3:K9", Name: "table", StyleName: "TableStyleLight2"},
    ); err != nil {
```

```go
        fmt.Println(err)
        return
    }
    // 根据学生考试成绩创建二维簇状柱形图
    if err := f.AddChart(sheetName, "A9", &excelize.Chart{
        Type: excelize.Col,
        Series: []excelize.ChartSeries{
            {
                Name:       "成绩单!$A$2",
                Categories: "成绩单!$C$4:$C$9",
                Values:     "成绩单!$K$4:$K$9",
            },
        },
        Format: excelize.GraphicOptions{ScaleX: 1.3, OffsetX: 10, OffsetY: 20},
        Legend: excelize.ChartLegend{Position: "none"}, // 关闭图例项
        Title:  []excelize.RichTextRun{{Text: "成绩单"}},        // 设置图表的标题
        XAxis:  excelize.ChartAxis{Font: excelize.Font{Color: "000000"}},
        YAxis:  excelize.ChartAxis{Font: excelize.Font{Color: "000000"}},
    }); err != nil {
        fmt.Println(err)
        return
    }
    disable := false // 关闭"成绩单"工作表的网格线
    if err = f.SetSheetView(sheetName, 0, &excelize.ViewOptions{
        ShowGridLines: &disable,
    }); err != nil {
        fmt.Println(err)
        return
    }
    // 在"成绩单"工作表中创建冻结窗格，冻结前 3 行单元格
    if err := f.SetPanes(sheetName, &excelize.Panes{
        Freeze: true, YSplit: 3, TopLeftCell: "A4", ActivePane: "bottomLeft",
    }); err != nil {
        fmt.Println(err)
        return
    }
    // 为"成绩单"工作表设置带有纹理图案填充的工作表背景
    if err := f.SetSheetBackground(sheetName, "background.jpg"); err != nil {
        fmt.Println(err)
        return
    }
```

18.2.4 突出显示特定分数

如果想要了解各科成绩中的最高分和最低分，那么可以使用 11.5 节介绍的条件格式功能，将符合条件的单元格高亮突出显示。接下来，我们使用浅绿色格式高亮工作表中成绩的最高分、使用浅红色高亮最低分。首先创建两种高亮格式，然后定义两种高亮规则，最后设置条件格式。在程序中

添加如下代码：

```
var red, green int
// 创建带有浅红色填充和文本的格式
if red, err = f.NewConditionalStyle(&excelize.Style{
    Font: &excelize.Font{Color: "9A0511"},
    Fill: excelize.Fill{
        Type: "pattern", Color: []string{"FEC7CE"}, Pattern: 1,
    },
}); err != nil {
    fmt.Println(err)
    return
}
// 创建用于表示"最低分"的条件格式规则
bottomCond := []excelize.ConditionalFormatOptions{
    {Type: "bottom", Criteria: "=", Value: "1", Format: &red},
}
// 创建带有浅绿色填充和文本的格式
if green, err = f.NewConditionalStyle(&excelize.Style{
    Font: &excelize.Font{Color: "09600B"},
    Fill: excelize.Fill{
        Type: "pattern", Color: []string{"C7EECF"}, Pattern: 1,
    },
}); err != nil {
    fmt.Println(err)
    return
}
// 创建用于表示"最高分"的条件格式规则
topCond := []excelize.ConditionalFormatOptions{
    {Type: "top", Criteria: "=", Value: "1", Format: &green},
}
// 为"成绩单"工作表中 E4:J9 范围内的单元格设置条件格式，高亮"最高分"和"最低分"
for _, col := range []string{"E", "F", "G", "H", "I", "J"} {
    ref := fmt.Sprintf("%s4:%s9", col, col)
    err := f.SetConditionalFormat(sheetName, ref, bottomCond)
    if err != nil {
        fmt.Println(err)
        return
    }
    err = f.SetConditionalFormat(sheetName, ref, topCond)
    if err != nil {
        fmt.Println(err)
        return
    }
}
```

18.2.5　批注与数据验证

接下来，我们将为"成绩单"工作表添加批注并设置数据验证。通过对工作表中单元格数据的读取、分析和比较，我们可以发现学生 C 在英语考试中获得了 99 分的佳绩，该分数对应的单元格坐标是 F6，我们将编写代码，以教师的身份在该单元格添加批注；为了避免用户在填写班级信息时输入预期之外的值，为班级名称所在范围内的单元格设置数据验证规则；将工作簿保存为 Book1.xlsx：

```
// 在"成绩单"工作表中的 F6 单元格添加批注
if err := f.AddComment(sheetName, excelize.Comment{
    Cell: "F6", Author: "老师", Text: "优秀"},
); err != nil {
    fmt.Println(err)
    return
}
// 为"成绩单"工作表中 D4:D9 范围内的单元格设置数据验证，仅可选择"1 班""2 班"和"3 班"
dv := excelize.NewDataValidation(true)
dv.SetSqref("D4:D9")
if err := dv.SetDropList([]string{"1 班", "2 班", "3 班"}); err != nil {
    fmt.Println(err)
    return
}
if err := f.AddDataValidation(sheetName, dv); err != nil {
    fmt.Println(err)
    return
}
// 将工作簿保存为 Book1.xlsx
if err := f.SaveAs("Book1.xlsx"); err != nil {
    fmt.Println(err)
}
```

保存代码后运行程序，我们将会看到在项目目录下生成了一个名为 Book1.xlsx 的工作簿，使用 Excel 打开该工作簿，如果一切顺利，你将看到图 18-3 所示的名为"成绩单"的工作表（见文前彩图）。

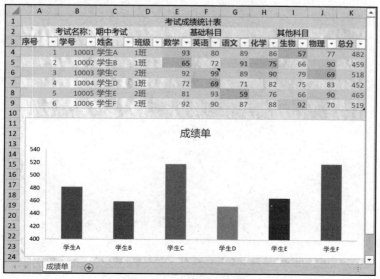

图 18-3 学生成绩统计

18.3　小结

祝贺你终于完成了本章中的两个案例！随着案例的完成，也到了说再见的时候，衷心地感谢你同我们一道经历这次 Excelize 基础库的学习之旅。现在的你，应该已经能够在自己的项目中运用 Excelize 基础库了，并且也应该熟悉了基础库内部的原理，能够为他人提供有关 Excelize 基础库使用的帮助，甚至可以参与 Excelize 开源项目的开发了。最后，欢迎你加入 Excelize 开源社区，社区中的朋友十分友善，大家乐于帮助你解决在使用 Excelize 过程中遇到的困难。